浙江省社科联省级社会科学学术著作出版资金资助

国家社科基金重大项目"基于大数据的科教评价信息云平台构建和智能服务研究"（19ZDA348）成果

杭州电子科技大学学术专著项目出版资助

当代浙江学术文库

DANGDAI ZHEJIANG XUESHU WENKU

知识计量学的构建与应用研究

宋艳辉 著

中国社会科学出版社

图书在版编目（CIP）数据

知识计量学的构建与应用研究／宋艳辉著．—北京：中国社会科学出版社，
2020.6

（当代浙江学术文库）

ISBN 978 - 7 - 5203 - 6903 - 9

Ⅰ.①知…　Ⅱ.①宋…　Ⅲ.①知识学—计量学—研究　Ⅳ.①G302

中国版本图书馆 CIP 数据核字（2020）第 141040 号

出 版 人　赵剑英
责任编辑　田　文
责任校对　张爱华
责任印制　王　超

出　　版　中国社会科学出版社
社　　址　北京鼓楼西大街甲 158 号
邮　　编　100720
网　　址　http://www.csspw.cn
发 行 部　010 - 84083685
门 市 部　010 - 84029450
经　　销　新华书店及其他书店

印　　刷　北京君升印刷有限公司
装　　订　廊坊市广阳区广增装订厂
版　　次　2020 年 6 月第 1 版
印　　次　2020 年 6 月第 1 次印刷

开　　本　710×1000　1/16
印　　张　16.25
插　　页　2
字　　数　262 千字
定　　价　89.00 元

序　言

　　20 世纪 60 年代以来，在图书馆学、文献学、科学学、情报学领域相继出现了三个类似的术语：文献计量学、科学计量学、信息计量学（简称"三计学"）。虽然它们的研究对象和研究目的有所不同，但享有着共同的原理、方法和工具。随着科技的发展和三门计量学的不断拓展，它们之间出现了合流的趋势，还产生了共同的学术组织——国际科学计量学和信息计量学学会（International Society for Scientometrics and Informetrics, ISSI）。20 世纪 90 年代以来，随着计算机技术、网络技术的迅速发展和广泛普及，信息管理领域又出现了以网络信息和数据为对象的网络计量学。也正从此时起，知识经济和知识管理在全球范围内普遍兴起，数字化、知识化成为信息社会与知识经济时代的显著特征，有关知识及其影响的测度、计量也成为重要的研究方面，知识计量学也在悄然兴起。

　　知识计量学是文献计量学、科学计量学、信息计量学、情报计量学等经过一定的拓展、深化与升华之后发展到较高阶段的产物。知识计量是整个计量学的必然发展趋势。从文献计量学、科学计量学到信息计量学、网络计量学，最后到知识计量学，既是学科发展深化演变的创新过程，也是我们追随学科发展轨迹孜孜探寻的旅程。知识计量学是以整个人类知识体系和知识活动作为研究对象，采用计量学方法对知识载体、知识内容、知识活动及其影响等进行定量研究的一门交叉学科。虽然许多学科从不同的角度出发间接或者直接地对知识计量进行了研究，取得了一定的研究成果，但由于各自的研究目的和角度不同，从而使得知识计量研究零碎、分散且不系统。创建知识计量学这一交叉学科可以集中有关学科的优秀研究成果，从"知识单元"这一共同的角度入手，对不同领域、不同形态的知识计量进行系统分析与研究，从而在更深层次上解决知识计量研究的难题。宋艳辉博士承担了这一重大难题。从整体的视角考虑，本书的研究呈现以下特点：

● 研究角度新颖。选择这样一个在国内处于萌芽状态，国外尚处于孕育状态的学科作为研究对象本身就是一种创新。从国内外的研究状况来看，知识计量还是一个全新的研究领域，是前沿领域。

● 系统性强。国内虽然出现了一些关于知识计量学的研究论文，但普遍缺乏整体性和系统性，往往是针对其中某一方面的简单介绍。本书全面梳理了国内外知识计量的相关研究，系统地研究了知识计量学这一学科，不仅关注其理论研究，还包含了方法与应用研究，并辅以大量的实证与案例来说明研究结论。因此，具有一定的科学性、系统性和全面性。

具体来说，本书的创新工作及研究重点主要体现在以下一些方面，并力求取得一些突破。

● 以理论、方法、应用、实证的四维架构体系构建知识计量学学科。从内容结构与层次结构两个方面入手构建知识计量学的学科体系；根据科学研究方法论原理，从时间维、学科体系维、方法维三维角度构建了知识计量学的逻辑方法、一般科学方法、特征方法三个层次的方法体系，并首次将人力资本测算、知识资本测算的理论与方法引入知识计量学的方法论体系中，从而形成知识计量学方法论。

● 提出知识计量学的知识域可视化。将知识域可视化提升为知识计量学的特征研究方法，并对其具体实现途径与方法过程进行细致的探讨。

● 在知识计量工具上有所突破。作者自己编制了程序软件，实现对耦合的全面分析，而不再仅仅局限于文献耦合分析，还包含了关键词耦合分析与期刊耦合分析。这不仅是在功能上实现了突破，而且软件程序以"知识元"为重点计量对象，可以深入至知识元层面对数据、信息、知识内容进行深层次的挖掘。

当然，作为新兴的研究领域，正如作者在"研究展望"中提到的一样，本书内容也有很多不足之处，有待作者继续努力探索。

宋艳辉博士在攻读博士学位时就对知识计量学有着浓厚的兴趣，博士期间，一直沿循着这方面的研究。这次出版的《知识计量学的构建与应用研究》是在博士学位论文基础上，经过修改完善而成的；并且获得了浙江省社科联出版基金与其所在学校出版基金的双重资助，也曾入选第三批《中国社会科学博士后文库》（后由于个人原因未在文库出版）。由此可见，本书具有较高的学术水平。我作为宋艳辉博士的导师，对他近年来在学业和科学研究上取得的长足进步和优秀成果感到由衷的高兴，也衷心希望他能再接再厉，为学科的发展取得更大的成绩！

邱均平

2020 年 1 月 1 日于杭州

前　　言

随着知识经济在全球范围内的广泛兴起，知识这种可以产生巨大经济效益的无形资产受到前所未有的重视，知识也因此被提升到与物质、能量同等重要的位置。在学术界，与知识密切相关的一系列研究也在悄然兴起，如知识管理、知识经济等。知识作为一种取之不尽、用之不竭的资源，如何对它从量的角度予以评估、计算，是知识经济时代为学术界提出的一个全新的研究命题。这个研究命题正在催生着一个新的研究领域——知识计量。在文献计量、信息计量、科学计量已经成为一门独立学科的形势下，知识计量的研究也正在从前科学阶段向正规学科阶段过渡，一个新的学科——知识计量学的形成已初见端倪。然而，理论的不完善、方法的不成熟、深入应用研究的缺乏，还在制约着知识计量学学科的形成与发展，但系统地构建知识计量学学科已合时宜。

本书采用理论研究和应用与实证研究相结合的方式，从理论、方法、应用以及具体实践等方面入手系统地研究知识计量学。除引言与结论以外，本书共有 5 章内容，分为 4 个部分。第二章在介绍前期重要理论基础的基础上，构建了知识计量学的学科体系，并以可视化形式展示知识计量学的未来发展趋势；第三章对知识计量学的研究方法进行探讨；第四章、第五章讨论知识计量学的具体应用方面；第六章编制了知识计量软件程序并运用其进行知识计量的实践研究活动。

第二章：知识计量学的学科构建。首先，本章梳理了文献计量学、信息计量学、科学计量学、网络计量学、经济计量学的产生与发展，并以波普尔的"三个世界"理论阐述了它们与知识计量学的关系；其次，本章阐明了知识计量学的研究对象与研究内容；再次，从层次结构与内容结构两个方面构建了知识计量学的学科体系；最后，本章从时间、空间、主题方面分析知识计量的研究进展，并得出知识域可视化是知识计量的未来发展趋势的结论。

第三章：知识计量学的方法论研究。本章可以分为两大部分。第一部分从时间维、学科体系维、方法维三维角度构建了知识计量学的方法体系。第二部分对方法维中的特征研究方法进行重点论述，将它们归纳为知识单元计量方法、知识经济价值计量方法、知识创新计量方法、知识可视化计量方法。

第四章：知识计量学的应用研究。本章总结了知识计量学的五个应用方面：在知识发现中的应用；在知识创新中的应用；在知识管理中的应用；在科学评价中的应用；在科技管理中的应用。其中在科学评价中的应用，本章运用了一个案例和一个实证加以说明。案例是加菲尔德利用 SCI 进行过三次大规模的人才评价；实证是中国科学评价研究中心开展的对中国大学机构的评价实践。

第五章：知识域可视化研究。本章既可以视为知识计量学的一种特征研究方法，也可以认为是知识计量学的一个应用方向。首先，本章界定了知识域可视化，陈述了其研究框架。其次，重点介绍了 4 种知识域可视化的方法：共被引方法、耦合方法、共词方法、合作方法。最后，本章分别以竞争情报知识域以及图书情报与档案学知识域为例，说明知识域可视化的具体实现过程和可以达到的研究目的。

第六章：知识计量分析软件的开发与应用实践。本章可以说是知识计量学的一个案例研究。首先，本章在批判 Leydesdorff 的耦合算法的基础上提出了自己的耦合思想以及具体的实现模块。其次，本章以科学计量学领域为例，运用编制的软件程序探测了其知识结构，并对作者文献耦合分析与作者关键词耦合分析作了综合的比较分析。

对于知识计量学这样一个全新的学科，如何建立一个科学合理的学科体系结构是一件烦琐而困难的事情，尤其是在国内外文献很少的情况下。本书尝试性地做了一些努力，并力图广泛地参考其他同类学科的构建理论与方法。但由于作者时间、精力以及本身水平方面的限制，书中难免存在不足和遗漏之处，恳请专家同行批评指正，我们将在未来的研究中重点关注与解决。

本书是在作者博士学位毕业论文的基础上修改而成，本书能顺利出版，特别感谢中国社会科学出版社的领导和责任编辑田文女士的辛勤工作。另外，在本书写作过程中，我们广泛吸取了国内外相关的研究成果，参考和引用了大量文献资料；已有的成果是本研究的起点，谨向被引用和参考文献的学者表示最诚挚的谢意！

宋艳辉

2020 年 1 月 15 日于杭州

目　　录

第 一 章
引　　言

知识就是力量。

——弗兰西斯·培根

我们正处于第三次工业革命时代，此时决胜的关键不在于自然资源，而在于对知识的掌握。

——莱斯特·梭罗

第一节　选题背景与研究意义

一　选题背景

全世界都在谋求经济的大发展，然而，资源被大量甚至过量的消耗，资源压力在进一步增大，主要表现在：物质资源的日益缺乏；能源资源的日趋枯竭。在这种资源环境下，人类社会经济模式也发生了重大转变，劳力经济早已萎缩，工业时代备受推崇的物质经济也开始衰败。人们在诉求一种新的经济增长模式，要在减少资源消耗的情况下能够生产出同样好的产品。在这种需求刺激下，在经济发展中一直处于支配地位的信息资源的利用被提到了议事日程，信息经济在悄然发展。1990年，"知识经济"的概念被提出，它是建立在知识和信息的投入、使用、生产、分配基础上的经济。知识经济具有以下主要特征：

①知识成为国家的重要战略资源。

②知识技术是知识经济发展的重要基础和条件。

③技术创新和知识创新是知识经济的核心和关键。

④高技术产业成为国民经济的主导产业。

⑤知识管理是知识经济时代重要的管理思想和管理内容。

新世纪以来，知识作为一种重要的战略资源和经济资源受到空前的重视。对知识这种无形的资产进行有效的测度、评价、估量也变得迫切而有必要。因此对知识进行计量完全可以催生出一种新的学科——知识计量学。本书作者就试图系统地去建立"知识计量学"这样一种新的学科。而且，在目前的学术界也的确需要这样一种学科来整合过去的学科研究，并引导未来学科的发展。在图书情报学领域，经历了文献计量学、信息计量学、网络计量学的几次嬗变，计量学的研究也在寻求其未来的出路，仅仅以文献、信息、网络资源作为其计量单元似乎已经不能满足时代的需要或者说还需要进一步向前推进，因此以知识作为计量单元的知识计量学正好迎合这种需求，可以作为计量学发展的新的切入点。在科学学领域，科学计量学也同样面临着这样一种形势，科学计量学几乎是跟文献计量学在同一时间提出的，一直坚守着它作为科学的思想内容，将科学学作为其学科的研究对象和内容，并获得了长足的发展。经过数十年的努力，科学计量学已经愈发成熟，建立了以自己学科命名的国际高水平期刊 *Scientometrics*，进一步推进了该学科的发展。然而，其学科的未来走向在哪里？哪些因素可以进一步推进该学科的发展？该领域的学者已经开始在深深地思考。所幸的是，国内以大连理工大学的刘则渊为首的科学计量学学者已经敏感地意识到科学计量学发展的下一阶段应该是知识计量学。刘则渊早在 2001 年便提出"知识计量学"（Knowmetrics）的问题，在 2002 年以正式方式再次提出，并发表了一系列论文①②。这些论文是关于知识计量学的初步设想，尽管这些设想得到国内某些学者的关注和支持，却没有形成公认的统一研究范式，意味着它尚处于没有范式的前科学阶段。刘则渊还认为，自 2003 年以来，美国德雷赛尔大学的著名信息可视化专家陈超美博士实际上在做知识计量学的研究，他的《科学前沿图谱：知识可视化探索》等代表作，已在知识单元的计量与可视化分析方面进行了可贵的探讨③④。现在构建规范化的知识计量学已基本成熟，开始进入建立一种常

---

① 刘则渊、冷云生：《关于创建知识计量学的初步构想》，《科研评价与大学评价》（国际会议论文），红旗出版社 2001 年版，第 401—405 页。

② 刘则渊、刘凤朝：《关于知识计量学研究的方法论思考》，《科学学与科学技术管理》2002 年第 8 期，第 5—8 页。

③ Chen，C. Mapping Scientific Frontiers：The Quest for Knowledge Visualization. Springer. 2003. ISSN：1 - 85233 - 494 - 0.

④ Chen，C. Cite Space Ⅱ：Detecting and visualizing emerging trends and transient patterns in scientific literature ［J］. *Journal of the American Society and Technology*，2006，57（3）：277 - 359.

规科学阶段。在管理学领域，早在 20 世纪 90 年代初，以彼德·德鲁克等提出的知识管理理论和托马斯·斯图尔特等提出的知识资本理论为核心，关于知识资源、知识资本、人力资本、智力资本、无形资产等的管理和研究开始席卷全球①。经过十几年的发展，国内外对知识生产与分配、知识存量与流量、知识创新与转移、知识成本与效益、知识投入与产出等方面，特别是知识管理学对知识资产评估等研究方面取得了有益的进展，这也为我们进行知识计量学的研究提供了条件。

二 研究意义

具体来说，其研究的意义主要表现在以下四个方面：

（1）有利于整合、拓展、深化文献计量学、信息计量学、网络计量学、科学计量学等学科研究内容。

（2）有利于丰富知识管理学的研究内容，促进并繁荣其学科发展。

（3）推进国家创新体系建设。创新是一个民族进步的灵魂，而知识创新是国家创新中一个重要的方面，对知识计量学的系统研究可以为知识创新创造有利的条件。

（4）有利于推动一种新的学科——知识计量学的形成。可以建立标准，形成行之有效的研究范式，提高该领域的理论与实践水平，提高该学科的公众可接受度。

第二节 国内外研究现状

一般来说，一门学科的产生和形成有如下几个特征：具备明确的学科研究对象以及一定的研究内容；出现一批相关的学术著作；学科领域范围的学术会议密集召开；学科教育以及相关培训的兴起。由此看来，文献计量学、信息计量学、网络计量学、科学计量学作为一门学科已经形成，甚至是已经趋于成熟的学科，而知识计量学尚不具备这几个特征，只是零星的出现一些相关的研究论文。而且，不像文献计量学、信息计量学、网络计量学、科学计量学，它们都是最早由国外提出，然后被引入国内迅速地发展开来。知识计量学是由国内学者首先在 2000 年左右提出的，但它刚

① 埃利泽·盖斯勒：《科学技术测度体系》，周萍等译，科学技术文献出版社 2003 年版。

一提出，并未获得蓬勃的发展，其研究对象还有待于进一步地确定，没有正规的学科教育，相关的学术会议也鲜有举办，而且知识计量学经过 10 年的发展似乎还未得到国内外学者们的广泛认可。

一 国外研究现状分析

笔者利用 Web of Knowledge（涵盖 Science Citation Index Expanded、Social Science Citation Index、Arts & Humanities Citation Index 三大引文数据库），以题名检索项："knowledge unit" OR "Knowledge domain" OR "knowledge visualization" OR "knowledge measure" OR "knowledge evaluation" 进行检索，这几个词汇都是与知识计量学密切相关的，即"知识单元"、"知识领域"、"知识可视化"、"知识测度"、"知识评价"。另外，我们检索 ProQuest 博士论文数据库以及 Google Scholar 等网络数据库，筛选出关键文献进行重点阅读以及引文的扩展性查询。我们认为，国外虽然尚未正式提出知识计量学的理念与思想，但已经开展了许多相关的研究，最早的与知识计量相关的是在 1970 年心理学领域学者 Wittwer, J. 撰写的 *Essay on a continuous knowledge evaluation system* 一文，是一篇关于介绍知识评价系统的论文①。其中研究较多的学科领域有：information systems（信息系统）、software engineering（软件工程）、artificial intelligence（人工智能）、interdisciplinary application（交叉学科）、engineering electrical electronic（电子工程）、educational research（教育研究）、information science library science（图书情报）、business（商业），下面重点对这些领域的研究状况进行揭示。

信息系统领域向来有技术学派和行为学派两大流派，而且一直在争斗不休。虽然这两大流派的较量结果在不同的时间会有不同的结果，但由于信息系统的技术本性，通常情况下，技术流派压倒行为流派成为获胜一方的时间会更多一些。当在信息系统领域的研究拓展到知识计量的研究时，同样会表现出这种趋势。而且我们发现，信息系统领域对知识计量学中知识可视化方面的研究尤为重视。正如国内科学计量学学者刘则渊所言，计算机领域以及可视化技术领域的学者正在进行知识可视化的研究，为知识

---

① Wittwer, J. Essay on a continuous knowledge evaluation system [J]. *Bulletin De Psychologies*, 1970, 23 (6): 458 –473.

可视化的研究作出了重大贡献，并推动着科学计量学进入知识可视化的崭新阶段。

（1）知识可视化的行为流派。行为流派主要从事知识可视化理论研究；知识可视化应该如何去执行将更为合理，以及与其他学科之间的关系等。Bertschi，S. 与 Bubenhofer，N. 从更为宏观的角度入手，讨论隐喻、语言学习与知识通过可视化传递的媒介之间的关系，以期规避知识可视化中出现的简化风险，并为此提供了一种强有力的理论支撑①。Allendoerfer，K.、Aluker，S.、Panjwani，G. 等认为知识可视化工具可以从多个水平上进行评估、测试，认知演练（Cognitive Walkthrough）就是一种行之有效的检查方法，并以科学文献可视化工具 CiteSpace 为实例，说明认知演练是如何评估知识可视化系统的可用性的②。Burkhard，RA. 针对信息可视化工具对知识转移的影响作用，分析了建筑领域的建筑师是如何利用可视化技术扩展认知和知识转移的，借鉴这一思想引入一种新的研究框架，并论证这种框架可以影响知识转移从而影响知识可视化和知识管理领域③。

（2）知识可视化的技术流派。技术流派侧重于从技术、实证的角度研究知识的可视化，他们研究知识可视化的原理、方法；知识可视化模型、算法的构建与实现；知识可视化软件的开发以及软件技术的改进。例如，Lee，MR. 与 Chen，TT. 着重介绍了三种知识可视化技术：因子分析、路径寻求网络、基于文本的本体，并将这些技术引入领先的研究领域——多媒体计算领域，探析领域当前的研究状态④。Zhang，YJ、He，XY、Xie，JC 等充分考虑到大部分的知识是隐含的，基于 SECI 知识转化

①　Bertschi，S.，Bubenhofer，N.. Linguistic learning：A new conceptual focus in knowledge visualization［C］//9th International Conference on Information Visualisation，London，JUL 06 – 08，2005. Los Alamitos：IEEE Computer Soc，2005：383 – 389.

②　Allendoerfer，K.，Aluker，S.，Panjwani，G. et al. Adapting the cognitive walk through method to assess the usability of a knowledge domain visualization［C］//IEEE Symposium on Information Visualization（InfoVis 05），Minneapolis，OCT 23 – 25，2005. Los Alamitos：IEEE Computer Soc.，2005：195 – 202.

③　Burkhard，RA. Learning from architects：The difference between knowledge visualization and information visualization［C］//8th International Conference on Information Visualisation，London，JUL 14 – 16，2004. Los Alamitos：IEEE Computer Soc，2004：519 – 524.

④　Lee，MR，Chen，TT. From Knowledge Visualization Techniques to Trends in Ubiquitous Multimedia Computing［C］//International Symposium on Ubiquitous Multimedia Computing（UMC – 08），Hobart，OCT 13 – 15，2008. Los Alamitos：IEEE Computer Soc，2008：73 – 78.

模型，利用知识可视化技术，开发了一个平台，以支持隐性知识的获取，并帮助隐性知识转化到显性的"新知识"，以知识地图进行知识传递、知识共享和知识创造，是提高企业和组织的核心竞争力的载体①。Sniezynski，B.、Szymacha，R.、Michalski，R. S. 认为知识可以不同的形式存在，例如，决策规则、决策树、逻辑表达式、集群、分类和离散输入变量的神经网络。知识可视化使用一个一般的逻辑图（GLD）显示各种形式的信息，知识可视化软件可以作为传统的数据库的一个模块并集成了归纳推理和数据挖掘等功能来执行知识的可视化，作者简单地描述此模块并把焦点放在模块中最具可读性的可视化图谱属性问题上②。

人工智能、商业、教育研究领域对"知识测度"有所研究，其中颇有代表性的文章是2篇关于环境知识和情感知识的测度的研究论文。Kaiser，F. G. 与 Frick，J. 提出环境知识极易被忽略，因此基于 Adams、Wilson 与 Wang 开发的多维随机系数多项罗吉特模型（MRCML）进行一次对环境知识的行为测试，选取的样本是瑞士联邦理工学院的783名学生和44位讲师③。Morgan，J. K.、Izard，C. E. 与 King，K. A. 提出情感匹配任务（emotion matching task，EMT）来测度情感知识，并将其归纳为4个部分：可接受的情感知识组件、表达的情感知识、情感状况的知识、情感的表达匹配④。因此，我们认为，无论是哪种类型的知识，基本都可以找到行之有效的技术方法予以测度。

涉及知识评价方面的研究较多的学科领域有：信息系统、交叉学科、教育研究。在国外，进行知识评价活动很多时候是出于知识管理的需要目的，Park，M.、Lee，H.、Kwon，S. 在论文中就认为知识的质量远比知

---

① Zhang，YJ，He，XY，Xie，JC，et al. Study on the knowledge visualization and creation supported kmap platform [C] //1st International Workshop on Knowledge Discovery and Data Mining，Adelaide，JAN. 23 – 24，2008. Los Alamitos：IEEE Computer Soc.，2007：154 – 159.

② Sniezynski，B.，Szymacha，R.，Michalski，R. S.. Knowledge visualization using optimized general logic diagrams [C] //International Conference on Intelligent Information Processing and Web Mining IIS，Gdansk，JUN. 13 – 16，2005. Berlin：Spring-verlag Berlin，2005：137 – 145.

③ Kaiser，F. G.，Frick，J.. Development of an environmental knowledge measure：An application of the MRCML model [J] . *Diagostica*，2002，48（4）：181 – 189.

④ Morgan，J. K.，Izard，C. E.，King K. A.. Construct Validity of the Emotion Matching Task：Preliminary Evidence for Convergent and Criterion Validity of a New Emotion Knowledge Measure for Young Children [J] . *Social Development*，2010，19（1）：52 – 70.

识的数量重要很多，如何过滤掉无用的知识获取有用的知识，是知识管理面临的一个重大挑战。知识的评价可以部分解决这个难题，因此要重视知识评价理论与方法。作者最终提出一个基于专家指数（expert index，EI）的知识评价模型，其中 EI 是某个领域从事知识活动的专业工作者的水平[①]。在图书情报领域，同样表现出知识管理与知识评价的密切关系，例如 Peters，K.、Maruster，L.、Jorna，R. 的 *Knowledge evaluation：A new aim for knowledge management enhance sustainable innovation*（《知识评价：知识管理提升可持续创新的新目标》）。在论文中作者认为，知识创造在可持续创新中起着重要的作用，而与知识创造密切相关的是知识评价，知识评价是可持续创新中一个关键的知识加工过程；论文还呈现了知识管理在支持和方便知识评价过程中起到的中心角色作用，虽然知识评价并不被当作是知识管理循环流程中的一个重要阶段；论文进一步提出了一种知识评价的比较与分类法，并以新西兰的农业和医疗健康领域来实证[②]。图书情报领域另外一个对知识计量有重要贡献的知识可视化的研究中，美国德雷赛尔大学图书情报学院的 Chen，C. 博士的研究尤为突出，他不仅开发出了知识可视化软件——CiteSpace，来展现科学发展的演化趋势以及科学发展的前沿领域，还陆续在国际权威期刊上发表一系列知识可视化的学术论文[③④]。另外由他撰写的《Mapping Scientific Frontiers：The Quest for Knowledge Visualization》一书也备受推崇，并产生了广泛的影响。该书准确地描述了关于制图的一般理论，可视化交流和科学图谱——特别是隐喻是如何可以让一张大图片变得简单而有用。作者在开始章节中提出了可视化原则。此外，作者还解释了为什么科学前沿图谱需要众多基础学科的支持，如科学哲学、科学社会学、科学计量学、领域分析、信息可视化、知

---

① Park，M.，Lee H.，Kwon S.. Costruction knowledge evaluation using expert index［J］. *Journal of Civil Engineer and Management*，2010，16（3）：401 – 411.

② Peters，K.，Maruster，L.，Jorna，R.. Knowledge evaluation：A new aim for knowledge management enhance sustainable innovation［C］//8th European Conference on Knowledge Management，Barcelona，SEP. 06 – 07，2007. *Nr Reading：Academic Conferences Ltd.*，2007：774 – 780.

③ Chen，C.，Cribbin，T.，Macredie，R.. Visualizing and tracking the growth of competing paradigms：Two case studies［J］. *Journal of the American Society for Information Science and Techonology*，2002，58（8）：678 – 689.

④ Chen，C.. Visualizing scientific paradigm：An introduction［J］. *Journal of the American Society for Information Science and Techonology*，2003，54（5）：339 – 392.

识发现、数据挖掘等①。

二 国内研究现状分析

国内关于知识计量学的研究论文并不多见，纵观国内知识计量学的研究状况可以分为以下几个方面：

（一） 知识计量学的相关理论研究

大连理工大学的刘则渊与刘凤朝的《关于知识计量学研究的方法论思考》可以被认为是国内最早的以正式方式提出知识计量学这个学科理念的论文，论文提出知识计量研究的对象由静态的知识载体向动态的知识能力拓展，知识价值论是知识计量研究的理论基础，并对知识价值的基本观点进行了阐述②。高政利与梁工谦认为知识在分类上的混沌行为干扰了知识与经济之间的转化，并针对此类行为提出了把可用于规范经济学理论阐述的静态知识、静态点知识、个体动态点知识、个体结构知识、个体边际结构知识、组织结构知识、组织边际结构知识等知识域纳入经济学原理框架下分析、评价和计量③。侯剑华与都佳妮提出泛知识计量学的创生与发展，并对其演化进行实证分析④。高继平、丁堃、潘云涛、袁军鹏则从知识元的起源及其发展开始，研究了其在科学计量学和知识计量学中的定义和作用，进而介绍了当前主要的知识元计量指标⑤。邱均平曾开辟"网络计量与知识计量"专题，专题中他在承认网络计量学已经取得了长足进步和丰硕成果的基础上，认为知识计量诞生于知识经济的大背景下，其发展大致经历了三个时期：即以文献计量、科学计量为基础的知识计量；以信息计量、情报计量为基础的知识计量和以知识经济的测度为基础的知识计量。前两个阶段主要是对知识的间接计量；第三阶段则是对知识的直接计量，也是知识计量发展的高级阶段。专题中余以胜与张洋认为科学研

① Chen, C.. *Mapping Scientific Frontiers: The Quest for Knowledge Visualization* ［M］. Verlag: Springer, 2003.

② 刘则渊、刘凤朝：《关于知识计量学研究的方法论思考》，《科学学与科学技术管理》2002 年第 8 期。

③ 高政利、梁工谦：《价值性差异、知识域结构与知识计量研究——基于知识的一般性经济原理》，《科学学研究》2009 年第 6 期。

④ 侯剑华、都佳妮：《泛知识计量学科协同演进初探》，《情报科学》2015 年第 7 期。

⑤ 高继平、丁堃、潘云涛、袁军鹏：《知识元研究述评》，《情报理论与实践》2015 年第 7 期。

究活动的评价主要涉及对知识的计量和评价，从知识计量与评价出发，对知识计量与评价的三个发展阶段做详细的介绍，同时对知识计量与评价的研究内容做深入的探讨，分析知识计量与评价主要面临的困难和问题①。文庭孝认为，知识计量单元是进行知识计量与评价的基础，知识计量与评价就是要通过对确定有效的知识计量单元进行处理以便对知识进行独立、自由、有效识别、处理与组合，达到知识服务、知识发现和知识创新的目的；他还认为知识计量单元的发展经历了从文献计量单元到信息计量单元继而到知识计量单元的演变过程②。文庭孝的另一篇关于知识计量与知识评价的文章则从知识计量与评价的兴起、知识计量与评价的发展阶段、知识计量与评价的研究对象和内容、知识本体的计量与评价研究和知识计量与评价的困难五个方面对知识计量与知识评价这一新兴课题进行了初步研究③。他还认为，知识计量的研究应该从对象维度、层次维度、内容维度、学科维度、特征维度、领域维度等方面取得不同程度的研究进展④。赵蓉英与李静初步探讨了知识计量的研究对象、特点、技术方法、测度标准等⑤。国内还有一些学者针对知识计量学的学科定位以及学科属性提出了自己的看法。王续琨与侯剑华清晰地界定了知识计量学与文献计量学、信息计量学、网络计量学、科学计量学之间的关系，并对知识计量学的研究从纵向和横向两个层面作了阐述⑥。侯海燕、陈超美与刘则渊等以知识图谱的方式展示了知识计量学的交叉学科属性以及计算机科学、图书馆与信息科学、知识工程等的核心学科地位；并以关键词共现的方式展示了知识计量学的15个重点研究领域，其中最为核心的研究领域是知识管理与知识域的可视化问题⑦。这实际上是一篇实证的研究论文，不过是以实证的方式探讨知识计量学的学科属性。

　　归纳起来，知识计量学的理论研究有如下几个层面：知识计量学的学

① 余以胜、张洋：《知识的计量与评价研究》，《图书情报工作》2008年第11期。
② 文庭孝：《知识计量单元的比较与评价研究》，《情报理论与实践》2007年第6期。
③ 文庭孝：《知识计量与知识评价研究》，《情报学报》2007年第5期。
④ 文庭孝、刘璇：《论知识计量研究的维度》，《图书情报知识》2013年第3期。
⑤ 赵蓉英、李静：《知识计量学基本理论初探》，《评价与管理》2008年第3期。
⑥ 王续琨、侯剑华：《知识计量学的学科定位和研究框架》，《大连理工大学学报》（社会科学版）2008年第3期。
⑦ 侯海燕、陈超美、刘则渊、王贤文、陈悦：《知识计量学的交叉学科属性研究》，《科学学研究》2010年第3期。

科属性以及其学科定位；知识计量学的方法论思考；知识与经济的关联与转化关系；知识与知识单元评价研究。

（二）知识计量学的相关实践研究

国内知识计量学的实践研究普遍存在的一个特点是，将知识计量的技术、方法应用于某一知识领域，探析知识领域的特性。

侯典磊、刘慧、吴松涛以阶段跃升型、长期稳定型、峰值衰减型三种涉密信息资源类型为研究对象，分别运用贴现法、生产函数法、最大准则法知识计量学方法，构建了涉密信息资源影响的评价模型，并通过案例分析，说明了该模型能够较好测度涉密信息影响大小[①]。吴山以 ISI Web of Science 数据平台中所收录的竞争情报研究文献作为分析样本，利用 CiteSpace 知识计量工具，绘制了国际竞争情报研究知识演化图，对竞争情报研究的历史脉络和研究热点进行分析[②]。梁永霞的博士论文中，也利用 CiteSpace 软件绘制了引文分析领域的发展趋势图，并阐述了引文分析学的知识流动理论：从知识的发展模式来看，科学知识是进化发展和优胜劣汰的；引用的过程是知识进化的过程，是知识的选择、遗传和变异的过程，也是知识的采集与获取、传播与扩散、创造与增值的过程；引文分析的过程是对知识流动过程的分析；引文分析的过程包含了对引用过程的分析和对整个海量数据的统计分析两个过程；同时，引文分析是知识从微观到宏观再到微观的过程，是对知识活动系统的分析[③]。大连理工大学的丁堃教授指导的 3 位研究生都是从事关于知识计量学的实践研究，陈玉光针对 CNKI、CSSCI、CQvIP 三个中文文献数据库，设计开发了学科知识计量及可视化系统，系统实现了集中文数据检索、数据格式处理、知识计量到可视化分析为一体的流程[④]。李鑫以中国知识管理研究领域的 1992—2006年间 7437 篇学术期刊载文为分析对象，引入文本挖掘技术中的一系列方法，从时间、空间、结构等视角入手，对知识管理在中国的研究发展作了

①　侯典磊、刘慧、吴松涛：《基于知识计量的涉密信息资源影响评价研究》，《情报杂志》2010 年第 4 期。

②　吴山：《国际竞争情报研究的知识图谱——基于 CiteSpace 的知识计量分析》，《现代情报》2010 年第 10 期。

③　梁永霞：《引文分析学的知识计量研究》，大连理工大学博士学位论文，2008 年。

④　陈玉光：《面向中文数据库的学科知识计量及可视化系统研究与实现》，大连理工大学硕士学位论文，2010 年。

系统的、定量的、客观的计量和分析，解读我国目前知识管理研究的发展状况[1]。杨莹以 Web of Science 数据库收录的机器人领域的 20634 篇期刊论文、德温特专利数据库的 4151 条有效专利数据与"七国两组织"（中国、日本、美国、英国、法国、德国、瑞士、世界知识产权组织和欧洲专利局）专利数据库的 55629 条机器人专利文献为主要数据样本，对比国内外机器人研究领域主题知识群、知识主体之间的关系以及科学知识的演化发展状况，并进行了前沿技术知识分布、核心技术发明专利知识等方面的计量研究[2]。这 3 位研究生，前者是从技术的层面探讨知识计量学的研究；后二者则是把知识计量学的理论与方法运用于知识计量学及其相关的知识管理学领域进行实证分析。

综上所述，国内知识计量学的研究有两支重要力量，以刘则渊为首的研究团队和以邱均平为首的研究团队。刘则渊的研究团队有：陈超美、刘凤朝、侯海燕、陈超美、王贤文、陈悦、丁堃、王续琨、侯剑华、梁永霞、陈玉光、李鑫、杨莹等学者。该团队不仅将知识计量学的理念引入，而且进行了初步的理论探讨；在知识计量学的实践研究方面也研究较多，包含技术层面的研发和定量层面上的实证研究，尤其热衷于知识可视化软件 CiteSpace 的应用研究。邱均平的研究团队有：文庭孝、余以胜、张洋、赵蓉英、李静等学者。该研究团队的特点是，侧重于知识计量学的理论方面的探讨，而且这些学者近几年来一直在从事着科学评价的研究，因此有着深厚的评价学理论、技术与方法的知识背景，他们将知识计量与科学评价有机结合起来，使得知识计量学中的知识评价研究这方面的内容得以拓展和深化。

第三节 本书的研究目标、路线与方法

一 研究目标

针对目前知识计量学的国内外研究状况，我们确立本研究的主要目标是：解决网络信息计量学作为一门学科存在而必须解决的基本问题，构建其学科体系和方法论体系，对其主要的研究方法和应用领域进行深入研

---

[1] 李鑫：《中国知识管理领域的知识计量研究》，大连理工大学硕士学位论文，2008 年。

[2] 杨莹：《国内外机器人领域的知识计量》，大连理工大学硕士学位论文，2009 年。

究，并通过实证探讨该学科研究实践中的关键问题，为知识计量学的建立与发展奠定基础。

二　研究路线

本书的研究思路如图 1—1 所示。首先交代本书提出的背景，综合分析国内外存在的知识计量研究现状，进一步阐明本书的研究目标、具体方法等。在理论探讨中，对与知识计量学具有密切关系的文献计量学、信息计量学、科学计量学、网络计量学、经济计量学进行简单介绍，这是我们构建知识计量学的重要理论支撑，对知识计量学与这些计量学学科之间的关系予以辨析，并在此基础上构建知识计量学的学科体系。接下来构建知识计量学的方法论体系，其中知识单元计量方法、知识创新计量方法、知识经济价值测度方法、知识可视化方法是四个大的方法群，要分别说明、集中构建。然后，以示例与实证的方式分别说明知识计量学在知识发现、知识创造、知识管理、科技管理、科学评价中的具体应用。再然后，重点说明知识域可视化这种知识计量学新涌现的研究领域或者研究方法，并以实证的方式来论证。最后，根据目前的计量软件的实践情况，编制自己的知识计量软件程序，阐述其实现的基本原理与基本的实现模块，并以实证方式来验证该软件的具体功能与适用性。

总而言之，本书的撰写是按照理论、方法、应用的基本思路来完成的，其中对典型的理论、方法、应用加以示例或者实证来辅助说明与重点强调。

三　研究方法

坚持定性与定量相结合、继承与创新相结合、理论与实践相结合、理论研究与实证研究相结合的原则，综合运用哲学、情报学、信息管理学、图书馆学、经济学、管理学、法学、数学、科学学等多学科的方法来进行本课题的研究工作，以期构建出知识计量学这一全新学科的整体框架。主要的方法如下：

一是知识可视化方法。有基于共被引分析法以及基于耦合分析法的知识可视化思路。

二是社会网络分析法。包含个体网与整体网两种网络分析，既有 1 模网，也有可以体现个体与团体关系的 2 模网的研究。

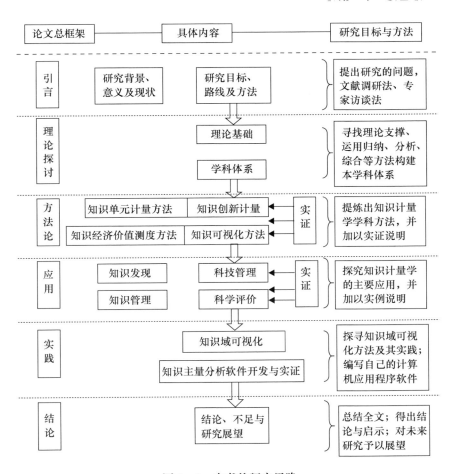

图1—1　本书的研究思路

三是多元统计方法。主要包含聚类分析、多维尺度分析、因子分析等方法。

四是评价学方法。如评价学的指标、权重等定量方法以及同行评议等定性方法。

第四节　本书的创新之处

从整体的视角考虑，本书的研究呈现以下特点：

第一，研究角度新颖。选择这样一个在国内处于萌芽状态、国外还处于孕育状态的学科作为研究对象本身就是一种创新。从国内外的研究状况来看，知识计量还是一个全新的研究领域，是前沿领域。截至目前，还没有出现以知识计量学命名的专著和博士论文。

第二，系统性强。国内虽然出现一些关于知识计量学的研究论文，但普遍缺乏整体性和系统性，往往是针对其中某一方面的简单介绍。本书全面梳理了国内外知识计量的相关研究，系统地研究了知识计量学这一学科，不仅关注其理论研究，还包含了方法与应用研究，并辅以大量的实证与案例来说明我们的研究结论。因此，具有一定的科学性、系统性和全面性。

具体下来，本研究课题的创新工作及研究重点主要体现在以下一些方面，并力求取得一些突破：

第一，以理论、方法、应用、实证的四维架构体系构建知识计量学学科。从内容结构与层次结构两个方面入手构建知识计量学的学科体系；根据科学研究方法论原理，从时间维、学科体系维、方法维三维角度构建了知识计量学的逻辑方法、一般科学方法、特征方法三个层次的方法体系，并首次将人力资本测算、知识资本测算的理论与方法引入知识计量学的方法论体系中，从而形成知识计量学方法论。

第二，提出知识计量学的知识域可视化。将知识域可视化提升为知识计量学的特征研究方法，并对其具体实现途径与方法过程进行细致的探讨。

第三，在知识计量工具上有所突破。编制了自己的软件程序，实现对耦合的全面分析，而不再仅仅局限于文献耦合分析，还包含了关键词耦合分析与期刊耦合分析。这不仅是在功能上实现了突破，而且软件程序以"知识元"为重点计量对象，可以深入至知识元层面对数据、信息、知识内容进行深层次的挖掘。

第 二 章
知识计量学的学科构建

从文献计量学诞生之初，我们就在做着知识计量学的内容，只是自己一直浑然不觉。

——笔者

大凡一门所谓的"学"，必须有贯穿其领域的、自成体系的、严密的基本理论，这些理论不仅要能指导该领域的工作实践，并能说明和解释其过程中出现的各种现象，而且还能引导学科的不断发展。因此，知识计量学必须建立自己的理论体系。然而，任何一个新兴学科的构建将会是一个艰难的过程。当所要构建的学科却又是一个交叉的学科时，这无疑就变成了难上加难。因为它不仅要借鉴别的学科的理论知识、方法内容以及具体实践，又要将这些理论、方法融会贯通于本学科内使之上升为一个新的理论高度，从而形成一个相对完善的、符合内在逻辑的体系结构。更为重要的是，它还必须内生出一些新的、其他学科所不曾具备或者不太完善的知识模块。否则，该学科是否可以独立成为一个学科以及该学科是否有存在的必要性，就会受到学者们的质疑，从而沦为别的学科的附属研究。知识计量学要想独立成为一个学科，必须有较为完善的学科体系、清晰的研究对象，形成行之有效的研究方法（其中尤为重要的是形成区别于其他学科的特征研究方法），能够对知识计量的研究内容作本质的揭示，并且能够进行具体的实践研究，让知识计量学的理论、方法能够运用于实践，从而在更高的层次上指导实践活动。

第一节　知识计量学的产生与发展

在计量学的研究领域有几个颇有影响力的学科，这几个学科大都经过数 10 年的发展，具备了清晰明确、相对固定的研究对象，研究方法也科学可信。虽然研究内容有所重合交叉，但这并不影响它们得到学术界的广泛认可。它们是：文献计量学（Bibliometrics）、信息计量学（Informetrics）、科学计量学（Scientometrics）、网络计量学（Webometrics）、经济计量学（Econometrics，有的文献又称数量经济学）。毫无疑问，知识计量学与这五个学科（以下简称"五计学"）有着千丝万缕的联系，知识计量学的发展也必须倚重"五计学"的理论与方法。但是相对于知识计量学，"五计学"有一个共同的特点：它们都是率先在国外发展，由国外的学者提出，后来被国内的有关学者引入国内并获得了长足的发展，"五计学"的起源与发展在后文中我们会详细论述。而知识计量学最早是由国内科学计量学领域的学者提出，而且从提出到如今的 10 余年间，仍然没有在国外的文献资料中找到知识计量学的有关提法。这为知识计量学的发展平添了某种不确定性，它究竟能否像"五计学"那样得到国际学术界的广泛认同，而不仅仅是国内学者的承认。这关系到知识计量学能否获得蓬勃的发展，不再是零星的学者进行着似乎相关却未深入本质内容的研究。

一 "五计学"的提出与发展

（一）文献计量学

文献计量学诞生的标志，在国内外并没有很大的争议。一般认为专业术语"Bibliometrics"的提出为文献计量学正式诞生的标志性事件，它是由美国目录学家 Pritchard 于 1969 年首次提出的[①]。而实际上，关于文献计量的研究可以追溯得更为久远，早在 1917 年文献学家 Cole 和 Eales 就在《科学进展》期刊上撰文，以文献计量方法分析 1550—1860 年间解剖学文献，尝试对文献进行统计分析。1923 年英国学者 Hulme 以 "Statistical Bibliography" 作为书的题名出版书籍《统计目录学与现代文明增长的关系》。此种提法在后来的 40 余年间虽然出现的频次并不多（研究者统计 "Statistical Bibliography" 仅在文献中使用过 6 次），却一直被沿用了下来，直至 1969 年 Pritchard 在统计学家 Kendall 的启示下，以 "Bibliometrics" 的专业术语取代 "Statistical Bibliography"，文献计量学才正式以 "Bibliometrics" 作为该学科的专业提法被确定下来并沿用至今。国外的提法几经变更，国内对这些专业术语的翻译也有众多提法，有的称为"文

---

① 邱均平：《文献计量学》，科学技术文献出版社 1988 年版。

献统计学"、"目录计量学"，图书馆学领域的学者甚至从学科独占性角度出发，为强调"文献计量学"是其独有的分支学科，将"文献计量学"命名为"图书馆计量学"。

邱均平将文献计量学的发展归纳为三个阶段：（1）萌芽时期（1917—1933年），该阶段的特点是，出现了零星的有关文献统计分析的研究，该阶段最重要的事件是1926年美国学者洛特卡创立了"洛特卡定律"；（2）奠定时期（1934—1960年），该阶段具有奠基意义的事件是1934年英国著名文献学家布拉德福提出"期刊的集中与离散定律"（又称"布拉德福定律"），以及1935年美国语言学家齐普夫提出的文献中词频分布规律，即"齐普夫定律"，这两大定律与萌芽时期的"洛特卡定律"并称为文献计量学的"三大定律"；（3）发展时期（20世纪60年代以来），计算机强烈地冲击着文献计量学的发展，计算机对文献计量工作影响最大的标志性事件是"科学引文索引"的成功研制，这为文献计量工作找到了强有力的工具，而且"Bibliometrics"也是在该时期提出的。罗式胜则认为，文献计量学真正进入发展时期是从1949年开始的，他认为文献计量学的发展体现在文献计量学基础理论的进一步完善和文献计量学在各领域的实际推广应用上[①]。相应的文献计量学奠定时期也缩短为1934—1948年间。

（二）科学计量学

Scientometrics（科学计量学）几乎是跟Bibliometrics（文献计量学）在同一时间提出来的。在Bibliometrics提出的同一年，即1969年，苏联学者穆利钦科（Мульченко）与纳利莫夫（Налимов）提出"研究分析作为信息（情报）过程的科学的定量方法"。因此，"科学计量学"最初以一种方法的形式被抛了出来。但在科学计量学的创立之初，科学计量学与文献计量学并没有本质的不同，正如匈牙利著名科学家、《科学计量学》杂志主编布劳温教授所言，文献计量学与科学计量学的方法非常类似，有时甚至是完全相同的，而且它们的研究对象也都主要是科学文献，人们只有根据其研究目的对二者予以区别。在科学计量学的发展过程中，布劳温等人的努力将科学计量学与文献计量学逐步区别开来。1978年布劳温创立《科学计量学》期刊，为全世界的科学计量学的研究者提供了

---

① 罗式胜：《文献计量学引论》，书目文献出版社1987年版。

一个很好的交流平台，有力地促进了科学计量学的发展。而且，他还提出，科学计量学应该更多专注于科学的产生、传播与利用的规律性的量化研究。

庞景安①将科学计量学的发展归纳为三个阶段：①创立时期（19 世纪末—20 世纪 30 年代），最早的科学定量研究始于 1873 年瑞士植物学家德堪多的著作《二百年科学和科学家的历史》中，定量地研究欧洲的儿科学发展史；文献计量学的三大定律也被认为是创立时期的重要基础定律。②理论形成时期（20 世纪 30—60 年代），该时期英国物理学家贝尔纳、美国科学学家普莱斯、美国社会学家默顿等人的一系列著作促使了科学计量学理论的形成。③应用发展时期（20 世纪 60 年代以来），《科学计量学》期刊的创立与"科学引文索引"的问世是该时期学科发展最为重要的事件。我们可以看出，科学计量学的发展与文献计量学的发展几乎是同步的，发展过程中的重要事件也有很多是一样的，这无疑表明文献计量学与科学计量学必然会在很多方面是交叉重合的。再者，英国情报学家Hanson 也曾指出，"科学信息对于许多人来说都是文献的同义语"。②

（三）信息计量学

信息计量学的诞生似乎并没有标志性的事件。1987 年被当作是信息计量学正式诞生的时间，从该年开始密集召开的国际学术会议的标题中开始大量出现"Informetrics"，因此，国外的学者认为 1987 年是信息计量学被情报学界正式承认的年份③。Informetrics 来自于德文 Informetrie，也就是说，信息计量学是由德国学者 Nacke 教授于 1979 年首次提出的，而后才出现与之对应的英文专业术语 Informatrics④。Informetrics 最早可见于1980 年美国科学基金会发布的研究项目的标题中；另一种说法是日本情报期刊《情报管理》与苏联情报期刊《情报科学文摘》将 Informetrics 译为英文的⑤。在国内，从 1981 年 Informetrics 便开始在相关期刊中出现，

---

① 庞景安：《科学计量研究方法论》，科学技术文献出版社 1999 年版。

② Hanson，C. W.. *Introduction to Science Infromation Work* ［M］. London：Amadom Press，1973.

③ Tague，S. J.. An Introduction to Informetrics ［J］. *Information Processing & Management*，1992，28（1）：200 – 210.

④ 邱均平：《信息计量学》，武汉大学出版社 2007 年版。

⑤ 刘廷元：《情报计量学的几个基本问题研究》，《情报科学》1994 年第 1 期，第 55 页。

国内学者将之译为"情报计量学"。在 1992 年，有关部门将 Information 翻译为"信息"，并得到许多学者的一致认可，Informetrics 也由"情报计量学"相应变更为"信息计量学"。可以说，信息计量学是文献计量学与科学计量学的继承与发展，是在二者的基础上扩展和演化而来的，布鲁克斯认为信息计量学是迄今计量学科中语义最广泛最深奥的一个术语，将作为包罗文献计量学和科学计量学的一个全称术语[①]。也是信息时代到来，信息科学与技术的迅猛发展致使文献资源数字化、电子化、网络化程度日益加快，从而使得传统的文献计量学与科学计量学理论方法对这些信息资源处理的乏力基础上，对它们提出了更高的要求而催生的学科。国际学术会议"科学计量学与信息计量学国际学术研讨会"（International Society for Scientometrics and Informatics，ISSI）对信息计量学的发展居功至伟。该会议是由鲁索（Rousseau）与埃格赫（Egghe）倡议发起的，每两年举办一次。首届 ISSI 国际会议为"文献计量学与信息检索的理论问题研讨会"，于 1987 年在比利时召开；从第二届开始将信息计量学加入会议的名称中；从第五届之后就一直沿用"科学计量学与信息计量学国际学术研讨会"。这极大地推动了信息计量学的发展，1987 年首届会议也成为信息计量学作为一个学科建制化的标志。

（四）网络计量学

如果说信息计量学是对文献计量学与科学计量学的继承与发展，那么网络计量学就是对信息计量学的继承与发展，是网络环境对信息计量学提出了更高的要求而应运而生的学科，也是信息计量学的重要研究内容和发展趋势。1997 年，丹麦学者 Almind 与 Ingwersen 在 "*Informetric analyses on the world wide web：methodological approaches to 'webometrics'*" 文中首次将 Informatics（信息计量学）方法引入 World Wide Web（万维网）进行研究，并称之为 Webometrics（网络计量学）。在这之后，Webometrics 便不断地被引用，受到了国内外学术界的广泛认同，继而引发了一股网络计量学的研究热潮。2004 年，Björneborn 与 Ingwersen[②] 在 "Toward a basic

①　布鲁克斯：《论文献计量学、科学计量学和信息计量学的起源及其相互关系》，《情报科学》1993 年第 3 期。

②　Lennart，B.，Peter，I.．Toward a basic framework for webometrics ［J］．*Journal of the American Society for Information Science and Technology*，2004，55（14）：1216 - 1227.

framework for webometrics"中构建了一个相对合理与全面的网络计量学研究框架体系，这促使网络计量学走向成熟。这期间有另一个与 Webometrics 极为接近的专业术语 Cybermetrics，Cyber 代表赛博空间，Cybermetrics 即为赛博计量学。Cybermetrics 的内涵比 Webometrics 更为宽广，Webometrics 主要是针对 Web 上的信息资源进行的计量分析，而 Cybermetrisc 还包含局域网上的信息资源、Telnet 信息资源、FTP 信息资源、用户服务组信息资源、Gopher 信息资源等，是针对整个因特网（the whole Internet）①。相对于 Cybermetrisc，国内外的学者却更愿意接受 Webometrics，Cybermetrisc 并没有像 Webometrics 那样产生广泛的影响。1999 年，国内学者徐久龄在《情报学进展》一书中撰写"网络计量学的研究"的文章，首次将网络计量学的思想引入我国。关于网络计量学的研究也逐步增多，并陆续产生了《网络信息计量理论、工具与应用》、《网络计量学》等一系列系统介绍网络计量学的专著。

（五）经济计量学

国外著名期刊《经济计量学》的创刊号中指出：经济计量学是数学、统计学与经济学结合的产物。1926 年，挪威经济学家、第一届诺贝尔奖得主弗瑞希（Frisch）仿照 Biometrics（生物计量学）一词构造出 Econometrics（经济计量学）。经济计量学作为一门独立的学科确立起来的标志是，弗瑞希与丁伯根（Tinbergen）等人于 1930 年在美国成立的经济计量学学会，其会刊《经济计量学》也于 1933 年正式公开发行。第二次世界大战后，经济计量学获得了迅速的发展，成为西方经济学的重要分支。著名已故经济学家萨缪尔森认为，第二次世界大战后的经济学是经济计量学的时代。进入 20 世纪 70 年代，计算机应用于经济计量学，提出了许多新的算法和模型，进一步推动了经济计量学的发展。西方的经济学家普遍认为，经济计量学是一类定量研究经济现象的经济计量方法的统称。在这里我们有必要澄清经济计量学与数量经济学的关系，因为国内的很多学者尤其是非经济学领域的学者把经济计量学等同于数量经济学。实际上，西方的主流经济学派并不这样认为，他们普遍认为，数量

---

① Björneborn, L. . *Small-world link structures across an academic Web space：A library and information science approach* [D] . Copenhagen：Doctoral dissertation, Royal School of Library and Information Science, 2004.

经济学是理论经济学的研究内容，虽然数量经济学大量运用了数学公式以及数学推理，但只是对经济理论的推导，或者说是对经济理论的数学化，虽然有数量的概念，却没有数值估计。而经济计量学要根据统计数据及方程式中参数的具体数值，去说明经济关系的数量特征。另外，数量经济学与理论经济学总是把经济变量之间的关系描述成一种精确的数学函数关系。殊不知，现实的经济变量关系与精确函数关系总是有误差，经济计量学就把这种误差作为随机变量引入模型，使得方程式所描述的经济关系更符合实际情况。

二　知识计量学与"五计学"的关系

科学学领域以及图书情报领域的学者一般都认为知识计量学与文献计量学、信息计量学、科学计量学、网络计量学、经济计量学存在着若即若离、或近或远的关系。即使是知识计量学这一学科的提法也是科学计量学领域的学者首次提出的。在国内外的学术界，文献计量学、信息计量学、科学计量学被认为是 3 个关系极其密切的学科，国内的学者有时称之为"三计学"。对"三计学"之间的区别与联系的辨析也是国内学者们非常热衷的研究主题。网络计量学是由信息计量学衍生出来的学科，它的出现为它们之间的关系增添了新的内容。如果再加入经济计量学，这种关系无疑会变得错综复杂。经济计量学无论是在研究对象、研究方法、研究内容以及学科体系方面都已经偏离了"三计学"与网络计量学，甚至偏离得甚远，但在这里我们仍然要拿过来进行辨析比较，因为经济计量学的许多理论与方法构成了知识计量学重要的理论基础，也是构建知识计量学学科所必不可少的。为叙述的方便，我们有时会把这 5 个与知识计量学关系较大的计量学学科称为"五计学"。

（一）"五计学"的相互关系

鉴于文献计量学、科学计量学、信息计量学、网络计量学之间的亲密关系，国内外的学者尤其热衷于这几个学科概念之间的辨析，对它们的内涵与外延进行比对，也得出了很多有意义的结论。其中影响范围较广的是Björneborn 与 Ingwersen 的研究结果，如图 2—1 所示。

"三计学"一直存在着不同的定义内容。Björneborn 与 Ingwersen 对"三计学"关系的界定是根据 Brookes、Egghe、Rousseau 与 Tague-Sutcliffe

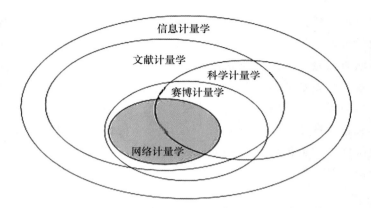

图 2—1　信息/文献/科学/赛博/网络计量学的相互关系

等很多学者普遍接受的定义而做出的①②③。Tague-Sutcliff 认为，信息计量学是针对任何形式的信息，而不仅仅是记录信息或者文献信息，以及任何社会群体，而不仅仅是科学家们所进行的定量化的描述；文献计量学是对论文、记录信息、科研产出进行的定量化研究；科学计量学是作为一个针对学科或者经济活动的科学而进行的定量方面的研究。根据这些定义，Björneborn 与 Ingwersen 认为，信息计量学应该包含科学计量学与文献计量学的研究内容，而科学计量学与文献计量学在很大一部分上存在着交叉，尤其是对科学文献方面的研究；科学计量学在政治经济、科技政策方面的研究是文献计量学所不具备的，超出了文献计量学的研究范畴。Björneborn 与 Ingwersen 还在文章中给网络计量学下了一个定义（网络计量学是运用文献计量学、信息计量学方法对网络上的信息资源、信息结构、信息技术的构建和利用情况进行量化研究），并根据定义认为，网络计量学应该完全包含在文献计量学内，因为网上的文档，无论是文本文件

①　Brookes，B. C.. *Biblio* – ，*sciento* – ，*infor – metrics*? *What are we talking about*? In L. Egghe & R. Rousseau（Eds.），Informetrics 89/90：Selection of papers submitted for the Second International Conference on Bibliometrics，Scientometrics and Informetrics. London，Ontario，Canada，July 5 – 7，1989（pp. 31 – 43）. Amsterdam：Elsevier.

②　Egghe，L.，Rousseau，R.. *Introduction to Informetrics*：*Quantitativemethods in Library*，*Documentation and Information Science*［M］. Amsterdam：Elsevier，1990.

③　Tague – Sutcliffe，J.. An introduction to informetrics［J］. *Information Processing & Management*，1992，28（1）：1 – 3.

还是多媒体文件，都是存储在 Web 服务器上的记录信息，这些记录信息或许是暂时的，也或许是永久性的，归根到底都是被记录的。网络计量学部分包含在科学计量学内，虽然很多学术活动是基于网络的，但仍然有一部分学术活动是非记录的，如面对面的学术交流，这超出了文献计量学的研究范畴。

赛博计量学是与电脑有关的、赛博空间的、the whole Internet（整个因特网）的定量研究。虽然 World Wide Web（万维网）已经实质上成为了整个因特网上的规范和标准，构成了 Internet 的主体部分，但它毕竟不是构成整个因特网的唯一元素，因此赛博计量学应该完全包含网络计量学。赛博计量学中未被记录的交流，如讨论组的实时同步交流，则超出了文献计量学的界限，但却仍然没有超出信息计量学的研究，因为信息计量学是任何形式、任何群体信息的量化研究。

当这些计量学概念被引入国内，情况发生了不同变化。"三计学"由于较早地引入，并经过长时间的发展和国内学者们的反复归纳总结以及与国外观点的对比分析，基本已经达成共识，能够与国外的专家学者观点保持一致。变化较大的是网络计量学，国内有学者认为 Cybermetrics 与 Webometrics 都可以表示网络计量学，二者并没有什么不同；有的学者将网络计量学分为"广义网络计量学"与"狭义网络计量学"。例如，邱均平曾经指出，对网络计量学的研究对象应该从广义上理解，这里所讲的"网络"，不仅是指因特网，而且也包含局域网等各种类型的网络[①]。很明显，邱均平所指出的广义上的网络计量学跟国外的 Cybermetrics 的内容基本趋于一致。他所理解的广义与狭义上的网络计量学也是基于广义上的信息计量学与狭义上的信息计量学而做出的界定。另外邱均平还认为，信息计量学与科学计量学有很大的区别和联系；文献计量学与信息计量学彼此交叉渗透，既有着许多共同的研究内容，又有着不尽相同的地方。从学科的研究范围上讲，狭义的信息计量学除了包含科学计量学对科学文献及其数量和非正式科学交流的消息、事件、事实、实物等的研究外，还包含正式交流的事物信息；而广义的信息计量学还包含过程信息（作为过程的信息）、知识信息（作为知识的信息）。从研究目的上讲，信息计量学的研究目的是提高信息管理的科学性，促进信息服务的水平；而科学计量学

---

① 邱均平：《信息计量学》，武汉大学出版社 2007 年版。

的研究目的是探讨科学发展的规律性，促进科技进步。信息计量学与科学计量学的应用领域也有所不同，信息计量学在科研、教育、人才、机构评价等方面得以广泛应用；科学计量学在科学规范与科技政策的制定方面起到了良好的作用。

张洋①则用发展的眼光，对"三计学"的相互关系进行了界定，如图2—2所示。他认为，根据目前的研究状况，"三计学"仍然是相互交叉的，它们之间的区别在概念体系、学科性质、研究范围、研究方法、应用领域等方面都有所体现。从发展历史来看，信息计量学是在传统文献计量学及科学计量学的基础上扩展和演变而成的，文献计量学和科学计量学是信息计量学的学科基础。科技文献是信息的重要载体和表现形式。因此，文献计量学的研究内容自然成为信息计量学的重要组成部分。而科学计量学所主要关注的科学交流和科学发展，实际上是科学家的知识结构与认识对象的相互作用过程，科学过程实际上是一种社会化的信息交流过程，因此，科学计量学研究成果也就构成了信息计量学重要的发展基础。因此，"三计学"既相互交叉重合，又有区别。因此，张洋的结论跟Björneborn与Ingwersen的研究结论是有出入的。从最终的发展趋势上看，张洋认为"三计学"将融合到"信息计量学"这一学科体系之下。这跟Björneborn与Ingwersen做出的信息计量学包含文献计量学与科学计量学的研究内容的观点基本是一致的。

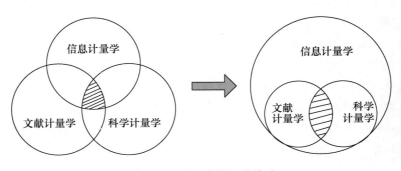

图2—2 "三计学"的关系

如果"三计学"与网络计量学这4个计量学学科之间存在着"剪不

---

① 张洋：《网络计量学理论与实证研究》，武汉大学博士学位论文，2006年。

断，理还乱"的复杂关系，那么相比之下，它们与经济计量学的关系就简单了很多。我们认为，经济计量学与"三计学"就像是两条并行的波浪线，时而交叉，时而分离，但却始终没有背道而驰。如果说它们之间有莫大的关系，它们的研究对象没有多少交叉，不同于"三计学"之间存在着一个很大的交叉部分——科学文献，经济计量学以经济行为、经济现象为研究对象，跟它们的交叉甚少，而且，它们的具体应用范围也没有多少交叉点。如果它们之间没有关系，它们都是运用数学、统计学知识进行定量研究的学科，都是数学、统计学与具体学科相结合的产物，它们所运用的许多数学统计的方法都是相同的，有些是可以相互移植的。我们还认为，经济计量学有一点是"三计学"所望尘莫及的，也是非常值得"三计学"学习的，那就是经济计量学已经将数学、统计学运用到炉火纯青的地步。

（二）知识计量学的产生背景

1. 时代背景

科学的发展史表明，任何科学都是在一定的科学背景和特定条件下产生的，知识计量学也毫不例外。从古代的简单的手工劳动方式到以电力驱动的现代化生产方式，正在走向智能工具主导的生产方式。在这个过程中，知识对劳动对象、生产资料、生产力这生产关系的三要素的作用越来越强。很多人都认为，21世纪从发达国家开始，全球将逐步进入知识经济阶段。在知识经济阶段，传统的被称为经济生产的最重要生产要素：土地、劳动和资本，加入了另一个重要的要素：知识。而且我们认为，随着知识经济的推进，知识必然会成为生产的主导因素，主导生产的一系列过程。这在国外的一些大型企业中已经初见端倪，很多企业将主管知识的CKO（Chief Knowledge Officer，首席知识官）、CEO（Chief Execute Officer，首席执行官）以及主管资本运作的CFO（Chief Finance Officer，首席财政官）并称为企业有效运转的三驾马车。CKO从无到有以及地位的不断提升充分体现了知识的作用不断加强。实际上，过去在长期的生产过程中，人们已经在不自觉地点滴累积并利用各种知识。到了知识经济阶段，一方面技术知识在不断地增加和深化，它的作用也愈来愈大；另一方面由于分工和专业化程度的提高，制度知识也在不断地发展。人们需要更加自觉地认识和发挥各种类型知识的作用。因此，知识作为一种资源，作为一种生产要素和一种资本，它并不像土地、劳动、资本等物质资源那样存在一个资源稀缺性的问题，对于知识的计量、管理需要专门加以研究。知识计量学的产生也因此有了最有利的时代背景。

2. 学科背景

当传统的纸质时代结束的时候，我们的社会进入了信息时代。信息时代的重要特征是，计算机技术与网络技术迅猛发展，信息的表现形式已经不再是单一的纸质形式，数字化、电子化的信息充斥着整个世界，信息以指数化的方程式实现"爆发式增长"。在这种形势下，文献计量学似乎完成了它的部分使命，台湾地区咨询学者蔡明月教授也不禁感慨："文献计量学似乎难逃被淘汰被取代的宿命。"① 文献计量学的理论、技术方法被运用到信息中，当然这里的运用并不仅仅是方法的单纯移植，而是与计算机技术、网络技术等结合起来，于是催生了一种新的学科，信息计量学代文献计量学而兴起。可是人们越来越发现，由于信息的多样性、易变性等属性特征，很难找到恰当的定量方法对它进行计量。尤其是信息时代推进到知识时代，知识变为比信息更为重要的一种战略资源，知识的计量价值也远远超过对信息的计量，知识计量学作为一种学科被提了出来，国内外也相继出现了知识学（Knowledge Science）的研究。布鲁克斯曾指出："情报学如果不实现定量化，它将是一堆支离破碎的技艺，而不是学科。"② 这无疑肯定了信息计量学的学科地位以及信息计量学对情报学的重要性。如果我们将布鲁克斯的言论推及知识学学科领域，我们就会得出这样的疑问：如果没有知识计量学的支撑，知识学将会何去何从？能否走下去？究竟能走多远？而且除了"五计学"为知识计量学提供重要的理论与方法素养外，知识工程、人工智能、知识可视化等学科或者研究领域日新月异的发展也为知识计量学的产生与发展创造了必要的条件。尤其是知识管理学的发展，知识管理学是一个与知识计量学关系极为密切的学科。与知识计量学发展不同的是，知识管理学受到国内外学术界的广泛认可，不仅受到图书情报领域的学者的热烈追捧，也是企业管理领域的研究热点。我们认为，知识管理学发展到一定的阶段需要知识计量学为其提供发展的动力，而知识管理学的理论方法也可为知识计量学的产生与发展奠

---

① 蔡明月：《资讯计量学与网路计量学》，《新世纪图书馆》2003 年第 2 期。

② Bookes, B. C.. Towards Informetrics［J］. *Journal of Documentation*, 1984, 40（2）: 200 - 210.

定基础。

（三）知识计量学与"五计学"

1. 知识计量学与文献计量学、信息计量学、网络计量学

文献计量学、信息计量学、网络计量学是图书情报学领域的三个既相互独立又彼此紧密联系、传承发展的分支学科。知识计量学将来无论是属于图书情报学，还是科学学、知识学，它与图书情报学的关系必然是割舍不开的。因此我们把图书情报学的三个计量学分支放在一起与知识计量学进行对比分析。

用一句话来概括知识计量学与文献计量学的关系。我认为，从文献计量学诞生之初，我们就在做着知识计量学的内容，只是自己一直浑然不觉。我们可以借助波普尔的"三个世界"理论对这句话进行深度分析。

在波普尔的"三个世界"理论中，存在着三个世界。"世界 1"：物理世界，包含无机界世界与有机界世界，如物质、能量、人体以及人的大脑。"世界 2"：主观知识世界或者精神状态世界，包含动物和人的感性世界、人的理性世界，如个人的主观精神活动。"世界 3"：客观知识世界，包含抽象的精神产物世界和具体的精神产物世界，如思维观念、语言、文字、艺术、神话、科学问题、理论猜测和论据等一切抽象的精神产物以及一切具体的精神产物，如工具设备、图书文献、房屋建筑、计算机、飞机和轮船等。布鲁克斯曾经运用波普尔的"三个世界"思想构建图书情报学的理论基础，他认为情报学家与图书馆学家主要研究"世界 2"与"世界 3"之间的相互作用，并对"世界 3"取得所必需的知识，并利用这种知识将"世界 1"与"世界 2"联系起来，"世界 2"作用于"世界 1"的结果，记录下来又成为"世界 3"的一部分[①]。对客观知识进行分析和组织是布鲁克斯情报学的核心思想。

我们认为，波普尔的"三个世界"理论同样可以运用于知识计量学与"五计学"以及它们之间的关系辨析。文献计量学是以文献的篇、册、本等为计量单位的计量分析，根据波普尔对"三个世界"理论的阐述，应该是"世界 1"的内容范围。知识计量学是以知识为研究对象的学科，很显然是对"世界 3"进行的计量分析。"世界 2"代表主观知识世界或者精神状态世界，在知识学界与知识管理学界被认为是"隐性知识"，这

---

① 严怡民：《现代情报学理论》，武汉大学出版社 1996 年版。

也是知识计量学的研究范畴，而且是知识计量学区别于其他计量学学科的一个特别之处。波普尔认为主观精神是实在的，因为它对"世界1"，尤其是对人和动物的躯体能起反馈作用，即它直接支配着人和动物的物质躯体通过其活动表现出来。波普尔称由"世界1"向"世界2"再向"世界3"的作用方向为"上向因果关系"，而称反向的反馈作用方向为"下向因果关系"，可见，"三个世界"之间存在着相互作用。这也表明文献计量学与知识计量学密不可分的亲密关系。

另外，图书文献在波普尔的"三个世界"的理论中具有一种很难调和的世界关系。国内很多学者认为，知识是经过人类主观或客观处理过的自然和社会信息，是人们对自然和社会形态以及规律的认识与描述①。由此看来，知识是精神活动的产物，属于精神世界，是"世界2"。但知识一旦产生，便基本脱离了知识创造者对其控制，而且必须依附一定的载体形式，这就是图书文献。从这个意义上讲，它又是"世界1"的内容。波普尔的理论中图书文献的这种双重属性，既表明文献与知识相互依赖、相互作用、不可分离的亲密关系，也进一步说明文献计量学与知识计量学的依存关系。文献是知识的载体，是知识内容的表现形式；知识内容是文献最基本的要素，是文献的内涵与实质，可以说，我们在进行文献计量的时候就已经在进行着知识计量的活动，是一种间接知识计量。因此我们认为，文献计量学是间接知识计量学。我们甚至可以根据波普尔的"三个世界"的理论将知识计量学分为狭义知识计量学与广义知识计量学。狭义知识计量学仅仅包含对"世界2"与"世界3"的知识计量；广义知识计量学除了对"世界2"、"世界3"的直接知识计量外，还包含"世界1"的间接知识计量学，即为文献计量学的内容。

根据波普尔的"三个世界"的理论，我们的现实由三个世界构成，它们相互联系，以某种方式相互作用，也部分地相互重叠。然而，此处"世界"一词显然不是用来指宇宙（universe 或 cosmos），只能算是它的组成部分。信息的概念就已经超过"三个世界"的范畴。关于信息的定义，有人统计过，在 10 年间出现了 100 多种提法。各种学科的学者都从不同的角度对信息进行定义，美国学者维纳从通信的角度将信息定义为："我们在适应外部世界、控制外部世界的过程中，同外部世界交换的内容的名

---

① 娄策群：《信息管理学基础》，科学出版社 2005 年版。

称。"《中国大百科全书》（新闻出版卷）从传播学的角度，对信息的定义为："信息是事物运动状态的陈述；物与物、物与人、人与人之间特征的传输。"我国哲学界普遍认为："信息是物质的一种普遍属性，是物质存在的方式和运动的规律和特点。"图书情报界的学者也有很多提法，中国科学院文献情报中心孟广均研究员等在《信息资源管理导论》一书中认为[①]，信息是事物运动的方式与状态。并认为，"事物"泛指一切可能的研究对象，包括外部世界的物质客体，也包括主观世界的精神现象；"运动"泛指一切意义上的变化，包括机械运动、物理运动、化学运动、生物运动、思维运动和社会运动；"运动方式"是指事物运动在时间上所呈现的过程和规律；"运动状态"则是指事物运动和空间上所展示的性态和态势。从学术界对信息的定义可以看出，信息包罗万象远非"三个世界"可以概括在内。如果信息计量学是以广义的信息论基础上的信息为研究对象的话，信息计量学必然要包含知识计量学的研究内容。

国内学术界还有对信息计量学的另一种提法，就是狭义的信息计量学。20 世纪 90 年代中期，巴克兰（Buchland）把信息概括为三种含义：过程信息（信息作为过程）、知识信息（信息作为知识）、事物信息（信息作为事物）。狭义的信息计量学的研究对象主要就是事物信息，包括文献（Documents）、文本（Text）、数据（Data）、实物（Object）、事件（Event）等。显然，狭义的信息计量学与知识计量学并不是包含与被包含的关系，而应该是一种交叉重合关系。广义的信息计量学不仅包含巴克兰所概括的三种含义的信息，还包含信息论中的信息测度，其研究对象与研究内容远远比知识计量学（无论是狭义的知识计量学还是广义的知识计量学）要宽泛得多。

既然信息计量学有狭义的信息计量学与广义的信息计量学之分，网络计量学也相应地分为狭义的网络计量学与广义的网络计量学。广义的网络计量学就是上文中提到的"赛博计量学"；狭义的网络计量学是采用数学、统计学等各种定量方法，对社会化的信息交流过程中信息的组织、存储、分布、传递、相互引证和开发利用等进行定量描述和统计，以便揭示

---

① 孟广均等：《信息资源管理导论》，科学出版社 1998 年版。

社会信息交流过程数量特征和内在规律的新兴学科①。为了辨析知识计量学与网络计量学的关系，我们有必要首先辨别一下网络计量学与信息计量学、文献计量学的亲缘关系。很多学者认为，网络计量学是由信息计量学衍生而出的一门交叉性的边缘学科，因此，信息计量学是与网络计量学关系最为亲密的计量学科。这固然有一定的道理，毕竟网络信息也是信息的一种，对网络信息的计量亦可认为是对信息的计量，是信息时代发展至网络阶段对信息计量学提出的更高要求。但我们认为，信息计量学过于宽泛的研究对象与研究内容拉远了信息计量学与网络计量学的关系，网络计量学最为亲近的学科反而是文献计量学。当"无纸时代"到来后，文献的定义有了新的内涵，文献不再仅仅是包含印刷型文献，如报纸、期刊、书籍等，还包含缩微型文献（缩微胶卷）、声像型文献（录音带、录像带、唱片等）以及电子型文献（硬盘、光盘、磁带、软盘）等。网络信息像其他信息一样并不能单独存在，必须依附一定的载体形式，通常情况下是依附在电子型文献载体上。因此，网络计量学本质上依然是对文献的计量，只不过已经不是传统意义上的图书等印刷型文献，而是电子型文献。这样狭义的网络计量学就变成了广义文献论上的文献计量学。上文我们提及以波普尔的"三个世界"的理论阐述过文献计量学与知识计量学的关系，而文献计量学与网络计量学在本质上又存在着这样的关系。因此我们认为，根据波普尔的"三个世界"的理论推断的知识计量学与文献计量学的关系同样适用于知识计量学与网络计量学的关系分析过程。

2. 知识计量学与科学计量学

庞景安认为，科学计量学可以被定义为，博采各种数量技术，定量地研究科学技术进步的发展规律和内在机制②。虽然科学技术进步的主要存在形式依然是文献，但是科学计量学已经打破了其诞生之初对科学文献的数量研究的藩篱，而成为专注于科学的产生、传递、利用的内在机制及其规律的科学学分支学科。因此科学学研究对象不仅包含科学文献，也包含科学活动过程中的科研工作人员、科研经费、科研设备等的数量、增长、老化、利用情况的研究，还包括科研过程的特征、规律研

---

① 王宏鑫：《信息计量学研究》，中国民族摄影艺术出版社 2002 年版。

② 庞景安：《科学计量研究方法论》，科学技术文献出版社 1999 年版。

究。用波普尔"三个世界"理论分析科学计量学，我们会发现，科学计量学对科学文献的研究是"世界1"；科学计量学对科研人员、设备的研究是"世界1"与"世界3"（具体的精神产物）；科学计量学对科学过程的研究可以说是"世界2"（主观精神活动）。因此，跟知识计量学一样，科学计量学也是对"世界1"、"世界2"、"世界3""三个世界"同时进行研究的计量学学科。再结合科学计量学的研究对象、研究方法、实践应用，我们认为科学计量学是"五计学"中最为亲密的学科。广义上的知识计量学应该包含科学计量学；狭义上的知识计量学与科学计量学应该是交叉重合的，而且应该有很大一部分是重合的。这似乎解释了为什么"知识计量学"是国内科学计量学领域的学者首次提出的疑问。

3. 知识计量学与经济计量学

我们认为，知识计量学与经济计量学也是有一定关系的，经济计量学与隐性知识计量学关系极为密切。知识内容及其载体通常有三类：以物（大多表现为科学文献）为载体的知识内容、以人为载体的知识内容、以社会为载体的知识内容（人类社会普遍存在的社会现象及其运行规律）。以人与社会为载体的知识通常又被称作是隐性知识，它们并不外露，也并不容易被发现与挖掘，这正是经济计量学要研究的主要内容。经济计量学是研究社会经济现象，探索社会经济运行的规律，这是以社会为载体的知识内容；经济计量学包含了对厂商博弈论、厂商的利润最大化生产等厂商经济行为的研究，因此经济计量学也有人的因素，这是以人为载体的知识内容部分。无论是以人还是社会载体知识，都是隐性知识，因此，经济计量学主要研究的是知识计量学中隐性知识计量学部分。

为了更为形象地展示知识计量学与"五计学"之间的关系，我们用图2—3与图2—4分别显示狭义的知识计量学与狭义上的"五计学"之间的关系以及广义的知识计量学与广义上的"五计学"之间的关系。需要特别说明的是，每个椭圆代表一个计量学学科，但椭圆的大小并不代表计量学疆域的大小，这是因为目前很多计量学都处于学科发展时期很难精确地界定学科的大小。椭圆之间的交叉表明计量学之间研究的重合以及重合的程度。经过上文的分析，我们认为知识计量学与"五计学"的关系亲疏程度为：科学计量学 > 文献计量学 > 网络计量学 > 信息计量学 > 经济计量学。

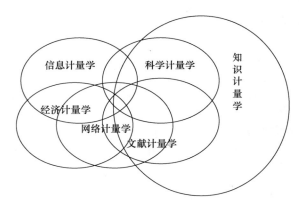

图2—3 知识计量学与狭义"五计学"的关系

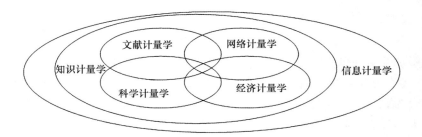

图2—4 知识计量学与广义"五计学"的关系

第二节 知识计量学的研究对象与内容

一 知识计量学的研究对象

一个学科要想成为一个独立的学科，必须有明确的研究对象，这是一个学科区别于别的学科的重要标志。因此，我们要构建知识计量学学科，必须首先界定一个明确、清晰的研究对象。湘潭大学的文庭孝在《知识计量与知识评价研究》一文中，以及大连理工大学的刘则渊在《关于知识计量学研究的方法论思考》的文章中都认为，知识计量学的研究对象是整个人类知识体系①②；大连理工大学的王续琨与侯剑华在《知识计量

————————

① 文庭孝：《知识计量与知识评价研究》，《情报学报》2007年第5期。

② 刘则渊、刘凤朝：《关于知识计量学研究的方法论思考》，《科学学与科学技术管理》2002年第8期。

学的学科定位和研究框架》中则认为，知识计量学的研究对象是知识计量活动①；武汉大学的赵蓉英与李静则认为知识计量学的研究对象就是知识②。综合分析这几位学者的集中提法，我们认为，文庭孝、刘则渊、赵蓉英的提法基本是一致的，他们侧重于从静态的角度出发提出知识计量学的研究对象。特别之处是，赵蓉英擅长以知识计量学的命名法则提取知识计量学的研究对象，在早期她还认为网络信息计量学的研究对象就是"网络信息"。王续琨与侯剑华则从动态的角度出发概括归纳知识计量学的研究对象。这些学者的提法都有一定的道理，但我们认为，如果能将动态和静态综合起来考虑知识计量学的研究对象会更加合理完善一些。因此，我们认为，知识计量学是以整个人类的知识体系以及知识活动为研究对象。而且，我们的这种提法也是综合考虑其他计量学学科的研究对象的界定原则而做出的。国内外学术界对"三计学"研究对象普遍接受的观点是，文献计量学是以文献体系研究对象（图书、期刊、电子型出版物等）；信息计量学是以事物信息（文献、文本、数据、实物、事件）为研究对象；科学计量学的研究对象是科学文献以及科学交流活动（科学产生、传递、利用）。可以看出，如果以整个人类的知识体系以及知识活动来定义知识计量学的研究对象，这跟科学计量学的研究对象的界定原则很相似，也是既强调其静态属性（科学文献），又强调其动态属性（科学交流过程），更重要的是，这跟上文中我们根据波普尔的"三个世界"理论得出科学计量学是知识计量学最为亲密的计量学学科保持了一致。因此，将整个人类的知识体系以及知识活动作为知识计量学的研究对象不仅概括凝练，也较好地与"三计学"理论保持了统一。

二　知识计量学的研究内容

学科的研究内容是指一个学科的具体研究方面，通常是由一个学科的研究对象及其研究任务决定的。知识管理学的研究内容就是围绕知识计量学的研究对象而展开的。概括起来，知识管理学的研究内容主要包含以下几个方面：

---

① 王续琨、侯剑华：《知识计量学的学科定位和研究框架》，《大连理工大学学报》（社会科学版）2008 年第 3 期。

② 赵蓉英、李静：《知识计量学基本理论初探》，《评价与管理》2008 年第 3 期。

1. 知识计量学学科理论研究

一门学科要建立和得以发展，首先要对该学科本身的基本问题有正确的认识。如果没有明确的研究对象和研究内容，没有科学的、行之有效的研究方法，建立起独立的学科体系就成为空谈；如果不明确该学科的学科性质、学科地位以及与其他学科之间的关系，就会迷失其发展方向，也就很难去借鉴别的学科的理论内容与技术方法；如果不了解学科的产生与发展历史，就难以归纳总结出其发展的内在规律及其发展的趋势。因此，知识计量学学科理论研究是知识计量学研究的重要内容。尤其是，知识计量学还是一门新兴的交叉性边缘学科，迫切需要获得自己独立的学科地位，知识计量学学科理论研究就显得极为重要。知识计量学学科理论研究主要是借鉴"五计学"的理论与方法，探讨知识计量学的研究对象、研究内容、研究方法等；构建知识计量学的理论体系；分析知识计量学的学科地位、学科性质及其相关学科；研究知识计量学产生与发展的过程、规律和趋势。

2. 知识计量学基本理论研究

知识计量的根本目的是有效促进知识的利用，提高知识管理、知识服务的水平。不了解知识交流的模式与规律，不知道知识资源的结构、分布、变化规律；不掌握用户的知识需求和知识行为的特点和规律，就会给知识计量带来盲目性，达不到知识计量的目的。因此知识计量的基本理论研究要包含：知识产生、传递、投入、产出、利用的理论与规律研究；知识的概念、类型、层次、分布、增长、老化；分析研究传统文献计量学经典定律——布拉德福定律、齐普夫定律、洛特卡定律在知识条件下的适用性；知识的主体、对象与内容；用户的知识需求类型、获取知识的行为规律等。另外，知识计量学是以知识单元为最基本的计量分析单元，知识单元是控制好处理知识的基本单元，是知识计量的前提和基础。因此，知识计量学的基本理论研究还应该包含：知识单元的基本概念、发展、基本类型、与文献单元和信息单元的区别与联系等。知识的数量、质量、价值、关联的测度理论是关于知识量化方面的研究，是属于知识计量学基本理论的研究内容。知识的测度又不同于文献、信息，知识有较强的价值性，在很多时候又存在着显性知识与隐性知识之分。因此，经济管理领域的价值理论，有形资产、无形资产评估理论，知识的投入、产出理论等都应该列入知识计量学基本理论的研究范畴。

3. 知识计量学技术方法研究

当国内学术界激烈讨论的学术问题"引文分析究竟应不应该称为引文分析学"的时候，也暴露了大多数学科发展的过程。正如引文分析，计量学在发展之初，大多会被当作一种方法来对待，当它有了明确的研究对象、科学的研究方法、完善的学科体系后，才会正式地被当作一门学科来对待。因此，知识计量学是一门技术性和方法性很强的学科，这也使得知识计量技术方法研究将作为知识计量学重要的研究内容。这方面的研究主要包括知识计量技术研究与知识计量方法研究两大部分。知识计量技术研究主要探讨知识计量软件的开发应用；知识可视化技术应用于知识计量；计算机技术在知识计量领域的应用等。知识计量方法研究主要包括：知识评价模型的构建；知识测度指标、模型与方法；知识链接分析方法；科学知识图谱；共词分析方法；知识增长、老化、集中、离散等模型的建立与评价；资产评估方法（包括有形资产、无形资产）；各种知识计量、知识评价指标的构建。

4. 知识计量学的实践应用研究

知识计量学的实践应用研究是由知识计量学的基本理论研究以及技术方法研究决定的。知识计量在很多领域都有应用价值，可以促进知识的有效管理并有力提升知识服务的水平。知识的管理与服务是一个笼统的概念，具体来说，知识计量学的实践应用研究主要包括以下几个方面：知识计量在知识发现、知识挖掘、知识关联中的应用研究；知识计量在知识创造中的应用研究；知识计量在科学评价、教育评价、大学评价、期刊评价、科研评价、人才评价中的应用研究；知识计量在科技管理与科学政策中的应用研究；知识计量在知识分析与预测的应用研究；知识计量在知识开发与利用中的应用研究；知识计量在资产评估中的应用研究；知识计量在专利分析中的应用研究。

第三节　知识计量学的学科体系

知识计量学的学科体系是指由知识计量学知识要素构成的整体中各知识元素之间的联系形式。知识计量学的体系结构是不以人们的意志为转移的客观存在，是知识计量学内在逻辑结构的集中体现，并且随着知识管理、利用活动及其研究的深入而发展。

一 知识计量学的层次结构

（一）广义知识计量学与狭义知识计量学

邱均平教授曾指出，信息计量学应分为广义信息计量学与狭义信息计量学，前者主要探讨以广义信息论为基础的广义信息的计量问题，其范围非常广泛；而后者主要研究情报信息（或文献信息）的计量问题，即通常所讲的信息计量学（情报计量学），其主要内容是应用数学、统计学等定量方法来分析和处理信息过程中的种种矛盾，从定量的角度分析和研究信息的动态特性，并找出其中的内在规律①。鉴于信息计量学与知识计量学的亲缘关系，信息与知识在很多时候都难以区分，它们在功能、特点、属性、应用方面很多都是一样的，我们认为，将知识计量学分为广义知识计量学与狭义知识计量学是一种比较合理的做法。在前文的知识计量学与"五计学"的关系辨析的时候，我们曾经以波普尔的"三个世界"理论探讨过广义知识计量学与狭义知识计量学。在波普尔的"三个世界"理论中，存在着三个世界。"世界1"：物理世界，包含无机界世界与有机界世界，如物质、能量、人体以及人的大脑。"世界2"：主观知识世界或者精神状态世界，包含动物和人的感性世界、人的理性世界，如个人的主观精神活动。"世界3"：客观知识世界，包含抽象的精神产物世界和具体的精神产物世界，如思维观念、语言、文字、艺术、神话、科学问题、理论猜测和论据等一切抽象的精神产物以及一切具体的精神产物，如工具设备、图书文献、房屋建筑、计算机、飞机和轮船等。广义上的知识计量学的研究范围包含"世界1"、"世界2"、"世界3"的内容。狭义上的知识计量学的研究范围仅仅包含"世界2"、"世界3"的研究。"世界2"的研究应该属于知识计量学研究对象中的"知识活动"范畴；"世界3"分为两个小世界，抽象的精神产物世界是知识计量学中直接的知识计量，具体的精神产物世界则是间接的知识计量，实际上是对知识载体的研究，不是对知识内容的计量。

（二）宏观知识计量学与微观知识计量学

在"五计学"中，没有任何一门计量学存在着宏观与微观之分。我

---

① 邱均平：《我国文献计量学的进展与发展方向》，《情报学报》1994 年第 6 期。

们在这里把计量学分为宏观知识计量学与微观知识计量学是有科学依据的。我们认为，在知识计量学的整个结构体系中的确存在着这样一种宏观层次与微观层次上的知识计量。"五计学"中固然没有宏、微观之争，但"五计学"中也同样没有一门计量学像知识计量学跟经济有如此紧密的联系。经济学中向来有宏观经济学与微观经济学之分的传统，几乎是宏观经济学与微观经济学构成了经济学的整个体系。宏观经济学与微观经济学无论是研究对象、研究范围、研究方法、数学模型等方面都有着诸多不同。微观经济学（Micro-economic）是研究单个经济决策单位的经济行为，它从分析单个经济决策单位、单个市场的经济活动出发，研究市场上的价格和供求是如何变动的；居民家庭或者单个消费者如何合理支配收入，怎样以有限的收入获得最大的效用和满足；企业如何取得最大利润；在不同的市场结构中单个厂商的成本、价格和产量是如何决定的；收入如何在不同生产要素的所有者之间进行分配等问题。宏观经济学（Macro-economic）是在全社会范围内研究整个国民经济的运行状况。它研究国民经济活动中的整体功能，分析的是诸如国民收入、就业、总产量、经济增长、周期波动、一般物价水平的变化以及政府的财政、货币、收入政策和传导机制及对整个国民经济的影响等重要经济总量之间的关系和相互作用[①]。因此我们认为，微观知识计量学是从微观上对知识的数量、质量、价值、关联等的计量，对个人、机构、知识产品等知识载体的知识存量、流量、价值、分配、转移等的测度。宏观知识计量学是从宏观的角度出发对整体知识体系的存量、流量、价值、分配、转移等的测度，还包含知识产业的结构、发展策略，知识产业政策与法规的制定，知识产业与其他产业部门的比重分析以及它在整体国民经济发展的地位、对国民经济发展的促进作用等。

（三）显性知识计量学与隐性知识计量学

"隐性知识"的提出者，英国物理化学家与哲学家迈克尔·波兰尼（Michael Polanyi）曾指出所有的知识都有隐性的维度。知识管理学领域的学者认为[②]，显性知识是可以表达的、有物质载体的、可确知的，通常可以通过正常的语言方式传播，如以图书文献、计算机硬

[①]　许纯祯：《西方经济学》，高等教育出版社1999年版。

[②]　邱均平等：《知识管理学》，科学技术文献出版社2006年版。

盘、CD 等存储设备存储的知识；以经济合作与发展组织（Organiza-tion of Economic Cooperation and Development，OECD）对知识的划分①，隐含知识主要包含事实知识（Know-what，知识最原始的含义，回答的是什么的知识）与原理知识（Know-why，自然科学居多，原理规律性的知识，回答的是为什么的知识）。隐性知识，有时也被称为隐含经验类知识，往往是个人或者组织经过积累而获得的知识，不易传播或者传播起来较为困难，甚至有时难以用语言表达；主要包含技能知识（Know-how，事物的操作、鉴赏、识别等技能，回答的是怎么去做的知识）与人力知识（Know-who，特定社会关系形成中的谁知道以及谁知道如何做，回答的是知道是谁的知识）。很明显，显性知识与隐性知识是不同的，对二者的计量要区别对待，不能不加区别地完全采用同样的方法。尤其是隐性知识的计量问题，隐性知识并不像显性知识，对于显性知识，即使我们不能精确地计量出显性知识的数量、价值，也可以对其有一个大概的掌握。如果我们像对待显性知识一样（对显性知识产品、显性知识载体进行计量）对待隐性知识的载体，如人的大脑进行计量，往往就会得出毫无意义的结论。如果采取将隐性知识显性化的策略，以显性知识计量学来取代隐性知识计量学，也是不可行的。因为这不仅涉及隐性知识向显性知识转化的成本问题，而且有些隐性知识是很难进行显性转化的，甚至无法进行显性化的编码，波兰尼就认为，在一个人所知道的、所意识到的东西与他所表达的东西之间始终存在着隐含的未编码的知识②。因此，知识计量学中必然存在着显性知识计量学与隐性知识计量学这两个层次的概念。

二 知识计量学的内容结构

知识计量学的内容层次结构可以分为理论知识计量学、知识计量技术方法学、应用知识计量学，其内容层次如图 2—5 所示。

---

① 经济合作与发展组织（OECD）：《以知识为基础的经济》，机械工业出版社 1997 年版。

② 迈克尔·波兰尼：《个人知识：迈向后批判哲学》，许泽民译，贵州人民出版社 2000 年版。

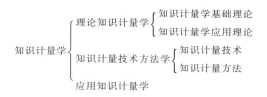

图2—5　知识计量学的内容结构

（一）理论知识计量学

理论知识计量学是研究知识计量的基本原理、基本理论、一般规律和应用理论的分支体系内容。根据其理论研究深度以及与实践的联系紧密程度不同，理论知识计量学可以再细分为：知识计量学基础理论与知识计量学应用理论两个部分。

知识计量学基础理论指的是，由知识活动实践以及相关学科发展而来的关于知识计量的基本理论、基本原理和一般规律，又分为知识计量学学科理论研究和知识计量学基本理论研究。知识计量学学科理论研究主要包括知识计量学研究对象、研究内容、理论体系、学科地位等基本问题以及知识计量方法论、知识计量史等。知识计量基本理论研究包含知识的数量、质量、价值、关联的测度理论；知识产生、传递、投入、产出、利用的理论与规律研究；传统文献计量学经典定律：布拉德福定律、齐普夫定律、洛特卡定律在知识条件下的适用性；知识单元的基本概念、发展、基本类型、与文献单元和信息单元的区别与联系；有形资产、无形资产评估理论，知识的投入、产出理论等。

知识计量学应用理论指的是，利用知识计量学基本理论以及借鉴其他相关学科的成果来研究知识计量某一方面的问题，其成果是形成一些与知识计量实践紧密结合且具有较大实用价值的理论。

（二）知识计量技术方法学

知识计量技术方法学以知识计量程序、原则、技术、方法为研究对象，利用知识计量基础理论、应用理论或者借用其他学科的技术方法来研究知识计量技术方法的知识计量分支体系内容。它包含知识计量技术学与知识计量方法学两个部分。

知识计量技术学主要研究现代科学技术，尤其是现代信息技术在知识计量过程中的应用范围、技术创新、系统开发、应用技能等问题，是研究和开发知识计量的专门技术。该研究领域已经形成或者正在形成的分支研究领域是知识计量软件开发、知识可视化等。

知识计量方法学研究知识产生、传递、投入、产出、利用等的方法。知识计量方法研究主要包括：知识评价模型的构建；知识测度指标、模型与方法；知识链接分析方法；科学知识图谱；共词分析方法；知识增长、老化、集中、离散等模型的建立与评价；资产评估方法（包括有形资产、无形资产）；各种知识计量、知识评价指标的构建等。

（三）应用知识计量学

应用知识计量学是将理论知识计量学、知识计量技术方法学以及相关学科的原理与技术方法应用到某一方面的知识计量实践活动中而形成的知识计量学分支体系内容。

知识计量在很多领域都有应用价值，可以促进知识的有效管理并有力提升知识服务的水平。知识的管理与服务是一个笼统的概念，具体来说，知识计量学的实践应用研究主要包括以下几个方面：知识计量在知识发现、知识挖掘、知识关联中的应用研究；知识计量在知识创造中的应用研究；知识计量在科学评价、教育评价、大学评价、期刊评价、科研评价、人才评价中的应用研究；知识计量在科技管理与科学政策中的应用研究；知识计量在知识分析与预测的应用研究；知识计量在知识开发与利用中的应用研究；知识计量在资产评估中的应用研究；知识计量在专利分析中的应用研究。

三　总结

我们从层次结构与内容结构两个层面入手，对知识计量学的学科体系进行剖析，如图2—6所示。在知识计量学的层次结构方面，我们认为知识计量学存在着广义知识计量学与狭义知识计量学、宏观知识计量学与微观知识计量学、显性知识计量学与隐性知识计量学这三对层次的概念。在知识计量学的内容结构方面，我们认为知识计量学包含着理论知识计量学、知识计量技术方法学、应用知识计量学三个研究方面的内容。事实上，知识计量学的学科体系是一个完整紧密的有机体，它们的各个层次、各个内容之间是相互渗透、相互交叉、不可分割的。我们构建的知识计量学的学科体系结构基本涵盖了目前知识计量学研究的各个方面，在结构呈现上也是清晰完整的。当然，这个学科体系结构并不是知识计量学最终结构，随着知识计量学研究的深入与发展以及更多的学者进行探讨，知识计量学更多层面以及更多内容会被挖掘出来，知识计量学的学科体系也会得以拓展与深化。

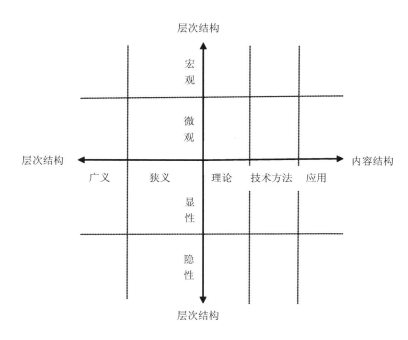

图 2—6 知识计量学的学科体系结构

第四节 知识计量学的研究进展与发展趋势

笔者利用 Web of Knowledge（涵盖 Science Citation Index Expanded、Social Science Citation Index、Arts & Humanities Citation Index 三大引文数据库），以主题检索项："knowledge element" OR "knowledge unit" OR "Knowledge domain" OR "knowledge visualization" OR "knowledge measure" OR "knowledge evaluation" 进行检索，这几个词汇都是与知识计量学密切相关的，即"知识元"、"知识单元"、"知识领域"、"知识可视化"、"知识测度"、"知识评价"。检索时间为 2012—02—05，检索年份为所有年份，我们共得到 575 篇期刊论文（articles）与会议论文（proceedings）。运用计量

软件 CiteSpace 对这 575 篇论文进行时间分布、空间分布、主题分布以及趋势分析。CiteSpace 是美国德雷塞尔大学的华人学者陈超美博士开发出来的一种知识可视化软件，是由 Java 语言编写的基于共被引分析的引文网络可视化软件。该软件还提供了突变词检测（burst detection）算法，该算法主要通过考察词频的时间分布，将那些频次变化率高、增长速度快的突变词从大量的常规词中检测出来，用词频的变动趋势，而不仅仅是词频的高低，来分析科学的前沿领域和发展趋势。在由该软件生成的引文网络图谱中，以不同大小和不同颜色的圆环组成的引文年轮来表示引文节点的被引次数和被引年代，用不同颜色的连线来表示引文节点间共被引的年代。数据内容包括论文题目、关键词、摘要、参考文献等。

一　知识计量学的研究进展

（一）知识计量研究的时间分布

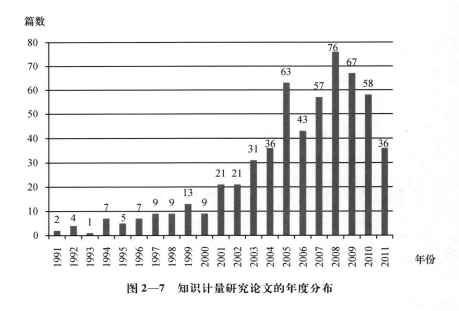

图 2—7　知识计量研究论文的年度分布

研究论文的数量是某一研究领域研究状况的量化表示，它可在一定程度上揭示该领域的研究发展状况。而研究论文的数量变化，则可以在一定程度上显示该领域的发展趋势。对知识计量的 575 篇论文进行分年度的数量统计分析，统计结果如图 2—7 所示。从国际视野下看，知识计量的相关研究开始于 20 世纪 90 年代，1991 年开始出现知识计量的第一篇论文。在发展初期（1991—2000）论文数量波动不一，并没有呈现明显的上升趋势；在 2001—2005 年间，相关研究有了一定发展，论文数量在图中呈现一种陡峭的上升趋势，我们分析可能跟国内在 2000 年左右提出知识计量学这一学科有很大关系。在 2005 年之后，论文数量仍然在高位徘徊，却明显出现波动，论文数量也不再呈现陡峭的上升趋势。我们认为，由于知识计量学的学科地位没有在国外真正地确立起来，才致使国外知识计量的相关研究并没有如火如荼地展开，而是呈现一波三折的发展趋势。

（二）知识计量研究的空间分布

1. 国家分布

将研究论文以纯文本的格式存储，建立 download 的文件名字，输入 CiteSpace。在 CiteSpace 软件界面进行相应的设置，根据第 1 篇知识计量论文出现的时间选择时区范围为 1991—2012 年，每 1 年为一个时区片段；主题来源选择题名（title）、摘要（abstract）、关键词（descriptor）、标示符（identifier）；节点类型选择国家（country）；每 1 时区选出出现频次最高的前 30 名的数据项（top30）；精简算法为默认的无选择；可视化为默认的静态的聚类（cluster view-static），合并网络呈现（show merged network）。运用 CiteSpace 软件可以得到知识计量的国家共现网络图，如图 2—8 所示。图中每一个节点代表一个国家，节点的大小表示国家在网络中的中心度。图中每一种颜色代表一个年份，节点年轮的不同颜色表示发文国家在不同年份的发文情况，因此一个节点通常由数种颜色组成。节点标签表示知识计量的发文国家，标签的大小表示国家的知识计量研究论文的发文量多少，排名前 20 的国家发文量如表 2—1 所示。发文最多的国家是美国（USA），为 103 篇；中国（P. R. CHINA）以 61 篇的发文量排名第 2；值得一提的是中国台湾（TAIWAN）也以 23 篇的发文量排名第 5。图谱中可以看到有 2 个合作子网络，分别是以美国为中心的合作网络和以中国为中心的合作网络。其中与美国有合作关系，且具有一定发文量的国家有英国（ENGLAND）、意大利（ITALY）、韩国（SOUTH KAREA）、法国（FRANCE）、加拿大（CANADA）等国家；与中国建立合作关系的有新西兰（MEW ZEAIAND）、比利时（BELGIUM）等国家。

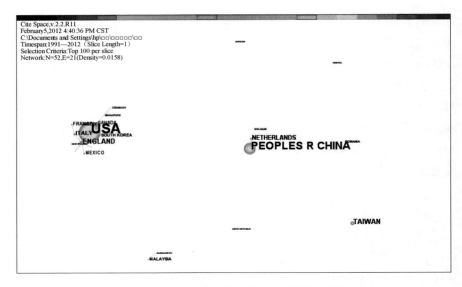

图 2—8　知识计量研究的国家共现网络图

表 2—1　　　　　　　　　　　知识计量研究论文的国别分布表

排名	国家（地区）	发文量（篇）	排名	国家（地区）	发文量（篇）
1	美国	103	11	加拿大	13
2	中国	61	12	日本	12
3	澳大利亚	26	13	法国	12
4	英国	25	14	巴西	12
5	台湾	23	15	墨西哥	11
6	西班牙	19	16	希腊	10
7	新西兰	19	17	马来西亚	9
8	德国	18	18	韩国	8
9	意大利	18	19	俄罗斯	8
10	瑞士	16	20	印度	8

2. 机构分布

在 CiteSpace 主界面将节点类型由国家（country）调整为机构（institution），其他设置均不变。运行软件获得机构的合作网络图。由于该软件形成的网络图的可视化效果不理想，我们将结构数据进行相应处理并导入

Netdraw 软件可视化其结果，如图 2—9 所示。统计论文的机构分布情况，将发文量大于 3 篇的机构列出，如表 2—2 所示。表 2—2 显示发文量最多的机构是美国的德雷塞尔大学，武汉大学与台北大学分别以 6 篇的数量并列第 2 位。美国的德雷塞尔大学的主要研究者是华人学者陈超美博士，因此，从排名前 3 位的机构情况看，主要是华人学者在引领着知识计量相关研究的开展。该小节对国际机构的统计情况也同时论证了前文中我们作出的国内知识计量学研究比国外要深入而广泛的基本论断。从国际视角下的机构合作情况来看，机构合作情况并不理想，统计发现共有 425 个机构进行过知识计量的相关研究，但机构却专注于独立研究，合作较少，仅仅建立了如图 2—9 所示的 5 对合作关系。

表 2—2　　　　　　　　　知识计量研究论文的机构分布表

排名	机构	发文量（篇）	排名	机构	发文量（篇）
1	德雷塞尔大学	12	14	英属哥伦比亚大学	3
2	武汉大学	6	15	奥斯陆大学	3
3	台北大学	6	16	江苏大学	3
4	布鲁内尔大学	5	17	大连理工大学	3
5	圣加仑大学	4	18	北京理工大学	3
6	佩特雷大学	4	19	天普大学	3
7	叶拉斯穆斯	4	20	经济研究院	3
8	实战大学	4	21	俄罗斯科学院	3
9	佛罗里达州立大学	4	22	提契诺大学	3
10	东京大学	4	23	马里兰大学	3
11	印地安纳大学	4	24	奥尔堡大学	3
12	莫纳什大学	4	25	亚利桑那州立大学	3
13	美国西北太平洋国家实验室	3	26	苏黎士大学	3

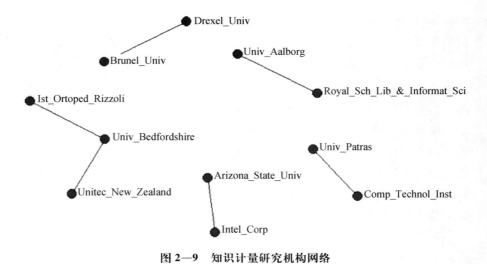

图 2—9　知识计量研究机构网络

3. 学科分布

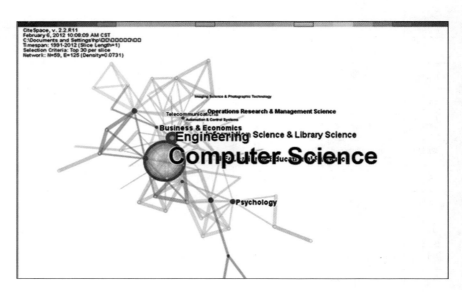

图 2—10　知识计量研究学科分布网络

CiteSpace 主界面将点类型由机构（institution）调整为学科（category），其他设置均不变，运行软件获得学科的合作网络图。各学科的知识计量载文量以及学科的中心性如表 2—3 所示（仅列出载文量在 4 篇以上的学科）。在对知识计量的研究中，计算机科学（Computer Science）研究得最多；其次是工程科学（Engineering）；图书情报科学（Information Science & Library Science）排名第三。在中心性方面，工程科学的中心性最高，为 0.51；计算机科学的中心性次之，为 0.32；而图书情报科学的中心性并不高，仅为 0.08。在图 2—10 的网络图中，我们也可以看到 Computer Science 与 Engineering 居于图谱的中心位置，成为联系整个知识计量研究的各个学科的纽带。

表 2—3　　　　　　　　知识计量研究论文的学科分布表

排名	学科	发文量（篇）	中心性
1	Computer Science	332	0.32
2	Engineering	98	0.51
3	Information Science & Library Science	41	0.08
4	Education & Educational Research	38	0.2
5	Psychology	31	0.22
6	Business & Economics	30	0.12
7	Operations Research & Management Science	21	0.01
8	Telecommunications	17	0.04
9	Automation & Control Systems	11	0.11
10	Imaging Science & Photographic Technology	11	0.02
11	Social Sciences - Other Topics	8	0.21
12	Mathematics	8	0.16
13	Optics	8	0
14	Health Care Sciences & Services	7	0.28
15	Environmental Sciences & Ecology	7	0.21
16	Biochemistry & Molecular Biology	7	0
17	Robotics	7	0
18	Materials Science	6	0.06
19	Medical Informatics	6	0.05
20	Mathematical & Computational Biology	6	0.01
21	Remote Sensing	5	0.03

排名	学科	发文量（篇）	中心性
22	Public Administration	5	0.03
23	Social Issues	4	0.02
24	Science & Technology - Other Topics	4	0

（三）知识计量研究的主题分布

在 CiteSpace 主界面选择引文（cited reference），其他设置不变，运行软件获得知识计量研究论文的共被引图谱，如图 2—11 所示。知识计量的高被引论文如表 2—4 所示。研究热点、前沿的知识基础（Intellective Base）：即含有研究热点、前沿的术语词汇的文章的引文，实际上它们反映的是当前研究中的概念在科学文献中的吸收利用知识的情况。对这些引文也可以通过它们同时被其他论文引用的情况进行聚类分析，这就是同被引聚类分析（Co-citation Cluster Analysis），最后形成了一组被当前研究所引用的科学出版物的演进网络，即知识基础文章的同被引网络。图 2—11 显示的 4 篇论文是知识计量研究的关键性论文，这些论文的普遍共性是处于连接两个或者多个聚类的关键节点处，往往是引发该聚类研究的重要文献，因此通常具有较大的中间中心性。这 4 篇论文是：Chen C. 于 1999 年在 *Information Visualis* 上发表的 "Visualizing knowledge domains" 是一篇关于知识域可视化的文章；Brin S 于 1998 年在 *Comput Networks ISDN* 上发表的 "The anatomy of a large scale hypertextual web search engine" 是关于如何进行利用网络搜索引擎进行知识搜索算法的研究的文章。另外两篇文章则分别是 Shneiderman B、White Hd 分别于 1996 年、1981 年在 *P Ieee S Vis Lang*、*J Am Soc Inform SCI* 发表的文章。其中 White Hd 是图书情报领域的学者，其文章 "Author Cocitation - A Literature Measure Of Intellectual Structure" 运用作者共被引方法探测学科知识结构，是一篇关于知识域可视化的文章，最早提出了运用作者共被引进行学科知识结构探讨的思想，在 SCI 中被引 369 次，产生了广泛的影响。

表 2—4 展示了被引频次最高的 5 篇论文，高被引论文跟关键性论文基本没有重合，作者有所重合，既是关键论文作者又是高被引论文作者是 Chen CM 与 White HD，二者都算是图书情报领域的学者，由此可见，图书情报对知识计量发展的重要推动作用。

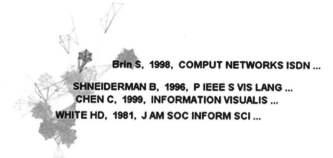

图2—11 知识计量研究论文的共被引图谱

表2—4 知识计量的高被引论文

作者	出版年份	出版刊物	被引频次（次）
Borner K	2003	ANNU REV INFORM SCI	18
Chen CM	2004	P NATL ACAD SCI USA	15
NONAKA I	1995	KNOWLEDGE CREATING C	14
CARD SK	1999	READINGS INFORM VISU	13
White HD	1998	J AM SOC INFORM SCI	12

二 知识计量学的发展趋势

在 CiteSpace 界面将时间区间调整为 1990—2012 年间，探讨知识计量的演进情况及未来可能出现的发展趋势。设置每 2 年为一个时间分区。节点类型选择主题（term）；主题来源依然选择题名（title）、摘要（abstract）、关键词（descriptor）、标示符（identifier）；阈值设置为（1，1，20），（2，2，20），（3，3，20）；主题选择设置为突变词（burst phases）；精简算法为默认的无选择；可视化为默认的静态的聚类（cluster view-static），合并网络呈现（show merged network）。运用 CiteSpace 软件可以得到知识计量随时间变化的研究前沿与未来发展趋势图，如图2—12所示。

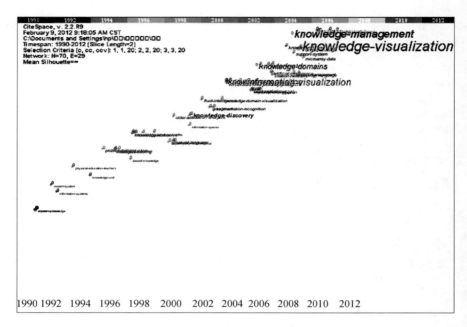

图 2—12   知识计量研究的前沿与趋势图

　　CiteSpace 为我们提供了突变词检测算法，可以探测学科的研究前沿并显示可能出现的未来发展趋势，主要是通过查明在一定时期内快速增长的主题词来实现，而这些主题词则被定义为研究前沿。统计相关领域论文的标题和摘要中词汇频率，根据这些词汇的增长率来确定哪些是研究前沿的热点词汇。我们以时间分区的方式展现研究前沿随时间变化的过程，以此探析不同的时间段涌现的不同的研究前沿，并根据近些年来涌现的研究前沿词汇预测未来几年知识计量可能会出现的发展趋势。图 2—12 显示，在知识计量研究的早期，并未出现明显的突变词，发展趋势不明朗。在 2000 年左右，即刚刚步入 21 世纪，引文分析（citation analysis）、知识发现（knowledge discovery）研究广受追捧，这是知识计量的研究前沿，也为知识计量的未来发展奠定了基础；在 2005 年左右的时间，信息可视化（information visualization）成为知识计量的前沿术语，很多学者都进行了深入细致的研究；而在最近几年的时间内，知识可视化（knowledge visu-alization）、知识管理（knowledge management）、知识域（knowledge do-main）开始受到学术界的热烈追捧。图 2—12 中我们也可以发现，知识管理与知识可视化是突变性最大的两个词汇，说明在近几年，知识可视化与知识管理的研究者迅速膨胀了起来，促使它们成为学科的最新研究前沿。我们认为，在未来的时间内，知识可视化的研究热度仍然不会减，而观察领域特征（domain feature）、领域结构（domain instruction）等前沿术语的涌现，知识域可视化极有可能成为知识计量研究的重要发展方向。另外，知识网络、知识工程等也有可能代表着知识计量的未来发展趋势。

以上是我们从国际的视野角度出现，窥测知识计量研究的发展动向，所采用的是 Web of Science 的数据。为更加充分地探析知识计量的研究动向，在本部分我们拟下载国内中国知网（CNKI）中的有关知识计量的数据来研究国内知识计量的发展动向，以便更为宏观地研究知识计量的未来发展趋向。这样做的目的是，相对于国外知识计量的研究，国内知识计量研究已经发展到了一定高度，知识计量学这一学科早就有学者提出，而且正在由前科学阶段走入正式科学阶段，越来越多的学者对知识计量学学科及其相关方面进行过探讨。对国内知识计量的研究予以揭示，再结合国际环境下的知识计量的研究状况，容易更为客观地发现知识计量的未来发展趋势。

在中国知网（CNKI）中，进入中国学术期刊网络出版总库，选择篇名检索项，以主题词"知识计量"进行模糊检索，时间范围、期刊年限不做限定，期刊类型为全部期刊。共检索到 471 篇知识计量的相关论文，通过人工辨别的方式剔除 214 篇如知识讲座等非知识计量的研究论文，共获得 257 篇知识计量研究论文。由于 CiteSpace 是面向英文数据库的可视化处理软件，要实现对我们下载的 CNKI 数据的处理，必须将中文公式数据作出相应处理，使之成为 CiteSpace 可以识别并可进行处理的数据，处理后的数据即可导入 CiteSpace 软件。

关键词是一篇文章主旨的提炼与浓缩，它可以说明一定时期内的研究热点，并可进一步说明未来可能会出现的研究热点领域。我们对下载的这257 篇论文的关键词进行频次统计，现将出现频次大于 3 次的关键词列出，如表 2—5 所示。表 2—5 显示，知识经济是出现频次最多的关键词。知识经济体现了知识计量产生与发展的时代背景，正是知识经济时代的到来，知识作为一种无形资产，其巨大的价值被重新估量，也需要我们对知识资本进行有效的管理与计量。无形资产出现频次排名第三。这是因为知识本身就是一种无形资产。知识管理也是知识计量的研究热点，知识管理也是知识经济条件下崛起的一股研究热潮，它不仅是图书情报领域的研究热点，也是企业管理、知识科学等领域的研究热点，它跟知识计量具有密切的关系。知识管理是一个更为宏观的研究领域，而知识计量的研究则较细致，知识计量研究的目的归根到底是实现知识的有效管理，可以发展成为知识管理的一个分支学科，我们认为，知识计量之于知识管理正如信息计量之于信息管理。而文献计量、文献计量分析、科学计量学、文献计量学的关键词的频频出现则可以说明知识计量与这些计量学学科之间千丝万缕的联系。在一定时间范围内，关键词的出现频次体现了该时期内的研究热点，可间接表明学科的发展趋势。而在一定时间范围内，尤其是短时间内，关键词的爆发式地增长则更能说明学科的发展动向，这样的关键词可称为突变词（burst terms）或者涌现词语，CiteSpace 提供了突变词检测算法，能够将这些短时间内出现爆发式增长的主题词从大量涌现词中探测出来以说明学科的发展趋势。

表 2—5　　　　　　　　国内知识计量研究论文关键词频次表

排序	关键词	频次（次）	排序	关键词	频次（次）
1	知识经济	49	17	计量分析	6
2	计量	24	18	文献计量分析	6
3	无形资产	20	19	计量属性	5
4	知识管理	19	20	知识共享	5
5	测度	11	21	知识图谱	5
6	会计计量	11	22	知识转移	5
7	知识计量	11	23	测量	4
8	知识	10	24	创新	4
9	知识产权	10	25	共词分析	4
10	知识资本	10	26	计量模式	4
11	人力资源会计	9	27	人力资本	4
12	知识溢出	9	28	知识测量	4
13	公允价值	8	29	知识存量	4
14	确认	8	30	知识评价	4
15	文献计量	8	31	知识资产	4
16	历史成本	7	32	指标体系	4

排序	关键词	频次（次）	排序	关键词	频次（次）
33	会计	3	39	知识测度	3
34	会计确认	3	40	知识创造	3
35	计量单位	3	41	知识度量	3
36	计量方法	3	42	知识工程	3
37	科学计量学	3	43	知识时空	3
38	文献计量学	3	44	制造知识	3

将已经下载的 CNKI 中的数据导入 CiteSpace 软件，在 CiteSpace 界面进行相应的设置。选择时间区间为 1990—2012 年；设置每 2 年为一个时间分区。主题来源依然选择题名（title）、摘要（abstract）、关键词（descriptor）、标示符（identifier）；调整阈值为（1，1，20），（2，2，20），（3，3，20）；精简算法为默认为的无选择；可视化为默认的静态的聚类（cluster view-static），合并网络呈现（show merged network）。节点类型选择主题（term），通过运算得到 250 个主题词；接着设置主题类型为突变词（burst phases），运行突变检测算法获得 56 个突变词语，经过计算发现 1990—1997 年间并没有有效数据，检查我们下载的 257 篇论文发现仅仅在 1984 年与 1993 年各出现一篇知识计量论文，因此，为更好展示结果数据，调整时间区间为 1998—2012 年。运用 CiteSpace 软件可以得到知识计量随时间变化的研究前沿与未来发展趋势图，如图 2—13 所示。

图 2—13 显示，"知识经济"是突变性最大的主题词，时间大约发生在 1998 年。这跟 20 世纪 90 年代末知识经济的提出基本是一致的。在随后几年中，知识作为一种"知识资本"、"无形资本"受到学术界的关注。而在最近几年，知识计量研究并没有极其明显的突变词，知识计量的发展趋势并不明朗。观察近几年出现的突变词可以发现"知识共享"、"知识转移"等主题内容开始涌现，可能代表着未来知识计量研究的方向。另外，通过对国内的知识计量研究的探测，我们还发现了一个同国外知识计量研究的发展趋向一致的研究分支方向——知识域可视化，在图 2—12 中，表现为"knowledge visualization"（知识可视化）、"knowledge domains"（知识领域）等主题词；而在图 2—13 中则表现为"知识图谱"。实际上，国内学者一般将知识域可视化这一新兴的研究分支视为是科学知

识图谱，如大连理工大学的 WISE LAB（网络—信息—科学—经济计量实验室）。

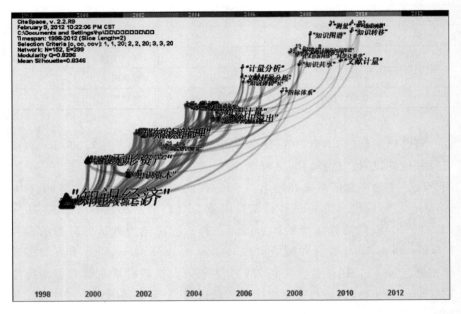

图2—13　知识计量研究前沿与发展趋势

综合起来，在国内外的知识计量数据都出现的研究前沿主题是知识管理、知识域可视化，即图2—12中的"knowledge management"（知识管理）、"knowledge visualization"（知识可视化）、"knowledge domains"（知识领域）以及图2—13中的"知识管理"、"知识图谱"、"科学知识图谱"、"知识域可视化"等。因此，我们认为，知识管理、知识域可视化代表着知识计量的未来发展趋势，很有可能成为知识计量未来的研究热点。而文献计量、科学计量、信息计量等与知识计量具有密切亲缘关系的计量学科，将仍然会受到知识计量学学者们的关注，因为这些计量学学科已经发展到一个成熟的阶段，它们可以为知识计量的发展提供原动力和驱动力，而这些学科也需要在新的知识经济与知识计量的条件下推展、深化与发展。

第 三 章
知识计量学的方法论研究

> 我们不但要提出任务，而且要解决完成任务的方法问题。我们的
> 任务是过河，但是没有桥或没有船就不能过。不解决桥或船的问题，
> 过河就是一句空话。不解决方法问题，任务只是瞎说一顿。
>
> ——毛泽东

"方法"一词来源于希腊词，是沿着正确的道路运动的意思。科学方法是指正确进行科学研究的理论、原则、方法和手段。在古代，最初并没有分门别类地具体学科，人类对自然和社会的认识都统一于哲学之中，专门学科还没有从哲学的襁褓中分化出来。因此，那时除了哲学方法外，也就不存在具体学科的方法论了。古希腊从亚历山大里亚时期，逐步开始对自然界进行精确研究，形成了具体的自然科学。近代科学始于15世纪，其最初的发展形式是把统一的客观世界分成专门的领域，从而形成专门的学科，进行专门的研究。这种分门别类地研究推动着科学的发展，推动了研究者们日益深刻地认识客观对象。本来在未经深入研究之前认为是一类的事物，经过深入研究之后就发现仍然可以划分为不同的对象，于是统一的学科又分化形成不同的几门新学科。这样，近代科学在发展的最初时期，所表现出来的主要是分化的趋势，这也成为后来大部分学科产生和发展的一种固有的模式。随着研究对象的不断分化，学科也不断分化，催生了各种各样的新学科。人们也不断地致力于研究适合于不同研究对象的专门学科的科学方法论体系。研究对象对于科学方法影响极大，它的特点规范制约了研究对象的性质和特点，有什么样的研究对象就会形成与之相适应的研究方式和方法。在第二章中我们曾论述过，知识计量学是以整个人类的知识体系以及知识活动为研究对象。很明显，知识计量学的研究对象是以往其他任何一个学科所不曾具备的，这为知识计量学这种全新的学科的产生提供了可贵的条件。那么，能否形成专门针对人类的知识体系以及

知识活动的科学的计量方法论，就显得尤为重要。本章就试图去构建知识计量学的科学方法论，方法论不仅仅是对具有科学方法的分门别类的研究，不能简单地等同于方法，方法论是对各种各样的方法的优劣、关系、功能进行比较、评价、分析、综合的研究，抽象出一些更为具体共性的东西，使之上升到更高的层次，以促使知识计量学学科的完善与形成。

第一节　知识计量学方法论体系的构建

一　方法论体系的构建与解读

很久以来，在人类的认识史上，一直存在着三个不同领域，表现为三种不同形态的科学方法论：哲学、逻辑学、专门学科方法（自然科学或者人文社会科学等）。哲学讨论的是一般认识论原则；逻辑学讨论人的思维方式与规律；专门学科方法讨论某一部门或者某一学科的科学方法论问题。然而，随着现代科学技术的发展，学科之间的渗透、移植、结合趋势日益明显，许多具有普适意义的学科产生与发展，并强烈地影响着其他学科的发展。尤其是这些学科的方法论的影响特别大，如数学方法。马克思也曾指出，一门学科只有在成功地运用了数学之后，才算达到了完善的地步①。很多学者都引用马克思的话来说明数学的重要性以及它对于一门学科发展的影响作用。我们认为，马克思的话也间接地表明，数学是一门具有普遍适用性的学科，其方法可以广泛地应用于其他学科的发展，即使在目前阶段还未运用到数学方法，也最终会随着学科的发展完善得以运用。我们还认为，与数学具有类似普适性特点的科学方法还有控制论方法、信息论方法、系统论方法。在知识计量学的方法论体系构建中，我们将哲学方法、数学方法、控制论方法、信息论方法、系统论方法统一为知识计量学的一般方法。

逻辑学方法可以称为思维方法，归结为自觉的思维活动。这是一个非常复杂的过程，其中存在着理性和非理性、有意识和无意识、逻辑思维和形象思维各种形式的因素。主要包括灵感，归纳与演绎，分析与综合，抽象与具体，类比、假说，想象等。专门学科方法是具有学科意义的研究方法，是一个学科的特征研究方法。对于知识计量学这个学科来说，即为知

---

① 拉法格：《回忆马克思恩格斯》，马集译，人民出版社 1959 年版。

识计量学学科方法，是网络信息计量学在探索其研究对象时所采用的原则规范、方法和技巧的总和，是知识计量学方法论的主体部分。将知识计量学专门学科方法，上升为方法论的高度进行系统研究形成知识计量学方法论，对知识计量学的发展具有非常重要的意义。

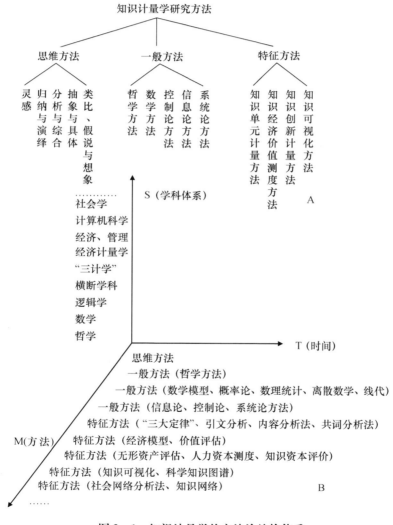

图3—1　知识计量学的方法论结构体系

知识计量学是一门交叉性的学科，与众多学科具有或近或远的关系。

这就决定了知识计量学的构建必然要使用很多研究方法，如果只是采用简单枚举的方法将它们罗列出来，这种做法也无多少实际意义。构建知识计量学方法论结构体系的原则应该强调其动态性和全面性。动态性是要能反映各种方法在知识计量学中应用的时序性，即方法的时间坐标点；全面性则应能体现交叉学科的每一种方法在知识计量学中的具体应用领域，以及知识计量学中所使用的方法种类。因此，知识计量学的方法论体系结构应是三维立体式的，即时间维、学科体系维、方法维，如图3—1所示。图3—1（A）以枚举法将知识计量学采用的主要研究方法罗列出来，将这些方法聚类为3个层面：思维方法、一般方法、特征方法，并以树状的结构形式呈现出来。图3—1（B）与图3—1（A）是具有对应关系的，图3—1（B）中的具体知识计量学方法与各个学科之间建立了一一对应关系，而且体现了学科方法随着时间从基础到具体、从一般到特殊、从理论到实践应用的变化趋势。我们首先对知识计量学方法论体系中第一层次——思维方法进行研究，知识计量学方法论是由多种研究方法构成的一个方法论体系，其中逻辑思维方法占有重要地位，我们认为主要的思维方法有5类：

1. 灵感方法

数学家高斯曾经苦苦求解一个数学难题，数年未解，后来一朝终于得到答案，他是这样论述他得到答案的过程"终于在两天以前我成功了，像闪电一样，谜一下解开了，我自己也说不清楚是什么导线把我原先的知识和使我成功的东西联系了起来"[①]。高斯的豁然开朗得益于一种叫做灵感的东西。灵感，有时被称为直觉、顿悟，指的是人的脑海中会突然闪现出某种新的思想、新的念头、新的主意，突然找到过去长期思考而没有得到的解决问题的办法，发现了一直没有发现的答案，突然从纷繁复杂的现象中顿悟了事物的本质。这种"突然闪现"、"突然找到"、"突然领悟"就是灵感。灵感是某种外部刺激所带来的联想，是神经联系的重要组合和认识心理结构上的突破、更新，并不是神秘不可捉摸的东西。我们认为，灵感是知识计量学方法论体系中的一部分，灵感对于知识计量学的重要作用并不仅仅在于解决问题，而是在于问题的提出。包含知识计量学在内的计量学的研究往往会形成一种固有的研究模式：数据采集、数据分析、结

---

① 贝弗里希：《科学研究的艺术》，陈捷译，科学出版社1979年版。

论分析，在这种情况下选取一个有意义的课题进行研究就显得尤为重要，这也就显示出灵感对于知识计量学研究的重要性。爱因斯坦曾指出："提出一个问题往往比解决一个问题更重要。因为解决问题也许仅是一个数学上的或者实验上的技能问题，而提出新的问题，新的可能性，从新的角度去看旧的问题，却需要有创造性的想象力。"① 维纳也说："只要科学家在研究一个他知道应该有答案的问题，他的整个态度就会不同，他在解决这个问题的道路上几乎已经前进了一半。"②

2. 归纳与演绎

归纳与演绎属于推理。所谓推理就是根据原有的知识推出新知识的思维形式。包含三个要素：原有的知识；关于推理原则的知识，即由前提推出结论的逻辑规律；表现在结论中的推出知识。归纳是从特殊事实中概括出一般原理的推理形式和思维方法，它从个别的、单一的事物的性质、特点和关系中概括出一类事物的性质、特点和关系，并且由不太深刻的一般到更为深刻的一般，有范围相对狭窄的类到范围较广的类。在归纳过程中，认识从单一到特殊和一般。哈雷彗星的发现者哈雷就是采用归纳的方法发现了这颗彗星，他在 1682 年发现了这颗彗星，又从相关资料中查到 1351 年及 1607 年出现的彗星同他观察到的彗星有相似的运行轨道，因此推论它们是同一颗彗星，并且计算出这颗彗星每隔 76 年零 6 个月出现一次。演绎推理是从一般到特殊和个别，是根据一类事物都有的一般属性、关系、本质来推断该类中个别事物所具有的属性、关系和本质的推理形式和思维方法。演绎法在人们的认识过程和科学研究中有着巨大的作用，它可以使我们获得新的知识，也可以帮助我们论证或反驳某个问题。伽利略就曾经运用演绎法推翻了亚里士多德的著名论断"抛物体运动的快慢跟物理的质量成正比"。伽利略的演绎过程是，设物体 A 比物体 B 重得多，根据亚里士多德的理论，A 比 B 应该先落地。将 A 与 B 绑在一起称为新的物体 A + B。A + B 的重量 > A，所以 A + B 应该比 A 先落地；而另一方面 A 的重量 > B，B 应该延缓 A 的下落速度，因此 A + B 又应该比 A 后落地。这样就得出自相矛盾的结论，所以亚里士多德的论断必然是不正确的。最终伽利略得出"在真空中，轻重物体应该同时落地"的著名论断。

① 爱因斯坦、英费尔德：《物理学的进化》，周肇成译，上海科学技术出版社 1962 年版。

② 维纳：《维纳著作选》，钟韧译，上海译文出版社 1978 年版。

实际上，归纳与演绎法是知识计量学经常使用的方法，我们在进行知识计量研究时，通常是选取一定的数据样本来对某个问题或者某些问题进行分析研究，这本身就是在运用归纳的方法，它以一定的数据样本来代表问题的所有数据，然后进行演绎推理得出一定的结论，并将这些结论推及该类问题。这其实就是一个从个别、单一、范围较狭窄到一般、深刻、范围较广泛的归纳过程。

3. 分析与综合

归纳与演绎是有思维上的局限性的。无论是从一般推论到个别，还是从为数众多的个别推论到一般，一旦出现例外事件，所有的推理过程将有可能被推翻。波普尔①就说过："无论你看到多少只白色的天鹅，也不能得出这样的结论：所有的天鹅都是白色的。"列宁也说："任何一般都是个别的（一部分、一方面或者本质）；任何一般只是大致的包括一切个别事物。"我们不能夸大归纳与演绎的作用，仍然需要其他思维方式和认识方法。分析是把整体分解为各个小部分，对各个小部分进行从现象到本质、从多样性到单一性、从偶然性到必然性、从个别到一般的思维运动。分析与归纳从某些方面具有相似性，都是从个别到一般的过程，不过分析比归纳的过程更加复杂深入，并不是对各个部分进行简单的对比，而是充分占有翔实的资料，系统研究其发展形式，探究其内在的必然联系。要把分析的结果串联起来就需要综合的作用。综合就是在已经认识到事物本质的基础上，将事物的各个方面的本质内容联系成一个整体的过程。可以说，分析与综合有着互为前提、彼此渗透的联系：分析的终点是综合的起点；综合的终点又可以称为进一步分析的起点，而且综合可以成为检验分析结果正确与否的一个标准。分析与综合方法对知识计量学的作用也是不言而喻的。包含知识计量学在内的国内计量学研究向来存在着一种弊端被同行学者专家们广为诟病，即"只计量，不分析"。而实际上，计量不是目的，它仅仅是计量学的一种手段，计量学的真正目的及其价值是通过计量来获得有意义的结论从而更好地进行文献的管理，信息、知识的管理与服务以及科学的交流。这就必须借助分析与综合的作用。深度的分析与综合可以部分解决知识计量学在分析方面上表现出的不足，彰显知识计量学的特殊价值。

---

① 波普尔：《科学发现的逻辑》，《自然科学哲学问题丛刊》1981 年第 1 期。

4. 抽象与具体

马克思说："分析经济形式，既不能用显微镜，也不能用化学试剂。二者必须用抽象力来代替。" 马克思就是用抽象的方法来探究资本主义的经济形态的。抽象的方法与分析的方法在其都是通过分解整体对象找出整体中的本质或者一般方面是相同的。但是抽象的方法还有着不同于分析方法的任务方面，它必须找到这样一种本质，这种本质能够成为在思维过程中再现具体的出发点和基础。任何科学的对象都是具体和抽象的辩证统一，任何科学的研究过程都是从具体到抽象、从抽象到具体的辩证发展。客观上存在的事物、对象都是具体的，都是它自身属性、关系的有机统一。这种具体呈现在我们面前，为我们的感官所直接反映。抽象则可以再现思维中的具体，抽象是我们思维活动的产物，是我们经过了思维活动，在掌握了对象的本质、规律，掌握了其内在结构后，在思维中再现客观对象所固有的这种多样性的统一，再现对象的整体。抽象和具体是统一的。列宁说："自然界既是具体的又是抽象的，既是现象又是本质，既是瞬间又是关系。"①

5. 类比、假说与想象

类比是根据两个或者两类事物的相同、相似方面来推断它们在其他方面也相同、相似的一种推理形式。假如甲、乙两类事物都是属性特点 A、B、C，而甲事物又有属性特点 D、E、F，则可以推断乙事物也有 D、E、F 属性。A、B、C 被称作是共有属性特点；D、E、F 则被称作是推移属性特点。类比推理可以使我们获得新的知识、新的发现，也可以增强我们在论证过程中的说服力。知识计量学的研究需要进行类比推理，因为知识计量本来就是一种利用现有知识来认识未知对象以及对象未知方面的活动。尤其是知识计量学在对未来进行探索、预测、分析时，常常把已知领域拿来作为类比，找出它们与熟悉对象之间的共同点，再根据这些共同点作为媒介来预测未知方面。假说是另一种重要的逻辑方法，是事物之间如何发生相互联系的判断。我们认为，假说是理论科学所拥有的最廉价的获取知识的工具方法。对于大部分的理论科学，它们并不像实验科学那样可以通过大量的实验分析或者实证分析来验证我们的假设或者理论的正确与否。假说可以帮助理论科学等找到一种类似实验的方法来进行科学研究活

---

① 列宁：《哲学笔记》，人民出版社 1974 年版。

动，而且不必承担实验失败所带来的高昂的人力、财力、物力、时间等方面的成本。因此，从某种程度上讲假说是廉价的，是一种理论上的实验或者实证分析，是知识计量学方法论体系中的一个组成部分。思维过程中除了运用概念进行判断、推理外，还存在着另一种思维方式——想象。这是一种把概念和形象、具体和抽象、现实和未来、科学和幻想巧妙结合起来的独特的思维和研究的方法。

以上我们对知识计量学方法论体系中的思维方法进行了探讨。不仅讨论了方法本身的含义及其作用，还探讨了这些方法跟知识计量学的亲密关系，在知识计量学中具体应用价值及其对知识计量学的重要影响作用。接下来，我们将探讨知识计量学方法论结构体系中另一个层面的方法，知识计量学一般方法，即具有横断学科意义的知识计量学方法。我们认为，这一层面的方法同样包含5类：

（1）哲学方法

一门学科的研究方法是由其研究对象决定的。哲学把整个世界作为其研究对象，世界万物始终逃脱不了世界的研究范畴。因此，从理论上讲，哲学方法必然存在着可为其他任何一个学科的方法论体系可资借鉴之处。哲学是关于世界观的学问，是理论化、系统化的世界观。世界观也就是方法论。当人们用它去认识世界、改造世界的时候，就成了方法论。哲学门派众多，国内外很多学者都提出了自己的哲学观点，并竭尽全力为自己的观点建立一个能够自圆其说的理论体系。我们认为，有两个层面的哲学可以作为知识计量学方法论体系的组成部分：波普尔的"三个世界"理论、马克思的辩证唯物主义哲学。在波普尔的"三个世界"理论中，存在着三个世界。"世界1"：物理世界，包含无机界世界与有机界世界，如物质、能量、人体以及人的大脑。"世界2"：主观知识世界或者精神状态世界，包含动物和人的感性世界、人的理性世界，如个人的主观精神活动。"世界3"：客观知识世界，包含抽象的精神产物世界和具体的精神产物世界，如思维观念、语言、文字、艺术、神话、科学问题、理论猜测和论据等一切抽象的精神产物以及一切具体的精神产物，如工具设备、图书文献、房屋建筑、计算机、飞机和轮船等。我们在第二章曾运用波普尔的"三个世界"理论探讨知识计量学与其他学科的关系，收到了良好的效果，得出了有意义的结论。布鲁克斯也曾致力于从哲学的高度找寻情报学的理论体系，他所使用的哲学方法就是波普尔的"三个世界"理论。布鲁克斯构建的思想在我国的情报学学术界产生了广泛的影响。因此，从目前的研究实践状况来看，波普尔的"三个世界"理论作为知识计量学方法论体系中哲学层面的方法是可行的。

马克思辩证唯物主义是无产阶级的世界观和方法论。无产阶级的革命实践史和科学的发展史告诉我们，马克思主义哲学是不同于其他哲学的唯一科学的发现是世界观和方法论，在科学研究过程中作为最一般的理论工具发挥着方法论的指导作用。

（2）数学方法

马克思说过："一门科学只有在成功地运用数学之后，才算达到了完善的地步。"拉普拉斯则认为"数学是一种手段，而不是目的，是人们为了解决科学问题而必须精通的一种工具。"① 数学是关于量及其关系的科学，它研究的不是具体的物质形态及其规律，而是研究各个物质形态的共性方面，即量的方面。数学的这种研究对象的性质决定了数学方法必然具有普适性。量及其关系是各种物质形态都具有的共性的属性，任何事物都既存在着质的方面，又存在着量的方面，没有质的事物固然不存在，没有量的事物也同样不存在，任何事物都是量与质的统一。数学的这种研究特点跟知识计量学的研究是极为吻合的，虽然知识计量学尚不存在严格意义上的定义，但从"五计学"的经典定义来看，它们都是研究学科研究对象中量的因素，如文献计量学是研究文献管理活动中量的因素及其相互关系，因此知识计量学也可以认为是研究知识管理活动中量的关系。这决定了数学方法在知识计量学领域会有很广的应用范围。再者，"三计学"的几个经典规律，如洛特卡定律、布拉德福定律、齐普夫定律等都是运用数学方法推导完成的，在一定程度上，这几大规律根本就是一种数学模型。因此，原则上，数学方法可以应用于一切的科学研究中，只存在数学尚未应用的科学领域，不存在无法应用数学的科学研究，正如弗奥列尔所言，数学分析与自然界本身同样辽阔无边。而且我们还认为，知识计量学是与数学具有很强的亲密关系的学科，虽然大多数学者都认为知识计量学是以文献计量学、科学计量学、信息计量学为代表的"三计学"等计量学科发展到一定阶段，结合知识经济时代而应运而生的产物。殊不知，"三计学"的产生与发展正是基于在数学广泛应用于情报学、科学学等学科领

① 克莱因：《古今数学》，张理京、张锦炎译，上海科学技术出版社 1979 年版。

域的大背景。

（3）控制论方法

1943 年，维纳在《行为、目的和目的论》文章中，首次将控制论的思想提了出来。1948 年，他又出版《控制论》一书，详细阐述控制论的理论基础与基本思想，标志着这一新兴学科的正式诞生。控制论一经诞生，便产生了旺盛的生命力，对各门具体科学产生了广泛而深远的影响。其中影响最大的可能是科学技术领域。我国学者钱学森曾经说过，影响现代生产和科学技术的最为深远的技术革命有 3 项：核能技术、电子计算机、航天技术，现代科学技术还孕育着第 4 项、第 5 项革命性技术：基因工程、激光技术，所有这些技术革命都直接与控制论联系在了一起[①]。不仅如此，控制论对人文社会科学领域的影响同样是不可忽视的。控制论来源于西方大哲学家柏拉图，他把控制论定义为掌舵技术，甚至进一步把控制论理解为"控制艺术"如国家的艺术。1834 年法国物理学家安培，从哲学史上汲取了这个概念，把控制论主要理解为正确领导社会的政治经济制度的艺术。克劳斯说："控制论不仅给许多科学、技术带来了新的范畴和方法论，因而对人类有极其巨大的意义，而且它的规律性对人类社会本身也是有效的[②]。"

（4）信息论方法

广义上的信息论的研究范围极其广泛，包含了许多看来极其不相关的领域。因为广义的信息论包含了所有与信息有关的领域。狭义上的信息论主要研究信息量、信息容量以及信息编码等问题；一般意义上的信息则还包含噪声处理、信号过滤与预测、调制与信息处理等问题。尽管信息论有狭义、一般、广义之分，但它们都是研究各种信息传输与变换系统共同规律的科学，是一门综合性的、方法论的学科。信息论是与控制论联系极其紧密的学科，它们都是在同一时间提出的。1948 年，美国贝尔电话研究所的申农发表题为《通讯中的数学理论》一文，标志着信息论的正式建立，维纳提出控制论也是在该年。之后，信息论与控制论相互促进，共同发展。控制与信息是密切相关的概念。没有信息就无所谓控制；控制系统就是通过信息来实现其行为、功能方面的调整和控制的。通过信息的获

---

① 钱学森：《工程控制论》，科学出版社 1980 年版。

② 克劳斯：《从哲学看控制论》，梁志学译，中国社会科学出版社 1980 年版。

取、转换、传递与存储过程，信息论方法完成对控制系统的运动规律的把握。其基本过程如下：

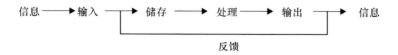

我们可以看出，对于信息的控制过程跟计算机对信息的处理过程极为相似，计算机的结构也表现为信息的传输、加工、变换的过程，即输入、加工、输出的各个阶段。虽然计算机后来又衍生出很多其他的功能，而实际上，电子计算机发明的初衷就是为了对大批量数据实现自动化控制与处理。可以说，信息论方法与思想对于电子计算机的产生具有不可磨灭的贡献。很难想象，没有计算机的存在，知识计量学的发展将会何去何从。毫无疑问，计算机曾使计量学发生了深刻的变革，而且变革还在继续着。计算机不仅让计量学的很多研究方法变得科学而有效，还催生了许多新的计量学方法，例如，我们在做计量分析对大批量数据进行处理时，如果没有计算机，仅仅靠人工的方式是很难实现的。作为信息论的集大成者——计算机有如此广泛的应用范围，这让信息论方法成为一种普遍适用性方法变成了可能。再者，一般认为，知识是通过人脑加工过的自然和社会信息，因此知识也是信息，信息的属性特征如可传递性、可共享性、非消耗性、强时效性、可存储性等也都是知识具备的。由于知识与信息的这种关系，信息论的很多方法都可以直接拿来为知识计量学服务，或者加以改进使之更能适应知识计量学方法论的需求。

（5）系统论方法

系统论是与控制论、信息论一起发展起来的具有横断学科性质的一门科学，产生于20世纪的30年代。起源是，奥地利生物学家贝塔朗菲对生物系统进行研究，强调把有机体当作一个整体或者系统来研究，提出了建立普遍系统论的命题。有学者认为，现代系统论得以全面而迅速地发展，除了客观的需要外，其具有方法论意义上的特点也是一个非常重要的原因。系统普遍存在于自然界和人类社会中。关于什么是系统，有很多不同的提法。有人认为，系统是由互相关联、互相约制的元素构成的综合体；有人认为，系统是各种元素整合而成的可能执行某些功能的综合体；还有人认为，系统是由复杂的研究对象而构成的，即互相作用的若干元素构成的可以实现特定功能的有机体，这个系统又是其他更大系统的有机组成部分。我国系统学科学家钱学森即赞成第三种提法，他构建了一个图示来说明系统科学，如图3—2所示①。图3—2由左而右、由下而上分别表示系统从无组织到有组织、简单到复杂的渐变过程。系统是有组织的有机体；无组织就无系统。图3—2的4个象限将系统分为了4个类型：简单而组织性弱的系统；简单而组织性强的系统；复杂而组织性弱的系统；复杂而组织性强的系统。简单而组织性弱的系统与简单而组织性强的系统分别是概率论与数理统计和物理科学的研究范畴；复杂而组织性弱的系统呈现一种"混沌状态"，复杂而组织性强的系统才是系统科学研究的范畴。系统思想有5个方面：整体观点，即把系统当作一个有机整体来对待；联系与制约的观点，即系统内部之间以及系统与外部环境之间的联系与制约；有序观点，即有组织方为系统，无序则无系统；动态观点，即系统元素与元素、元素与系统、系统与环境之间无时无刻不存在着物质、能量、信息的流动；最佳观点，即利用最优化关系去研究事物的内部规律及其各种表现形式。将系统思想与数学方法结合起来就可形成系统论方法，这也是一种定量化方法。一言以蔽之，知识计量学系统论方法就是将系统论思想与定量化系统论方法应用于知识计量实践，指导知识计量研究的步骤与方法。

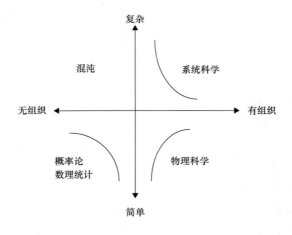

图3—2　系统科学研究

① 钱学森、许国云、王寿云：《组织管理技术——系统工程》，《文汇报》1978年9月27日。

二　小结

总而言之，灵感，归纳与演绎，分析与综合，抽象与具体，类比，假说与想象是我们在进行知识计量研究时，要遵循的逻辑思维活动的规则，也往往是我们在思考问题时很自然地涌现出的对问题的分析方法。哲学方法、数学方法以及具有横断意义的控制论、系统论、信息论方法则不然，这几个学科中的很多公式、模型、方法都可以移植到知识计量学的研究中来，为知识计量的相关研究所运用。而且这些学科对知识计量学研究还有理论上的重大意义，有时可以称作是逻辑思维中的理论工具。尤其是控制论、系统论、信息论不仅具有横断学科的意义，而且表现为与知识计量极为紧密的学科联系。在国外，控制论、系统论、信息论与知识计量学可以一同划归为计算机与信息系统科学（computer science，information science）的研究主题范围，由此可见它们之间的学科密切关系。

我们所构建的知识计量学方法论体系中的每一种方法都有自己的特点、功能和应用价值，而这些方法又有着很多的共性，这使得我们可以从不同的方面或者角度将其分为若干层面。方法论上升到科学研究的高度就是科研活动的途径、工具、方式与手段的学说。随着科学技术的迅猛发展，科学的研究方法已经发展为一个包含众多层次、众多侧面的理论体系。这些方法存在着新与旧、先进与落后、简单与复杂的分别。而且科学的研究方法并不是一成不变，而是时刻处于一个动态发展的过程中，在发展过程中得以完善。随着科学技术的进步，以前简单的方法变得相对复杂，落后的研究方法被更为先进的方法部分或者全部取代，传统的研究方法被迫使成为经典方法而得以发展或者保留下来。因此，我们知识计量学方法论体系是根据目前的学科发展状况构建出来的，不可能成为最终的结构体系。随着学科领域的进一步拓展和深化以及新的学科的涌现，知识计量学方法论体系中原有的方法会变得更加完善，也会出现许多新的研究方法，整个方法论体系也会跟着推进和发展。

在本章接下来的部分，我们会详细阐述知识计量学具有学科意义上的特征研究方法。在本小节，我们对知识计量学的逻辑学意义上的方法以及知识计量学一般方法进行了系统论述，但这些方法都是具有普适性的研究方法，即可以成为包含知识计量学在内的众多学科所采用的科学研究方法。因此，要使知识计量学这个新的学科真正地独立起来，让人不再怀疑其学科存在的价值以及学科发展的前景，就必须依赖于知识计量学的特征研究方法。著名生物学家巴甫洛夫也曾经说过："初始研究的障碍，乃在于缺乏研究法。无怪乎人们常说，科学是随着研究法所获得的成就而前进的。"由此可见，形成知识计量学特征研究方法对知识计量学发展的重要性，我们必须对知识计量学研究方法进行深入探讨，一方面促进知识计量学方法论体系的完善与发展；另一方面可以对知识计量学学科地位的形成与巩固有积极意义。然而，大凡一个新的学科在开创之初，都表现为大规模移植其亲缘学科的方法来形成自己的学科研究方法，尤其是学科的特征研究方法。我们认为，移植别的学科方法并没有什么不妥，关键要解决两个问题：一是不能生搬硬套地任意移植，应该适当地加以改造形成适合学科发展的方法论；二是要形成具有浓厚学科色彩的方法论。而且我们相信只要该学科存在着鲜明的学科研究对象，即使是移植也可以形成学科开创性的方法。克劳斯（Klaus）就认为，学科的研究对象、理论与方法三者之间就如同三角形的三个顶点，每一个顶点都可以与其他两个点建立关系、发生联系。不同研究对象，必然会产生不同的理论，进而派生出以该研究对象与该理论为依据的方法。我们必须针对新的研究对象，提出开创性的新方法来加以研究。知识计量学具有区别于其他学科，也是以往任何学科所不曾具备的研究对象：人类的知识体系以及知识活动，为我们进行知识计量学特征研究方法的研究奠定了良好的基础。但由于计量学是一门新兴的交叉性边缘学科，有很多学科以及学科研究方法与知识计量学有关系，如果以单纯的列举的方法一一陈列出来，也没有多少实际意义。我国著名情报学家严怡民认为，对于任何一个学科，在学科的不同时期会有很多种研究方法并存的状况，但总有一种或者几种主导方法在发挥着关键作用①。通过对国内外知识计量学学科的研究状况以及与知识计量研究相关的进展情况进行分析，我们认为在目前阶段有四类方法在知识计量学的研究中起着主导作用：知识单元计量方法、知识经济价值计量方法、知识创新计量方法、知识可视化计量方法。我们接下来会对这四类特征研究方法逐步解析。

---

① 严怡民：《现代情报学原理》，武汉大学出版社 1996 年版。

第二节 知识单元计量方法

知识计量学的研究对象与知识计量的计量对象有时是两个不同的概念范畴。知识计量学的研究对象固然是人类的整个知识体系以及人类的知识活动，但是知识计量研究工作的实施或者说计量的对象在更多程度上却是表现为知识单元，因为知识单元是知识的基本控制单元，要实现对宏观上的知识的计量必须首先实现对知识的基本元素——知识单元的计量。通过对知识单元的有效计量，我们就可以发现人类知识的增长、老化、时间分布、空间分布、结构分布等现象与规律。我们认为，围绕知识单元而展开的知识计量学方法有很多，其中尤其重要的有 3 种：引文分析法、内容分析法、知识可视化。引文分析法源自文献计量学领域；内容分析法源自新闻传播领域；知识可视化是众多学科交叉渗透产生的结果，其中计算机学科对其影响最大。

一 知识单元的概念与发展

国外知识单元的研究并不多，这似乎跟国外知识计量学学科发展的滞后性相吻合。而纵观国内知识单元的研究状态，却有可喜之处，这不仅表现在一系列知识单元论文的涌现，还表现为出现了一些国家立项专门研究知识单元的项目，如西安电子科技大学温有奎教授的国家自然科学基金项目"网格平台上的知识元自由集成研究"以及总参谋部科技创新工作站"智能军事情报知识元挖掘系统"；湘潭大学文庭孝教授的国家社会科学基金项目"基于知识单元的知识计量研究"。社会的需求拉动以及国家政策的强力扶持，知识计量学的研究呈现一种良性的循环发展状态。要对知识单元进行研究首先要追溯于文献单元与信息单元的研究，它们具有一脉相承的密切关系。

1. 文献单元

最早提出文献单元概念的是国际文献工作标准化组织对文献（Document）的定义。它认为，文献是指在存贮、检索、利用或者传递记录信息过程中，可以作为一个单元处理的，在载体内、载体上或依附载体而存贮有信息或者数据的载体。由于国际文献工作标准化组织的国际性、权威性、标准化，文献单元的这种理解被学术界广泛接受。一些学者在此基础上对文献单元进行了定义，徐荣生认为，文献单元是文献自称系统，自为一组的单体形态①；王子舟等人认为，文献是记录知识、传递知识的人工载体，而文献单元则是专门记录知识、传递知识的人工载体单元②。徐荣生与王子舟对文献单元的定义基本上没有脱离国际文献工作标准化组织对文献定义时对文献单元的界定；但是，王子舟将文献单位定位为人工载体单元我们并不认同，因为能够记录知识、传递知识的载体并不一定就是人造的载体。综合几种定义形式，我们认为文献单元应该从以下几个方面理解：

（1）文献单元是一个载体单位或者物理单位，以一册期刊为例，一册期刊是文献单元，期刊中的一篇文章也是文献单元。

（2）根据国际文献工作标准化组织对 Document 的定义，文献单元是可以作为一个单元处理与加工的，因此，文献单元要有其相对的独立性。贺巷超就认为，判断能否称作是文献单元的标准就是看它能否单独应用③。所以，一篇文章是文献单元，而一篇文章的题目、关键词等表示内容则不能简单地成为文献单元，因为文章的题目或者关键词如果脱离文章而独立存在时没有任何意义，即其相对独立性较差。其实，它们是知识元的概念范畴，在后文中我们会进一步阐述。

（3）文献单元可以作为一个单元进行处理，因此文献单元可以被自由地组合和分割。

（4）文献单元不能反映文献的知识内容，或者说文献单元不能准确地去反映文献的知识内容，只能近似地去体现。

文献单元有时可以称为是知识单元，一个文献单元即为一个知识单元，这可以根据知识单元的定义加以辨析；文献单元有时又可以包含知识单元的内容，如文献的分类号、主题词、关键词都是知识单元的概念范畴，而这些文献的标识又共同构成文献单元。

正是由于文献单元的相对独立性，以及其可以自由组合和分割的属性特性决定了文献单元仍然是最灵活、最有效的知识控制方式。但是由于文

---

① 徐荣生：《知识单元初论》，《图书馆杂志》2001 年第 7 期。

② 王子舟、王碧滢：《知识的基本组分：文献单元和知识单元》，《中国图书馆学报》2003年第 1 期。

③ 贺巷超：《论文献单元》，《图书馆学刊》1994 年第 1 期。

献单元作为一种物理单元、载体单元，不能有效地反映知识内容，使得它只能是知识活动中反映知识的一种间接单元。我们仍然需要去寻求新的控制单元去反映和控制知识。

2. 信息单元

20世纪90年代，计算机技术、网络技术迅猛发展，信息时代到来，"信息"一词成为热点词汇和前沿词汇，并对图书馆学、情报学、文献学产生了强烈的冲击。国内学术界出现将"文献"、"情报"等改为"信息"的浪潮。文献搜集、文献组织、文献分析、文献检索、文献服务、文献管理等专业术语纷纷改为信息搜集、信息组织、信息分析、信息检索、信息服务、信息管理等。文献单元也相应地改为信息单元，这似乎让信息单元成为了知识控制单元从文献单元到知识单元的一种过渡形式。这也让信息单元并未得到国内学术界的广泛认同。但是我们认为，信息单元的提出，并不仅仅是对文献单元做出的单纯的名称的变换，国内外的相关学者已经为信息单元添加了许多新的内容，这正如信息管理比文献管理更为宽泛，并不是一个层面上的概念一样。我国文献计量学的著名学者邱均平就曾经指出，从计量单元来说，文献计量学已经不能仅仅停留在篇、册、本为单位的文献单元的计量上，而应该深入文献内容对知识单元和文献的相关信息进行计量研究。我们认为，信息单元就是计量单元深入知识内容层面而作出的积极努力。

由于并没有经典的、权威的关于信息单元的定义，使得学术界对信息单元可能出现界定不一的现象。我们认为，信息单元是控制和处理信息的基本单位。对于文献知识，通常包含文献的外部特征和文献的内容特征。文献的外部特征包含文献题名、作者、出版社、出版年代、页码等信息；而文献的内容特征包含摘要、关键词、提要、引文等。这些文献的属性特征则可以称为信息单元。CNMARC（中国机读目录格式）、UNMARC（国际机读目录格式）、DC（杜柏林核心元素集）就是通过对信息单元的加工处理来实现对信息的有效控制。究竟信息单元能否进行自由的组合和分析，学术界并没有统一的认识。为统一认识，我们认为可以狭义的信息单元与广义的信息单元来认定。狭义的信息单元是不可以分割的，但可以组合，即狭义的信息单元是控制信息的最小的处理单位；广义的信息单元可以自由地组合与分割，即信息单元可以组合而形成新的、更大的信息单元，也可以分割成更小的信息单元。

根据我们的定义，广义的信息单元的特性类似于上文中提到的文献单元。因此它具有文献单元的某些功能特性，如广义的信息单元也可以组合成为知识单元。而狭义的信息单元更像是信息元以及下文中即将要提到的知识元的概念。由于它是不可再分的最小的信息控制单元，狭义的信息单元是不可以分割的，但是可以组合起来形成文献单元、知识单元，例如，将控制一篇文献的外部特征与内容特征的信息单元标识组合起来就是一篇完整的文献记录，就可以称为知识单元。这也可以看出，狭义的信息单元如果单独存在没有什么实际意义，它不能脱离文献单元与知识单元而单独存在。我们也可以看出，无论是狭义的信息单元还是广义的信息单元都已经深入到文献的知识内容层面，它比文献单元能更好地描述文献知识。我们很有必要将信息单元拓展到知识单元的高度，因为信息单元还没有深入到文献知识的本质内容。

3. 知识单元

论及知识单元，这更是一个纷争不断的命题。对知识的内容进行分析与组织，最早可以追溯到 1967 年布鲁克斯以波普尔的"三个世界"构建情报学的理论基础。布鲁克斯提出"认知地图"的概念，他理想中的情报学应该是深入到文献知识内容的组织与分析。20 世纪 70 年代，斯拉麦卡也曾指出，知识的控制单元要深入到文献中的概念、公式、事实等最小的独立单元数据元。我国情报学家马费成教授也提出，情报学发展要想实现飞跃性的进步必须解决好两个重要问题：一是知识的组织与描述必须从载体层次的文献单元推进至认知层次的知识单元；二是信息的计量必须从语法层次推进至语义或者语用层面[1]。我国的另一位情报学家徐如镜也认识到，知识的控制单元长期停留在文献单元层面，并不能满足用户的信息需求[2]。这些学者虽然提出了进行知识单元研究的必要性，却并没有统一知识单元概念纷争的局面。我国科学计量学学者赵红州认为，知识单元是不可分解的量化科学。如果科学是一座大厦的话，知识单元则为构成大厦的砖瓦；如果科学是一个生命体，知识单元则是构成生命体的一个个细

---

① 马费成：《在数字环境下实现知识的组织和提供》，《郑州大学学报》（哲学社会科学版）2005 年第 1 期。

② 徐如镜：《开发知识资源　发展知识产业　服务知识经济》，《现代图书情报技术》2002 年第 1 期。

胞。知识单元可以组合而成知识纤维，知识纤维又可以继续组合而成知识体系。赵红州从自然科学的角度论述知识单元，注重了知识单元的量化方面。他认为，完整的科学体系都是由定律、原理、规律等组成的，而定律、原理与规律又是由数学语言或者类似于数学语言的文字符号等构成，那么，这些如定量、变量等数理化量等数学语言概念就是知识单元。很明显，赵红州对知识单元的理解是，知识单元是最小的不可分割的知识控制单元，这些知识单元可以组合，但组合而成的新的知识体则已经不是知识单元，而应该是知识纤维，再继而组成知识体系、知识系统等更高层次的知识模块①②③。另外，赵红州只是从自然科学出发进行阐述，认为知识单元是一个量化概念，并没有论及人文社会学科，也没有强调其适用性。刘植惠也认为，知识单元是不可再分的独立的知识控制单元，不过他认为知识单元既可以是量化的概念，也可以是非量化的概念④。武汉大学赵蓉英教授跟赵红州的观点并不一致，她认为，概念、原理、定律等就是知识单元，是最小的知识单元，知识单元是原理与定律等的定量化的称谓。知识单元可以在更高层次上组合而成知识系统，知识系统也是一个具有独立意义的知识单元⑤。很明显，赵蓉英并不认为知识单元是最小的知识控制单元。与赵蓉英具有类似观点的学者还有王万宗⑥、刘植惠⑦、马费成⑧等。他们都认为原理、定律等是最小的知识单元，原理、定律等知识单元可以组合而成科学知识体系。王通讯认为，知识单元是组成知识系列的一些基本概念，知识系列可以组成知识体系⑨。我们认为，王通讯的理论跟赵红州颇为相似，王通讯的知识系列即是赵红州所论述的知识纤维。陈志新、刘东亮等认为，知识单元主要是概念，是最小的知识控制单元，概念构成

---

① 赵红州、蒋国华：《知识单元与指数规律》，《科学学与科学技术管理》1984 年第 9 期。
② 赵红州等：《知识单元的静智荷及其在荷空间的表示问题》，《科学学与科学技术管理》1990 年第 1 期。
③ 赵红州等：《论知识单元的智荷及其表示方法》，《知识工程》1991 年第 3 期。
④ 刘植惠：《知识基本探索（一——十二）》，《情报理论与实践》1998 年第 1 期—第 6 期。
⑤ 赵蓉英：《知识网络及其应用研究》，武汉大学博士学位论文 2006 年。
⑥ 王万宗：《知识测量指标问题》，《知识工程》1991 年第 1 期。
⑦ 刘植惠：《情报学基础理论初探》，《情报学报》1986 年第 3 期。
⑧ 马费成：《知识组织系统的演进与评价》，《知识工程》1989 年第 10 期。
⑨ 王通讯：《论知识结构》，北京出版社 1986 年版。

了知识①②。具有类似观点的学者还有南开大学的学者王知津，他曾经论述知识组织的概念，间接地表达了他对知识单元的认识。他认为，对知识的组织需要建立在知识单元的基础上，而知识单元无非是概念③。陈志辉与王知津将知识单元归结为概念似乎跟列宁的理论"自然科学的成果是概念"④ 相吻合。还有学者将概念与定律、原理等定义为一个层面的内容，认为它们都是知识单元，是否具有"实际意义"成为他们判断是否是知识单元的标准，代表学者是北京大学的王子舟教授。王子舟认为，知识单元是具有实际意义的基本单位，是一个明确的语词概念、是一个科学原理、是一条定律，或者是一首歌曲中的一段旋律等。

我们认为，王子舟与赵蓉英等人混淆了概念和定律、原理、规则的关系，而一味地去强调知识单元。实际上，定律、原理、规则是由量化或者非量化的科学概念组成。赵红州等人虽然注意到了它们之间的关系，但他们只片面地认为量化的科学概念是知识单元，这一点同样不可取。

除了知识单元的概念之争外，知识单元研究还存在着一个纷争领域——关系之争，指的是知识单元与文献单元、知识因子、知识关联之间的从属关系。徐荣生认为，文献单元是知识单元的一种静态形式，知识单元包含文献单元；王子舟等人则认为，文献单元包含知识单元，知识单元是文献单元中的知识内容单元（文献单元还有知识形式单元、知识载体单元）⑤。我们认为，徐荣生从发展的观点认识文献单元与知识单元的关系；王子舟的观点有点像广义论上的文献单元，已经脱离了传统经典的文献单元的理解范畴。

赵蓉英认为，知识单元构成了知识因子。知识关联将独立的知识因子联系起来构成知识体系内容。知识因子具有某种不稳定性，它既可以是概念、规律、学科等，还可以是文献单元。王知津的观点恰恰相反，他认为，知识因子与知识关联构成知识单元。知识关联将知识因子联系起来而

① 陈志新：《试论知识的测量》，《情报杂志》1999 年第 1 期。

② 刘东亮等：《基于知识单元挖掘的网络文库信息存储下类型研究》，《情报学报》2020 年第 6 期。

③ 王知津：《知识组织的研究范围及其发展策略》，《中国图书馆学报》1998 年第 4 期。

④ 列宁：《哲学笔记》，人民出版社 1974 年版。

⑤ 王子舟、王碧滢：《知识的基本组分：文献单元和知识单元》，《中国图书馆学报》2003 年第 1 期。

形成可以进一步进行知识组织的知识单元。知识因子是组成知识单元最细微的成分，一个概念、一个变量、一种事物就是一个知识因子。另外，国内还有一部分学者并不区分知识单元、知识节点、知识因子、知识元、知识元素、知识点等说法，他们认为这是在陈述同样一个事物①。

归纳起来，我们认为，知识单元研究争论的焦点主要集中在以下几个方面：

（1）知识单元是知识控制的基本单元，在这一点上并没有什么分歧。知识单元究竟是不是最小的知识控制单元，国内学者却存在着较大的争议。有的学者认为知识单元是最小的知识控制与处理单元，知识即由这些最小的知识控制单元组成；有的学者认为知识单元不是最小的知识控制与处理单元，例如，他们认为，一条定律是知识单元，而定律中的数学公式、变量等也是知识单元。还有的学者甚至得出自相矛盾的结论，他们认为知识单元是最小的知识控制单元，那么，知识单元就不可再细分出更小的知识单元。但他们在论证的时候又有矛盾之处，例如，他们认为原理、定律是最小的知识控制单元，而构成原理的公式、概念、变量也认为是知识单元。这样我们就可以演绎推理出，知识单元还可以细分为更小的知识单元。

（2）知识单元是不是可以按照一定的知识关联进行自由组合？组合而成的新的知识体是新的知识单元还是知识纤维，抑或知识体系？甚至就是知识体系、知识系统？

（3）文献单元与知识单元是何关系？是文献单元包含知识单元，还是文献单元是知识单元的一种形式？

（4）知识单元与知识因子是什么关系？是前者包含后者，还是后者包含前者，抑或是知识单元等同于知识因子？

我们认为这四点争议不是割裂的，而是存在着必然的联系。（1）与（2）的不统一必然会导致（3）与（4）。如果对知识单元的定义没有固定成熟的认识，知识单元的属性特征就会呈现不稳定，知识单元与其他概念之间的关系也会众说纷纭。如果我们认为知识单元是最小的、不可再分解的知识控制单元，那么，知识单元通过知识关联组合而成新的知识体就不能再作为知识单元来处理了，而应该叫做知识纤维、知识序列或者直接就是知识体系。如果我们认为知识单元不是最小的知识控制单元，那么知识单元组合起来

---

① 文庭孝：《知识单元研究述评》，《中国图书馆学报》2011年第5期。

后仍然可以视为知识的控制单位，因此，也应该是知识单元。只有这样，才不容易产生自相矛盾的结论。究竟应该如何去定义知识单元及其属性特征？我们认为，关键的问题是要形成一个合理的、具有内在逻辑和隶属关系、层次关系的理论体系。既然文献单元已经得到学术界的普遍认同，从文献单元的角度出发认识知识单元应该是可行的。这种做法也更容易清晰地界定知识单元和文献单元的关系。综合以上考虑，我们认为：

知识单元是可以作为一个单元来处理的，具有某种相对独立性的知识内容或者形式的控制和处理的基本单位。该定义强调了以下几个方面：（1）知识单元可以控制和处理知识，知识既可以是知识内容，也可以是知识形式；（2）知识单元可以作为一个单元来处理；（3）知识单元是知识的控制与处理的基本单位，但不是最小控制单位；（4）知识单元可以保持相对的独立性。我们做出的定义既较好地继承了文献单元的灵活、有效的知识控制的优点，又便于跟文献单元进行有效的比较分析，消除比较中的不确定性因素。

既然知识单元不是知识控制的最小单位，那么知识控制的最小单位是什么？又是什么组成了知识单元？在此，我们引入知识元的概念。我们认为，知识元不同于知识单元，知识元是知识控制的最小单位，并通过知识关联构成了知识单元。知识关联，指明了知识元之间、知识单元之间关系、规则及其使用方法，也可以看作是知识元，但这种知识元又不同于通常所说的科学文献、数据库中的知识元，它说明了如何组织知识元，因此是"知识的知识"，也可称之为元知识。

我们可以运用教育学上的"知识点"的概念来论证我们构建的知识单元与知识元的理论内容。在教学过程中，知识点是经常提到的说法。知识点是传递知识的基本单元，包含理论、原理、定律、实例、定义、结论等。知识点可以进一步继续分解，不可以再分解的知识点叫做原子知识点①。教学中的知识点即为我们所说的知识单元；而原子知识点就是知识元（或者元知识）。知识点可以通过一定的内在逻辑规则串联而成更高层次的知识点，或者知识体系；也可以说，知识单元通过知识关联（某种内在逻辑性）组合而成新的知识单元，或者知识体系。知识体系也是知

---

① 施岳定等：《网络课程中的知识点的表示与关联技术研究》，《浙江大学学报》（工学版）2003 年第 5 期。

识点，是更大的知识点，具有宏观意义上的知识点。当然，知识体系也是知识单元，符合我们对知识单元的定义。如果以一本图书而论，一本图书通常有一个完整的知识体系，该图书就是一个知识单元。图书中由很多的定义、规律、原理、实例等组成，这些定义、原理等是一个个的知识点，也是知识单元；定义、原理、规律、实例、结论等（知识单元）串联而成各个章节，形成更大的知识单元；各个章节再继续形成一本完整的图书。每一个定义、原理等还可以继续划分为更小的知识点（知识元）。

根据我们对知识单元的定义与解析，我们也很容易弄清楚知识单元与文献单元的关系。文献单元应该也是知识单元，文献单元体现的是知识单元的形式内容单元。知识单元应该包含知识形式单元与知识内容单元。知识形式单元也是知识单元，是一种间接知识单元。文献单元并不直接反映知识内容，却可以在一定程度上反映知识内容，是一种间接知识单元。另外，我们还认为，文献单元是知识单元发展的初级阶段；知识单元是文献单元发展到一定阶段出现的更为有效地控制与处理知识的基本单位，是对文献单元的继承与发展。

二 引文分析

匈牙利著名科学计量学家布劳温曾经说过："引文分析是当今世界上最富声望的科学计量技术。"引文分析不仅对科学计量学具有举足轻重的作用，对文献计量学、信息计量学的作用同样是不可估量的。引文分析甚至直接奠定了这些计量学科的学科地位。有人曾经统计过，20 世纪 80 年代末，有关引文分析的论文已经占据文献计量学论文的一半以上。由于引文分析的成熟与发展，国内的一些科学计量学学者甚至有志于发展"引文分析学"，使之成为科学计量学的一个新的分析学科。

（一）引文分析的产生与发展

引文分析产生于 20 世纪 20 年代。1927 年，Cross 等以化学领域的期刊论文为研究对象进行分析研究，最终得到了化学领域的核心期刊的结论。这被认为是世界上最早的运用引文分析方法的研究范例。后来，Line、Sandison、Buckland 进行文献老化与文献分散等问题的探讨，都是基于引文的统计分析，引文分析方法逐步发展开来。引文分析产生的理论基础是：科学技术的发展是一个连续的发展过程，任何新的科学与技术都不是凭空产生的，都是在科学与技术积累、发展到一定阶段分化、衍生而出来的，是对原有科学与技术的一种继承与发展。各个学科之间必然是相互交叉、彼此渗透、相互联系的。因此，作为科学与技术的成果记录科学文献必然也是相互联系的。科学研究必须在前人成果的基础上进行，汲取他人的经验成果。因此，我们在进行科研论文的创作时就难免要引用他人的文献，一方面以此来论证自己推理或者结论等的正确性，还可以为阅读该论文的读者提供查找的线索，以便于进行研究活动；另一方面是遵守学术道德规范的需要，还是对前人辛勤劳动成果的一种尊重。Weinstock 曾经归纳出 15 种引用动机：尊重前人；对前人成果予以荣誉；论证前人方法的正确性；提供背景资料；更正自己的研究；更正别人的研究；评价前人的著作；为自己的观点寻求论据；揭示现有的研究状况；对未被传播、标引、引证的文献提供向导；核查数据；核查原始文献中的观点或者概念是否被讨论过；核对前人文献中的某个概念或者语词；承认他人的成果或者观点；对他人的优先权提出争议。所以，科学研究中的引用行为是一种普遍存在的社会现象，这就为以引文作为分析研究对象的引文分析提供了生存与发展的土壤。一般情况下，引文分析要遵循以下几个步骤：

1. 确定统计对象

根据课题研究的需要，确定以期刊、专利、网络信息等文献为主要的分析研究对象。通常情况下是选取一定数量的代表性期刊论文、专利数据等作为研究样本。

2. 统计引文数据

统计选取论文后的引文情况，包含引文的数量、年代、语种、主题、被引量、自引量等信息。引文分析发展至今，该步骤通常会采用两种方法来实现引文数据的统计：一是直接从各大引文数据中查找、检索所需要的信息；二是将研究样本数据下载下来，再借助计算机以及网络技术对样本数据进行统计分析。各种引文数据库成为主要的数据来源，目前经常用的引文数据库分为中、英文两大类型。英文：SCI（科学引文索引）、SSCI（社会科学引文索引）、JCR（期刊引证报告）、A&HCI（艺术与人文引文索引）、ESI（基本科学指标数据库）、EI（工程索引）、ISTP（科技会议录索引）、PCI（专利引文索引）；中文：中国科学引文索引（China Science Citation Index，CSCI）、中国科技论文与引文数据库（Chinese Science and Technology Paper and Citation Database，CSTPCD）、中文社会科学引文索引数据库（Chinese Social Science Citation Index，CSSCI）。

3. 引文分析

在第二步获取有效数据的基础上，根据研究的需要从各个不同的角度进行分析研究，可以选取的角度有：引文的数量分布与时间分布（文献信息的增长与老化）、引文的空间分布（文献信息的集中与离散）、引文的主要指标分析（引文语种、引文类型、网络引文、引文自引量、引文国别、引文年代、引文作者）。该部分是引文分析各个环节中最为关键的一步，如果把引文分析比作自然科学领域研究中的一次实验的话，该步骤就是决定实验成败的重要一环。经常会用到的分析方法或者工具有：MATLAB（Matrix Laboratory），一种集计算、图形可视化和编辑功能于一体的数学应用软件；SAS（Statistical Analysis System），由美国北卡罗来纳州立大学的 2 名研究生研制，具有数据访问、数据管理、数据分析功能，经过数 10 年的发展已然成为数据统计分析的标准化软件，缺点是非专业人士使用的不易性；SPSS（Statistical Package for the Social Science），社会科学应用软件包，与 SAS 与 BM、BP（Biomedical Program，生物医学程序）并称为国际上最负盛名的三大统计软件，从简单的描述统计到复杂的多元统计，如二维相关、相关分析、方差分析、非参数检验、回归分析、判别分析、聚类分析、多维尺度分析，SPSS 都可以轻松实现，因而在社会科学与自然科学领域都有很广泛的应用范围。

4. 得出结论

对前期的分析结果进行归纳总结，使之上升为一个更高的理论高度，可以揭示学科规律或者指导学科发展具有普遍意义的分析结论。

（二）引文分析与知识计量

引文分析，是利用数学、统计学，并综合运用比较、分析、归纳、演绎、综合等逻辑学方法对期刊、专利、图书、论文等文献的引用与被引用情况进行探析，以寻求其中隐含的数量关系以及内在规律的一种统计方法[①]。这是国内出现得较早的对引文分析的定义，被很多同行学者广泛引用，是我国著名文献计量学家邱均平教授于 1988 年给出的定义。当然，随着科学技术的发展，科学技术渗透并影响着各个学科的发展，引文分析必然会增加新的内容。引文分析已经不仅仅是单纯运用数学、统计学、逻辑学方法的研究工具，而是综合运用计算机技术、网络技术进行大规模数

---

① 邱均平：《文献计量学》，科学技术文献出版社 1988 年版。

据的采集、数据处理，并更多地借助控制论、系统论、信息论的思想与方法进行研究的一种综合研究方法。无论是文献计量学、信息计量学还是科学计量学都视引文分析为其专有的特征研究方法。实际上，引文分析在"三计学"中也不是没有任何区别的研究方法，它在任何一个学科中都有新的内容。例如，引文分析在信息计量学中针对网络信息的链接情况进行分析，就是文献计量学和科学计量学所不曾具备的。那么，当计量学推进至知识计量学阶段，引文分析又会为知识计量学带来哪些新的内容？它又如何适应时代发展以及学科发展的需求，服务于知识计量学的研究？我们认为，在知识计量学的环境下，引文分析应该在以下几个方面做出努力，以适应对知识进行计量的内在需要：

（1）传统的对引文分析的理解应该被迫成为经典定义，引文分析需要重新定义，以使之更能适应引文分析的研究内容。传统的引文分析定义将数学、统计学等作为引文分析的最主要方法，引文分析是运用数学、统计学对分析对象进行统计分析。我们认为，引文分析应该加入计算机技术与网络技术的内容，经过 20 多年的发展，计算机已经广泛应用于引文分析的研究中。尤其是在数据统计、处理方面，计算机实现了对大批量数据处理的可行性，这是以前仅靠人工手段是无论如何也无法实现的，而且计算机技术大大提高了数据统计的准确度。计算机技术不仅提高了引文分析的可操作性和准确性，还在一定程度上拓宽了引文分析的研究内容。网络信息的链接分析就是计算机技术、网络技术与引文分析密切结合的产物。自从 SCI 的研制成功，SCI 成为引文分析的强有力的工具，再加上引文分析理论的日益成熟，引文分析研究曾一度获得了长足的发展。但随着研究的日渐深入，引文分析被研究者挖掘殆尽，似乎要陷入一种"江郎才尽"的窘迫境地。计算机技术与网络技术的出现，一扫引文分析研究的阴霾，将其带入一个新纪元。它丰富了引文分析的研究内容；使得引文分析原有的研究更加深入；各种各样的引文数据库如雨后春笋般涌现，繁荣了引文分析的研究工具与研究方法。通过编写计算机程序可以任意操作、处理、提取引文数据，可以说，在一定程度上实现了对知识单元或者知识元的操作。

（2）引文分析与知识挖掘（数据挖掘、信息挖掘）相结合。数据挖掘是人工智能领域的一个研究方向，又被称作是数据库中的知识发现，图 3—3 是一个典型的知识挖掘系统结构图。通过图 3—3 可以看到，数据挖掘过程包含数据准备、数据挖掘、结果解释与表达这几个过程，这跟引文分析的过程（确定统计对象、统计引文数据、引文分析、得出结论）基本是一致的。不同的是二者的研究对象不同，引文分析的研究对象通常是文献信息的参考文献（引文），而数据挖掘的研究对象是数据库以及数据中的数据，可以说数据挖掘的研究比引文分析要宽泛得多。数据挖掘可以通过数据仓库中的数据关联，运用在线分析处理（OLAP）、计算机程序、有关算法、数学模式等挖掘出数据背后隐含的知识内容，而这正是引文分析所表现出的不足之处。我们认为，在知识计量的环境下，引文分析需要吸收数据挖掘的理论、思想与方法，来研究引文背后的引文关联，以寻求引文分析中的知识发现、知识挖掘方法，而不是仅仅局限于引文简单性的描述统计。

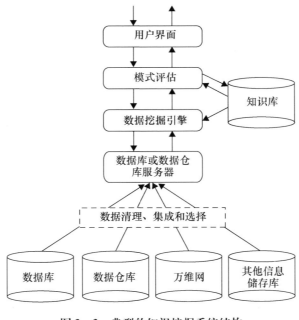

图3—3　典型的知识挖掘系统结构

（3）引文分析不能再停留在对引文量、引文率、被引量、被引率、引文年代、引文语种、引文国别、引文类型、期刊影响因子等浅层次的引文分析，而应该深入到对引文知识单元或者知识元层次的挖掘分析，对引文间的网络关系或者链接状况以及引文所反映出的主题相关性进行深度分析，挖掘其中隐含的知识内容。

（4）加强引文分析中的知识单元的关联分析——科学文献的双引分析。科学文献的双引分析可以分为引文耦合分析与引文共被引分析，这实际上是一种知识单元的关联分析，是一种很好的知识发现方法。1973 年，美国情报学家 Small 首次提出了文献共被引（Co-citation）的概念就认为共被引是测度文献间关联程度的一种研究方法①。这之后，共被引获得了长足的发展，共被引矩阵的对角线问题、矩阵转化、共被引强度等一系列问题都曾有过系统的研究。还有学者从文献共被引中衍生出作者共被引，并对第一作者共被引、全部作者共被引等有过深入探讨。而比共被引分析的提出早了整整 10 年的引文耦合，却并未受到国内外学术界的足够重视。自从引文耦合的理念提出后，基本都是一些理论性质的探讨，一直到 2008 年才有学者去实证了引文耦合。实际上，引文耦合也是一种理想的关于知识单元关联分析的方法，在知识发现等方面有时表现得比共被引分析更为优越，例如，在探测最新科学研究进展以及技术突破、科学知识域的发现，引文耦合就明显比引文共被引准确得多。我们认为，引文耦合研究虽然比引文共被引在具体操作执行等方面要困难得多，但由于该方法已经深入到对知识单元与知识元层面的计量分析中，而且还存在着知识元的关联（元知识）关系分析，这正是基于知识单元计量的知识计量学所需要的。

三　内容分析法

虽然内容分析在很多领域都有广泛的应用，但内容分析法起源于新闻传播领域，其发展历程与大众传媒几乎是分不开的。一份对 1971—1995 年间发表在《新闻与大众传播季刊》上的所有论文的研究结果表明，其中大约 1/4 分析的是内容②。早在 20 世纪初期，就有人针对新闻报道、报纸、文学、艺术、音乐等领域的文献进行主题探测，以期发现社会与文化的变化趋势。"二战"期间，著名信息传播学家拉斯韦尔组织了一项叫

---

① 　Small, H. . Cocitation in the scientific literature: A new measure of the relationship between two documents [J]. *Journal of the American Society for Information Science*, 1973, 24: 265 - 269.

② 　Riffe, D. , Freitag, A. . A content analysis of analysis: 25 years of Journalism Quarterly [J] . *Journalism & Mass Communication Quarterly*, 1997, 74: 873 - 882.

做"战时通讯研究"的活动，进一步推动了内容分析法的发展。而奈斯比特所著的《大趋势——改变我们生活的十个方向》将内容分析法推向了成熟阶段。奈斯比特等人运用内容分析法对 200 余份报纸进行内容上的分析、归纳，总结出美国从工业社会过渡到知识社会的十大趋势。再后来，计算机的出现将内容分析法研究推向了高潮，也进一步奠定了内容分析法科学方法论的地位。

（一）内容分析法的概念与原理

内容分析法的定义有很多种。有的强调内容分析法的包容性，如 Holsti[1] 认为，内容分析法是通过客观而系统的方法，确定信息的特定信息，从而能够得出推论的任意一种技巧；有的学者强调内容分析法的效度和信度，如 Krippendorff[2] 认为，内容分析法是一种研究技术，以便从数据背景中得出可重复的有效推论。而 Berelson 对内容分析法的定义颇具新意，而且转引率比较高，Berelson[3] 认为，内容分析法是客观系统并量化地描述显性传播内容。该定义经常被引用，它概括了内容分析法的处理过程要客观并系统化，以及要聚焦于内容的显性（或外延的，或共享的）意义（其反面是隐含的或者潜在的"字里行间"意义）的重要规范。我们认为，Berelson 的定义为我们将内容分析法归结为知识计量学方法论体系中的一种重要的分析方法找到了理论上的依据。首先他强调内容分析法是量化研究，这正同样是聚焦于量化研究的知识计量学所必需的。其次，他强调内容分析法是深入至知识的内容层面，而且是显性知识内容的分析。换言之，内容分析法的研究对象正是知识计量学的研究对象之一，无论 Berelson 强调的是传播知识内容还是科学文献的知识内容，这并不重要。

美国新闻传播学家 Daniel Riffe 等人认为，内容分析法实施步骤包括：

（1）分析对象的抽样。

（2）编码员培训。

（3）让编码员根据开发的分类规则对抽取的内容中的差异进行测量

① Holsti, O. R.. *Content Analysis for the Social Science and Humanities* [M]. MA：Addison Wesley, 1969.

② Krippendorff, K.. *Content Analysis：An Introduction to Its Methodology* [M]. CA：Beverly Hills, 1980.

③ Berelson, B. R.. *Content Analysis in Communication Research* [M]. New York：Free Press, 1952.

和记录。

（4）对编码员在应用中的信度（随着时间的推移，编码员编码呈现的一致性或者稳定性）进行检验。

（5）对内容分析法中采集的数据展开分析，以描述典型的结构或者特征，或者发现所考察的内容的特质之中存在的重要关系。

我们认为，这5步中对采集的数据进行分析是内容分析法的精髓所在，是内容分析法的最为关键的一步。数据分析就是探索与解释，是在所观察的数据中发现意义的过程。运用统计分析技术，无论出现的数字是什么，从中得出有意义的结论是最终目标。那么，这一步所采用的数据分析技术与方法有哪些？国外的一些研究为我们提供了问题的部分答案。国外有学者曾经统计1986—1995年的《新闻与大众传播季刊》上刊载的239项研究中的数据表和分析部分的考察结果显示，内容分析人员仅仅使用了几种基本的分析技术与少量的高级技术。也就是说，对于内容分析法要完成不同的工作来说，只有有限的工具是常用的。了解这些技术，对我们熟练掌握并运用内容分析法很关键。

在这些技术中，有些的确是异常简单的。28%的研究者仅仅使用了均值、比例或者简单的频率统计。即使在运用其他技术的时候也常常是结合均值、比例、频率来分析。从事对已收集数据的关系分析的技术，包括37%的研究者采用卡方检验，15%的研究者采用皮尔逊积差相关性分析。用于评估两个研究样本的均值或者比例的差异的技术，占了研究中的17%。较为高级的分析技术包括：6%的研究者使用ANOVA，8%的研究者采用多元回归分析。另外，只有7%的研究采用了更为复杂的统计技术[①]。

由于均值、比例、频率等描述性统计分析以及数据关系分析的卡方检验、皮尔逊积差相关性分析是较为简单的内容分析技术，且在相关论著中介绍很多，而内容分析法复杂的统计技术又不常用，因此我们选择针对内容分析法中的较为高级的技术多元回归分析进行阐述分析。而且回归分析可以根据回归模型评估出的回归方程对未来进行评测，这正是内容分析的主要目的之一和价值所在，也是大多数数据分析和以计量为方法手段的学

---

① 丹尼尔·里夫、斯蒂文·赖斯、弗雷德里克·菲克：《内容分析法》，嵇美云译，清华大学出版社2010年版。

科都非常看重的。Kerlinger[1] 就曾提醒研究者，即便是聚焦于显性内容分析，也并不意味着可以不需要仔细阐述内容以及内容背后的抽象概念之间的关系，内容分析决不能用于仅仅简单地测定各种知识内容的相对重点或者频次，而没有推导出重要的理论概念。

（二）内容分析法中的多元回归

多元回归让研究者可以对两个或者更多的自变量以及与相关的因变量之间的线性关系进行分析估量。相关分析往往只能表明两个事物彼此之间的强弱关系。多元回归分析则可以较为精确地说明自变量每变化一个单位，因变量会呈现何种变化。

多元回归分析技术也需要假定条件，变量之间要符合正态分布。是否符合正态分布可以通过变量的峰度与偏度测量进行评测。由于小样本更可能是偏正态的，多元回归也对数据的个数敏感。通常的标准是，变量至少要有 20 个研究样本。

回归分析产生一个等式，它让人可以根据数据集对因变量做出最好的预测。等式如下：

$$y = a + b_1 x_1 + b_2 x_2 + \cdots + b_n x_n + e$$

y 是因变量；x_1，x_2，$\cdots$，x_n 是自变量。

字母 a 代表着截距，是所有 x 取值为 0 时 y 的值。

字母 e 代表着误差项，是 y 中不能被所有的 x 解释时的偏差。很多模型中 e 都是省略不写的，但是所有统计中误差是客观存在的。

每一个 x 都有一个回归系数，用 b 来表示。b 与 x 的乘积可以计算出 y 值。b 具体说明自变量做出一定的变化，因变量会在多大程度上做出相应的变化。

内容分析法研究者最感兴趣的经常是，评估每个变量相对于其他变量而言，对于因变量中的偏差的贡献有多大。回归系数是用变量的原始单位计算出来的，因此难以对它们进行比较。要比较自变量的贡献，可以对回归系数进行标准化处理。其标准化处理过程类似于考试乘积的标准化处理，是把系数置于一条正态曲线上，从变量的均值中减去每一个分值，然后除以标准差。标准化系数对回归模型是比较有用的，在贡献比较中我们

---

① Kerlinger, F. N.. *Foundation of Behavioral Research* ［M］. New York：Holt, Rinebart & Winston, 1973.

可以看出每个自变量对因变量有着相对的重要性。该标准化系数为 β 系数。

多元回归为每个自变量计算出一个 Λ 系数。由于每一个自变量的标准差不同，β 也不同。对于自变量中的每一个标准差的变化，因变量变化多少个标准差，具体为 β。举例来说，如果报纸发行规模与政治新闻比例相关的 β 是 0.42，这就意味着在平均发行规模中每增加一个标准差，政治新闻的比例将增加自己标准差的 0.42 倍。如果有第三个变量从业人员规模，它的 β 值是 0.22，很容易看出它的影响较小，这是因为它的变化同发行规模的变化相比，导致政治新闻比例变化相对较小。

与多元回归分析一起使用的另一统计量是 r^2。r^2 统计量是回归模型中所有自变量的变化说明的因变量的方差比例。换言之，一个模型产生一个较大的值，意味着其中包括的变量对于说明所调查的社会过程是很重要的。一个较小的值意味着模型外的自变量是重要的，也需要加以调查。

最后，如果数据是从一个随机样本中抽取出来的，在确定回归分析中发现系数真的为 0，还是反映了总体中的一些实际关系时，必须做一个统计显著性的检验。回归分析产生的显著性检验，让人可以对每一个系数，以及在回归分析中作为一个整体的整组变量进行评估。

（三）计算机内容分析

计算机在内容分析法中扮演着重要的角色，使得传统的内容分析法有演变为计算机内容分析法的趋势。在所有的量化内容分析中，计算机都会被用于数据分析。计算机有助于分析人员高效的查找和存取内容，并进行内容编码。计算机内容分析有很多类型，归纳起来有以下几种：

（1）语词的频次统计。这是最简单的计算机在内容分析法中的应用。优点是：快捷、高效，以一份清晰的清单方式提供给分析人员，便于内容创造者进行推论研究。缺点是：把语词简单地从语境中提取出去，可能影响到这些语词的附属意义。

（2）计算机归类。目前在国外发展较快的是字典排序归类方案，它比主题词表归类的优势是：主题词表的类目都是事前预定好的，而字典排序归类对词根据特定的研究目的的有关意义进行分组。

（3）语义的文本语法推理。从单词的频次统计与归类，上升至考察较大的语言单位，如句子的语法。也可以说是从最小知识控制单元的知识元、元知识，到大的知识单元的分析。深入分析语句的主语、谓语、宾语、定语、状语、补语等，可以根据语词的意群进行进一步的分类。举例来说，一个句子的主语是一位演员（演员有很多修饰语词），演员是一种类型的人。一个句子的动作元素是由一个动作短语和动作的修饰语构成。根据这些语法类目，可以用计算机对文本进行重构和组织。使用此方法要注意，计算机知识负责重构与组织，并不提供对这些文本本身的评价，研究者还必须自己分析它的含义。Simonton[1] 就曾经运用计算机研究了 479位古典音乐作曲家的 15618 个主题的前 6 个音符。这些旋律的结构可以让我们对作曲家予以分类，并且提供了诸如穿梭时光的旋律创意，以及旋律创意与音乐流行之间的关系等多种主题的洞察。

（4）人工智能。人工智能努力模仿人类的认知过程。人们使用一种"概念模糊逻辑"，让计算机在物理与思想之间建立了联系，完成了人脑到计算机的转变。1997 年，IBM 的"深蓝"计算机击败世界象棋冠军，是计算机内容分析法中人工智能的一个经典范例。

（5）动态内容分析。在这方面计算机内容分析可以研究受众的偏好和反应能力。受众在对某确定的事件内容进行了解的同时，将他们对内容的态度和看法不断地反馈给计算机，计算机对反馈的内容进行相应的处理，为内容与受众之间建立联系，进行动态的内容分析。计算机内容分析法的动态内容分析性质为视频数据的分析提供了可能。动态内容分析也可以视作是实验设计与内容分析的组合。

纵然我们承认计算机让内容分析法处理问题快捷有效，也为内容分析法添加了许多新的内容，我们仍然不可以过于迷恋计算机在内容分析法中的作用，进而以为计算机内容分析是万能的。Kerlinger 对计算机内容分析法就有过这样的评价："计算机最终是愚笨的：它会严格地按照程序员告诉它的去执行，如果程序员成功地推理出一个问题，它将会'聪明'地去执行；如果程序员编制了错误的程序，它将会忠诚地并乖乖地去执行并产生错误的结果。"[2]

霍尔斯蒂就明确提出不适合进行计算机内容分析的方面：

① Simonton，D. K. . Computer content analysis of melodic structure：Classical composers and their compositions ［J］. *Psychology of Music*，1994，22：31 – 43.

② Kerlinger，F. N. . *Foundation of Behavioral Research* ［M］. New York：Holt，Rinebart & Winston，1973.

（1）涉及对特殊信息的单一研究，以及计算机分析的成本过高时。

（2）待分析的文献数量很多，但取自每一份文献的信息却很有限时。当我们要研究的是 100 本图书中各自的某一章节，这些图书又无法获取电子版时，如果我们采取人工录入或者扫描仪扫描为电子版本时，还不如直接阅读这些内容进行直接的传统内容分析来得容易。

（3）在使用主题分析的时候，研究者应该斟酌选择计算机内容分析和传统人工内容分析。因为主题分析涉及主题词之间的关系，使用计算机内容分析可能测得出来，也可能测不出来。

另外，我们还认为计算机内容分析在感官内容，如视频、音频、图片、图表等方面还是无能为力的，或者明显表现出不足。尽管已经有一些研究机构在从事针对感官内容的计算机内容分析，但是它们的实现过程跟基于文本的计算机内容分析并没有本质的区别，因此还没有取得突破性的进展。但无论如何，基于感官内容的计算机内容分析无疑是未来计算机内容分析法的发展趋势。

总之，如果使用计算机程序，研究成本降低了，而同时又保证了编码的信度质量，那么使用计算机内容分析无疑是正确的。如果是使用计算机程序增加编码信度的同时，研究成本与人工编码成本一样，也应该选择计算机内容分析。但是，如果研究者进行计算机内容分析，增加了研究的成本，又同时增加了信度质量，或者降低了成本却必须牺牲信度作为代价的时候，研究者就会陷入一种囚徒的困境中。在这种情况下，我们的观点是，根据研究预算进行取舍，但是我们并不愿意看到，为了资金而牺牲信度，这不符合严谨的学术研究规范。或许 Riffe 的结论对我们正确认识计算机内容分析法更有帮助，他认为运用多种方式进行大量复杂运算的能力与研究质量没有多少关系，最终，研究工作的成功很少取决于精细的数据分析或者使用令人费解的统计程序，而更多地取决于研究问题或者假设的清晰度，以及研究设计的有效性①。

第三节　知识经济价值计量方法

保尔·霍肯早在 1986 年就在《未来的经济》一书中对知识经济社会

---

① Rife, D.. *Data Analysis and SPSS Programs for Basic Statistics* [M]. MA: Allyn & Bacon.

有过描述。霍肯认为，社会经济信息（知识）化的主要特征是，知识要素广泛渗透到社会生活和经济活动中，社会经济的发展主要不是依赖物质资源的增长和新能源的开发，而是依靠知识力量的推动①。西方经济学的主流学派把驱动经济发展的经济资源分为三类：①自然资源，如土地、森林、矿藏等；②人力资源，包括体力和脑力；③所有的人造的基于便利进一步生产的资源，如工具、机器、厂房等。19世纪的经济学家习惯于把上述三种经济资源分为：土地、劳动、资本，它们合起来又被称为生产要素（Factors of Production）②。如果资源是取之不竭、用之不尽的，那么就不存在任何的经济问题，人们可以不断地投入资源获得经济的发展。而现实情况是，资源总是稀缺的，这就存在着如何去寻求各种方法来有效地利用资源。然而，人类社会经济模式经过几次重大转变，劳力经济早已萎缩；工业时代到来后，资源被大量甚至过量地消耗，资源压力在进一步增大，物质资源的日益缺乏，能源资源的日趋枯竭，最终促使了物质经济的衰败。在这种资源压力下，为求得经济的继续发展，人们在诉求一种新的经济增长模式，要在减少资源消耗的情况下能够生产出同样好的产品。"信息经济"、"知识经济"的概念被提了出来，它是建立在知识和信息的投入、使用、生产、分配基础上的经济。在知识经济时代，知识资源、物质资源、能源资源成为现代社会经济发展的三大支柱，知识变成了一种可以与土地、劳动、资本并称的生产要素。管理学家德鲁克甚至认为③："在新的经济体系内，知识并不是与人才、资本、土地并列为制造资源之一，而是唯一有意义的资源，其独到之处正是在于知识是资源本身，而非仅是资源的一种。"在现代的经济发展模式中，知识是具备很强的经济功能的，它可以像土地、劳动、资本一样带来经济的发展，这就存在着知识的经济功能的价值衡量问题。经济价值可以说是知识的一种属性特征，又是知识活动中量的方面的研究，因此是知识计量学的研究范畴，我们需要寻求对知识的经济价值进行计量的方法。

一　人力资本测算

知识管理学学界通常认为，个人与组织的知识有显性知识与隐性知识

---

① 保尔·霍肯：《未来的经济》，方韧译，科学技术文献出版社1986年版。

② 许纯祯：《西方经济学》，高等教育出版社1999年版。

③ 王方华等：《知识管理论》，山西经济出版社1999年版。

之分，知识资本也据此分为显性资本与隐性资本。显性知识资本是指在资本构成中，资本最终的成果形式是一种相对容易识别、评价与量化的资源；隐性知识资本是指组织与组织人员所拥有的技术、能力与组织规则构成的知识资本中最关键、最有活力和最深层的部分，它是组织知识创新和知识资本产生的源泉，是知识资本不断扩大和增值的重要基础。既然人是隐性知识的主体组成部分，那么人力资本就是隐性知识资本的主体。人力资本的测算方法又可以分为人力资本的实物量测算与人力资本的价值量测算。

（一）人力资本实物量测算

人力资本指人口资源中"自然人"（具有生命的常住人口）具有的知识、健康、技能与能力等素质的总和，包括受教育程度、再培训水平、卫生保健状况、劳动技能与能力等[①]。威廉·配第指出："人力资本是国民财富的一个组成部分[②]。"但是，在早期的国民经济核算体系中并没有把人力资本纳入其中。国民经济的核算方法通常是通过计算国家经济支出来统计国民经济水平，他们虽然认为国民教育支出也是国民经济支出的一个部分，但是他们普遍认为，国家对在校学生在教育以及医疗卫生保健中的支出，已经在学生提高自身的知识技能水平与健康水平中所消耗，并没有成功地转化到企业资产中去[③]。直到 2002 年，中国新国民经济核算体系才在附属表（附属表是对国民经济核算体系核心部分的补充，用于描述我国自然资源和资源资产、人口资源和人力资本的规模、结构与变动以及经济、资源和人口之间的相互关系，为党和政府制定、实施社会经济可持续发展战略提供科学依据）中列出了人力资本的实物量核算方法，包含人口指标与教育指标，如表 3—1 所示。

人口资源与人力资本实物量核算表反映人口资源与人力资本在期初、期末两个时点的存量状况及在核算期内的变动情况。人口资源与人力资本实物量核算表分为五部分，分别反映我国 0—15 岁人口、就业人口、失业人口、非经济活动人口、总人口的期初期末存量、结构以及变动情况。基本指标之间存在如下的关系：

①　中华人民共和国统计局：《中国国民经济核算体系（2002）》附属表 [2011 – 12 – 05]，http：//www. stats. gov. cn/tjdt/gmjjhs/。

②　威廉·配第：《政治算术》，陈冬野译，商务印书馆 1978 年版。

③　联合国等编：《国民经济核算体系 SNA：1993》，国家统计局国民经济核算司译，中国统计出版社 1995 年版。

表3—1

人口资源与人力资本实物量核算表①

	0—15岁							16岁及以上																		
	按性别分		按城乡分		按教育程度分		合计	就业人口															失业人口			
								按性别分		按城乡分		按教育程度分				按年龄分（岁）							按性别分		按教育程度分	
	男	女	城镇	乡村	小学/初中	其他		男	女	城镇	乡村	文盲/半文盲	小学/初中	高中/中专	大专以上	16—24	25—34	35—44	45—54	55—64	65岁及以上	小计	男	女	文盲/半文盲	小学/初中
一、期初人口																										
二、本期增加																										
（一）出生																										
（二）迁入																										
（三）其他																										
三、本期减少																										
（一）死亡																										
（二）迁出																										
（三）其他																										
四、期末人口																										

① 中华人民共和国统计局:《中国国民经济核算体系（2002）》附属表[2011-12-05]，http://www.stats.gov.cn/tjdt/gmjjhs/。

续表

	16岁及以上																											
	失业人口												非经济活动人口													合计	总计
	按教育程度分		按年龄分（岁）						小计	按性别分		按城乡分		按年龄分（岁）						按性质分						小计	
	高中/中专	大专以上	16—24	25—34	35—44	45—54	55—64	65岁及以上		男	女	城镇	乡村	16—24	25—34	35—44	45—54	55—64	65岁及以上	在校生		料理家务	离休退休	丧失劳动能力	其他		
																				高中/中专	大专以上						
一、期初人口																											
二、本期增加																											
（一）出生																											
（二）迁入																											
（三）其他																											
三、本期减少																											
（一）死亡																											
（二）迁出																											
（三）其他																											
四、期末人口																											

- 期末人口 = 期初人口 + 本期增加人口 – 本期减少人口
- 16 岁及以上人口 = 就业人口 + 失业人口 + 非经济活动人口
- 总人口 = 0—15 岁人口 + 16 岁及以上人口

记录原则是：

- 人口存量数据以普查年度年末时点为记录时间；若普查时间不是年末时点，则应通过外推法将数据换算成年末时点数据。
- 人口数据的记录方式因其调查形式不同而不同：普查年度以规定时点普查数据汇总方式记录；其他年度则以人口普查年度资料为基础，以年度人口抽样调查资料为依据推算核算年度人口数据。

实物量是指物品的数量。如果是不同的物品，没有相同的纲量，数量的加总没有任何的意义，例如，一个面包加上一包牛奶；一辆轿车加上一个苹果。即使是具有相同纲量的物品，无论是相同物品还是不同物品，也没有多少意义，如一辆轿车与一辆自行车。如果是同种类型、同样属性的物品，数量的加总还有一些意义。中国国民经济核算体系对人力资本的测算，虽然算是对同样物品（人力资本）的测算，但是人力资本处于不同的教育层次，有文盲、小学、初中、高中、大学水平，实际上相当于不同物品的不同纲量，如果只是简单的加总多少没有实际意义。而如果以平均受教育年限作为一个统一的纲量来测度人力资本，则应该对文盲、小学、初中、高中、大学水平的不同的教育级别实行加权处理，因为我们不能把一年的小学学习周期等同于一年的大学学习周期，教育层次越高，就应该赋予它越高的权重。

（二）人力资本价值量测算

1. 基于成本方法

人力资本的基于成本的测算方法类似于物质资本的成本测算方法。古典经济学家亚当·斯密认为，人们在拥有精湛技艺的背后要付出巨量的劳动和时间，这成为基于成本的人力资本测度的理论基础。

在早期，Eisner 提出的测算方法是，统计一个小孩从出生到 25 周岁所有的花销，即为人力资本的价值量[1]。Eisner 的测算方法显然带有古典的朴素主义色彩。Shultz 就对这种方法提出了非议，一个人从 0—25 周岁

---

[1]　Eisner, R.. *The Total Incomes System of Accounts* [M]. Chicago：University of Chicago Press, 1989.

的所有花销太多繁杂，如果不加区别当作一种资本的投资来处理显然是不合适的。他认为，所有的花销支出中会产生三种效果：

①仅仅是被消耗掉，或者作为维持生命的延续或者作为一种娱乐消耗掉，并没有产生任何个人能力的提高；

②完全用于自身能力的提升，如教育等；

③既有一部分被无谓地消耗掉，又有一部分提升了个体的能力。

很明显，①不能算作是人力资本投资，不能计算在成本范围内；③要有选择性地计入成本之内。Shultz 的研究比 Eisner 改进了许多，使得基于成本的人力资本的计算更为合理。试想一下，如果将一笔资本投入两个人身上，一个人散尽钱财挥霍一空，而另一个人使用它学习本领、提高能力，因此，按照 Eisner 的计算结果认为二者的人力资本价值量相同一定是错误的。另外，Shultz 将支出中真正是人力资本投资的部分归纳为五个方面：

①医疗、卫生、保健；

②在职教育；

③正规教育；

④成人教育、技术推广；

⑤劳动迁移。

Shultz 假定人力资本价值量为投入到人力资本活动中的成本的货币贴现值。Shultz 的方法因其相对的合理性被业界的专家学者所承认，并被广泛采用。虽然也有很多学者对这种方法作出些许改进，Shultz 的方法仍然是目前较为流行的人力资本测度方法。

基于成本的人力资本测度方法也有其缺陷，主要表现在两个方面：一方面被认定属人力资本投资的部分支出带有明显的人为主观性；另一方面未能充分考虑人力资本折旧问题，既然采用像物质资本的成本计算法测度人力资本，却很难找到像计算物质资本折旧率的永续盘存法来计算人力资本的折旧问题。

2. 基于预期收入方法

Petty 是最早的以基于预期收入方法来测算人力资本价值量的学者。他以此方法来测算英国人力资本存量，当时他发现一个农民一周的收入为4 先令，而一个船员的收入是 12 先令，因此得出一个船员等于三个农民的结论。Petty 认为：

一个人的人力资本存量 = 个人一生预期收入

一个国家的人力资本总量 = 个人人力资本的总合。

Petty[1] 的方法虽然看起来简单明了，却引领了以货币价值量来衡量国民劳动力的研究工作。这之后大多的人力资本测算，尤其是宏观层面上的测算，都是基于 Petty 构架的研究框架，例如 Farr 在 Petty 的基础上排除个人生活支持额度，并加入死亡率的概念。Dublin and Lotka[2] 根据 Farr 的方法，将个人在出生时的人力资本价值予以公式化表示：

$$V_0 = \sum_{x=0} \frac{P_{0,x} \ (y_x E_x - C_x)}{(1+i)^x}$$

i 为利率，$P_{0,x}$ 为从出生到 x 岁的生存概率，y_x 是从 x 岁到 x + 1 岁的年度收入，E_x 为 x 年的年度就业率，C_x 为生命的维持成本。然后，可以通过上式推导出在特定年份 m 的人力资本价值量（从 m 岁起所有未来收入的折现值）：

$$V_m = \sum_{x=m} \frac{P_{m,x} \ (y_x E_x - C_x)}{(1+i)^x}$$

Weisbrod 修改了收入、就业率、生存率等宏观数据，Dublin and Lotka 的公式变为：

$$V_m = \sum_{x=m}^{74} \frac{Y_x W_x P_{m,x}}{(1+j)^{n-m}}$$

其中，V_m 为个人在年龄 m 的未来预期收入贴现值，Y_x 与 W_x 分别为年龄是 x 的收入均值和就业率。$P_{m,x}$ 为 m 岁到 x 岁的生存概率，j 为贴现率，74 岁为退休年龄，退休后收入被认为是零。该方法有一个假设：目前年龄是 x 的人在以后的第 n 年将会获得的收入，等于年龄是 n + x 的人的当前收入，同样的假定应用于就业率和生存概率。

Graham 与 Webb[3] 在 Weisbrod 的基础上考虑了经济增长的因素和教育水平，将 Weisbrod 的公式变为：

$$PV_x^i = \sum_{x=m}^{74} \frac{Y_x^i W_x^i P_{xt}^i \ (1+G_k^i)}{(1+r_k^i)^{x-m}}$$

① 威廉·配第：《政治算术》，陈冬野译，商务印刷馆 1978 年版。

② Dublin, L., Lotka, A.. *The Money Value of Man* ［M］. New York：Ronald Press，1930.

③ Graham, J. W., Webb R. H.. Stocks and depreciation of human capital：new evidence from a present-value perspective ［J］. *Review of Income and Wealth*，1979，25（2）：209 – 224.

其中，PV_x^i 是年龄为 x 岁根据特征向量 i 分类的所有个人一生的劳动收入的贴现值，r_k^i 为收入为第 i 类型、第 k 年的利率；G_k^i 为第 i 类型、第 k 年的经济增长率。特征向量包括：性别、教育、职业、能力等对人力资本产生影响的因素，但经常表现为教育这一因素。该公式的假定是：个人在 n 岁时的期望收入 = 具有同样向量 i 的个人在 n + x 岁时的收入。

3. 基于能力方法

可以说上面的两种方法都是间接地测度人力资本的方法，现实情况是个人的收入与投入成本往往跟个人的真实价值是不成比例的。基于能力的人力资本测算方法则可以弥补这一缺陷，它被认为是对人力资本测算最直接、最精确的测算方法。它有一个基本的认识基础，收入与能力基本还是成比例的。

人力资本是由个体中人的技能组成。个人拥有这些能力表现为一个向量 C。当它在劳动力市场上以价格 P 出售时，每一小时获得收入是：

W = PC

人力资本总量 = 各种能力收入的加总。

数学公式为：

$$H_n = \sum_{i=1}^{j} m_i w_i + \sum_{p=1}^{q} O_p V_p$$

其中是 m_i 是可以进入市场的能力，w_i 是对于能力 i 的市场收益率，O_p 是其他具有价值的个人能力；V_p 是与个人能力有关的非市场收益。

综上所述，三种方法各有优缺点，很多学者也早已认识到这一点，他们在试图将三种方法糅合起来使用，甚至在此基础上创造出一些更加合理的方法。这为我们进行人力资本测算提供了广阔的创造空间。

二 知识资本测算

（一）生产要素的知识资本定价

生产要素的知识资本定价的基础是美国经济学家 Clark 的边际生产力和马歇尔的均衡价格理论。边际生产力论认为，在其他条件不变和边际生产力递减的条件下，一种要素的价格取决于它的边际生产力。均衡价格论则认为，要素价格不仅取决于它的边际生产力，还取决于它的边际成本。对一种投入要素的需求取决于它的边际生产力，而要素所有者对投入要素的供给取决于它的边际成本。当要素的边际产值等于边际戒本时，供求就达到均衡。

　　在一个完全竞争的市场上，要素的均衡价格和均衡数量是要素的需求量和供给量相等时的要素价格和要素数量，如图3—4所示。要素的市场需求曲线 D 和要素的市场供给曲线 S 的交点 E 所决定的价格 P_1 和要素量 Q_1 就是市场均衡价格和均衡数量。由于知识要素的需求曲线也就是知识要素的边际收益曲线（即知识的边际生产力），知识要素的需求曲线与知识要素的供给曲线的交点决定知识要素价格，也就是等于知识要素的边际生产力。

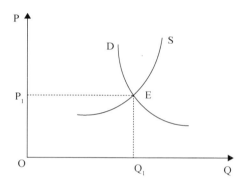

图3—4　知识资本要素市场的均衡

　　（二）基于 R&D 的知识资本存量测度

　　科学研究与技术开发（R&D）是在前人已经取得相应成果的基础上进行的，它具有活跃知识、创造新知识的功能。很多情况下，R&D 被当作是新知识重要的甚至是唯一源泉。R&D 也顺理成章地成为了知识资本测度的重要依据。以下公式就是基于 R&D 的知识资本存量测度：

　　$S_t = (1 - \gamma) S_{t-1} + R_{t-1}$

　　式中 S_t：时间 t 期的初始研究与开发（R&D）资本存量。

　　S_{t-1}：t−1 期的初始研究与开发（R&D）资本存量。

　　R_{t-1}：现期的研究与开发（R&D）支出。

　　以上均以不变价格来表示。

　　γ：知识折旧率 。

　　根据公式，γ 一般采用 5%—10% 的数值；欲求得 S_t，必然要求得 S_{t-1} 的数值，欲知道 S_{t-1}，就要知道 S_{t-2}，以此类推，最终就要知道 S_0 的数值。为计算出 S_0 的数值，提出如下的计算公式：

$$S_0 = \frac{R_0}{m + \gamma}$$

S_0：第一年刚开始时的知识资本存量。

R_0：第一年的研究与开发支出。

γ：知识折旧率。一般为 5%—10% 的数值。

m：研究与开发支出在其数据获得期内的平均年度对数增长率。

根据 m、γ 就可以计算出 S_0 的数值，再根据 S_0 与 $S_t = (1 - \gamma)$ $S_{t-1} + R_{t-1}$ 就可以推算出 S_t 的值。

（三）基于经济贡献的知识资本测度

西方经济学所谓的生产，是指一切能够创造或者增加效用的人类活动，生产活动不仅包括物质资料的生产，也包括劳务等①。而生产过程就是各种生产要素的组合、共同协作、生产出产品的过程。生产过程可以分解为两个方面：一是投入（input），即生产过程所使用的各种生产要素如劳动、土地、资本和企业家才能等；二是产出（output），即生产出来的各种物质产品的数量。生产函数可以用来表示投入与产出或者生产要素和产量之间的关系，它是指在一定时期内，在生产技术水平不变的情况下，投入某种组合的生产要素同最大可能的产出之间的函数关系，是反映生产过程中投入与产出之间的技术数量关系的一个概念。用 Q 表示产出量，X_1，X_2，$\cdots$，X_n 表示各种生产要素的投入量，那么生产函数可用下式表示：

$$Q = f(X_1, X_2, \cdots, X_n)$$

也可以表示为：

$$Q = f(L, K)$$

L：生产过程中使用的劳动。

K：生产过程中使用的资本。

柯布—道格拉斯生产函数就是一个非常著名的生产函数。1928 年，美国经济学家柯布和道格拉斯根据历史资料统计研究了 1899 年到 1922 年之间美国的劳动和资本这两种生产要素对产量的影响，提出了这一时期美国的生产函数。该生产函数的一般形式为：

---

① 许纯祯：《西方经济学》，高等教育出版社 1999 年版。

$Q = AL^a K^{1-a}$。

Q：代表产量。

A：代表技术进步因素。

L：劳动的投入量。

K：资本的投入量。

a：大于 0 小于 1 的参数，表示劳动在生产中的相对重要性。

1 − a：大于 0 小于 1 的参数，表示资本在生产中的相对重要性。

a 与 1 − a 分别为劳动与资本在总产量中所占的份额。

柯布和道格拉斯曾根据这一时期的数据估算得出，A 值为 1.01，a 值为 0.75（3/4）。将数值代入公式中：

$$Q = 1.01 L^{3/4} \cdot K^{1/4} = 1.01 \sqrt[4]{L^3} \cdot \sqrt[4]{K}$$

这一生产函数表示，在资本投入量固定不变时，劳动投入量单独增加 1%，产量将增加 1% 的 3/4 或者是 a%；如果劳动投入固定不变，资本投入固定不变时，资本投入量增加 1%，产量将增加 1% 的 1/4 或者是 1 − a%。

随着经济的发展与社会的变迁，经济的发展不再简单地取决于劳动（L）与资本（K）这两个因素，知识的价值被重新估量，其对生产的作用日益凸显。因此，在知识经济的时代条件下，柯布—道格拉斯生产函数可以调整为：

$$Q = L^a \cdot K^b \cdot R^c \cdot Z^d$$

L 与 K 依然代表劳动与资本。

R：知识资本存量。

Z：对生产有影响的其他因素。

c：知识在生产中的相对重要性。

d：其他因素在生产中的相对重要性。

a + b = 1

为将上式进行线性化处理，公式两边取对数，表达式变更为：

$$\ln Q = a \ln L + b \ln K + c \ln R + d \ln Z$$

移项可得：

$$\ln Q = a \ln L + b \ln K + c \ln R + d \ln Z$$

公式左边是多要素生产率，对多要素生产率的知识存量做历史回归分析。

c 值的估算是通过提高知识存量的比率，产出的百分比增长来计算的。为了有效计算系数 c 值，将 R 作为独立于其他变量之外的变量，假定其他变量都不变，R 增长多少从而导致产出会增长多少，求得 Y 对 R 的偏导数。可对公式 $Q = L^a \cdot K^b \cdot R^c \cdot Z^d$ 偏导数求得：

$$\frac{\partial Y}{\partial R} = c\left(\frac{Y}{R}\right)$$

通过以上过程，可以计算出多要素的生产率的测算和生产函数的估测。

第四节　知识创新计量方法

在知识创新计量方法中我们主要介绍专利分析方法。

专利涉及科技、法律、经济、贸易等很多方面，而以科技为主。简单来说，专利是国家以法律形式授予发明人对其发明创造在一定时期内的独占权，其目的是为保护发明人和发明创造内容公布于世，以促进科学技术的发展。可以说，专利体现了发明人的一种知识创新活动，专利内容中包含了丰富的创新性知识。根据有关统计，一个国家的经济发展水平与该国的专利数量、质量是一种正比例关系，即一个国家越发达，其专利水平越高。因此，我们认为，专利分析法是一种知识创新计量方法。

1. 技术生命周期分析[①]

技术生命周期分析是专利分析最常用的方法之一。通过分析专利技术所处的发展阶段了解相关技术领域的现状，推测未来技术发展方向。专利技术通常表现为 4 个发展周期：技术引入期、技术发展期、技术成熟期、技术淘汰期。对专利数量的测算的主要指标有：技术生长率、技术成熟系数、技术衰老系数、新技术特征系数的值测算专利技术。

2. 重点专利技术分析

在专利分析中，利用分析样本数据中的分类号或者主题词对应的技术内容的专利数量的多少或占总量的比例，进行分类号频次排序分析和主题词频次排序分析，研究方法创造最为活跃的技术领域以及技术领域中的重点技术。利用分类号或者主题词与时间序列的组合研究，还可以探讨技术

---

① 陈燕等：《专利信息采集与分析》，清华大学出版社 2006 年版。

的发展趋势、某一领域可能出现的新技术等。

3. 技术发展趋势分析

技术发展趋势分析是指在所采集的分析样本数据库中，利用时序分析方法，研究专利申请量或排名靠前的专利技术随时间逐年变化情况，从而分析相关领域专利技术的发展趋势或技术领域中重点技术的发展趋势。

4. 主要竞争对手分析

主要竞争对手分析是指在分析样本数据中，按照专利申请人或专利权人的申请量或者授权量进行统计和排序，以此来研究相关技术领域中活跃的企事业单位和个人，它们是相关领域的主要竞争者。主要包含：竞争对手专利总量分析、竞争对手研发团队分析、竞争对手专利量增长比率、竞争对手的重点技术领域分析、竞争对手专利量时间序列分析、竞争对手专利区域布局分析、竞争对手特定技术领域分析、共同申请人分析、竞争对手竞争地位评价。

5. 专利区域分布分析

专利区域分布分析主要包含：区域专利量分析、区域专利技术特征分析、本国专利份额分析。

6. 研发团队分析

研发团队分析主要包含：重点专利发明人分析、合作研发团队分析、研发团队规模变化分析、研发团队技术重点变化分析。

7. 核心专利分析

核心专利分析主要包含：专利引证分析、同族专利规模分析、技术关联与聚类分析、布拉德福文献离散定律的应用。

8. 重点技术发展路线分析

重点技术发展路线分析主要包含：专利引证树线路图分析、技术发明时间序列图、技术应用领域变化分析。

9. 技术空白点分析

分析样本中专利数据进行专利技术功效矩阵分析，即对专利反映的主题技术内容和技术方案的主要技术功能、效果、材料、结构等因素之间的特征进行研究，揭示它们之间的相互关系，寻找技术空白点。

10. 重大专利知识产权风险判断

一般是指将某重大专项中所采用技术的产品或方法列为研究对象，并将研究对象与现有相关专利的权利要求进行比较，主要依据专利侵权判定过程中的全面覆盖原则和等同原则，判定是否存在侵权风险的分析方法。

第五节　知识可视化计量方法

Burkhard 于 2004 年首次引入知识可视化，并对知识可视化定义，这成为知识可视化产生的标志。目前被信息可视化领域与知识可视化领域都广为接受的知识可视化定义是：知识可视化致力于研究可视化形式以促进知识在至少两个人之间的传播与创造①。该定义的作出，使得我们比较知识可视化与发展得如火如荼的信息可视化成为可能。在比较中我们可以更加透彻地了解知识可视化。

一　信息可视化与知识可视化

信息可视化是一个无论在学术研究还是在实践应用方面都发展极为迅速的研究领域。早期的信息可视化是基于文章的静态可视化形式，如图片、图表等。近年来，信息可视化被认为是基于计算机的群落研究，因此通常被定义为：使用计算机可支持的、具有交互性质的数据的可视化表现形式来扩展人的感知活动。在我们看来信息可视化跟知识可视化还是有区别的，具体表现在如下几个方面：

1. 目标不同

信息可视化旨在实现信息的获取、信息的检索以及大批量数据的开发。知识可视化旨在提高知识的转移，知识在不同群体中的创造。

2. 内容不同

信息可视化聚焦于探测数据的事实情况（数据背后隐藏的信息）以及数量。知识可视化关心的是这样的知识类型，它可以解答 Who、Why、What、How 等问题，以及经验知识（隐性知识）。

3. 影响不同

信息可视化对信息科学的贡献较多，可以有助于数据挖掘、数据分析、信息检索、人机交互、界面设计等。而知识可视化对知识转移、知识创造、知识学习、可视化交流等影响最大。

---

① Eppler, M., Burkhard, R.. Knowledge Visualization. Towards a New Discipline and its Fields of Application [EB/OL]. [2011 - 12 - 01]. http://www.netacademy.com.

4. 贡献不同

信息可视化主要面向创新，该领域的研究者主要创造新的可视化技术方法。知识可视化更多是面向应用，该领域的研究者使用可视化模型去解决问题。只有当没有方法可以利用的时候，他们才会像信息可视化那样去创造一些可视化方法。

5. 学科知识结构不同

信息可视化的专家一般都具有计算机科学的专业背景。知识可视化专家的知识结构应该是：知识管理学、心理学、设计学、建筑学（知识重构）等。

信息可视化跟知识可视化可能还会有其他许多不同点，以上是我们研究的主要不同点。但我们绝对不可以割裂甚至对立信息可视化与知识可视化的关系。从上面我们对二者之间的区别分析上看，它们之间必然存在着千丝万缕的联系。

知识可视化是信息可视化发展到一定阶段才可能发展起来的。没有信息可视化提供的可视化方式（无论是传统的还是现代基于计算机的），知识可视化对知识的表示就会陷入困境，更谈不上知识的转移与知识的创造了。知识可视化对新知识的表达形式，又会极大地丰富和完善信息可视化的研究内容，并为信息可视化的研究提供新的研究素材。

二　知识可视化研究框架

为有效地通过可视化实现知识的转移与创造，四个主要方面应该被充分考虑，从而回答四个相关问题：

（1）目的：为什么（Why）知识要被可视化？

（2）内容：什么（What）类型的知识需要被可视化？

（3）媒介：哪一个（Which）是最佳的知识可视化方法？

（4）受众：谁（Who）对可视化有需求？

基于以上问题，我们提出知识可视化的研究框架，如图3—5所示。

（1）功能模块①

①协调。可视化表示有助于协调知识交流过程中的个体。

---

① Eppler, M., Burkhard, R.. Knowledge Visualization. Towards a New Discipline and its Fields of Application [EB/OL]. [2011-12-01]. http://www.netacademy.com.

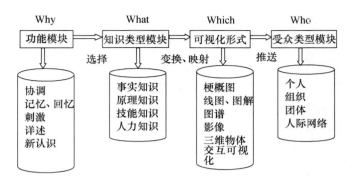

图3—5 知识可视化研究框架结构

②记忆、回忆。可视化形式提高我们的记忆和回忆能力，因为图片形式更符合我们的思维方式。

③刺激。可视化表达形式可以激发、活跃接受者的思维、想象力等。

④详述。可视化形式可以培养团队中知识的详细阐述。

⑤新认识。可视化形式通过展示上下文以及对象关系等细节来支持新知识的创造。

（2）知识类型模块

知识类型模块旨在说明需要可视化的知识类型。关于这一点，我们认为可以参考知识管理领域对知识的划分，有以下4种：

①事实知识（Know-what），知识最原始的含义，回答的是什么的知识。

②原理知识（Know-why），自然科学居多，原理规律性的知识，回答的是为什么的知识。

③技能知识（Know-how），事物的操作、鉴赏、识别等技能，回答的是怎么去做的知识。

④人力知识（Know-who），特定社会关系形成中的谁知道以及谁知道如何做，回答的是知道是谁的知识。

（3）可视化形式

知识可视化的呈现方式有很多种。每一种都有自身的优势与劣势，总结起来，主要有以下几种：

①梗概图。以寥寥数笔绘制所要描述的对象事物。梗概图是一种动态的表现形式，它代表了研究对象的主要的观点以及关键点，因此能引起接

受者的足够重视。梗概图给了我们进一步解释的空间，并可培养组织的知识创造精神。

②线图、图解。Garland 曾经将它定义为，以表示功能与关系为主要目的的可视化语言标识。具有可分析性的知识用线图表现的效果较好，用线图表现的知识也通常都是结构化、系统化的知识。

③图谱。这是一种生动的可视化展示形式，它通常由两个元素组成：背景层与个体元素。它既说明事物的全貌，又说明事物的细节以及细节之间的相互关系。

④影像。影像可以给人留下深刻印象、具有极强的表现能力，可以代表现实的真实情况。影像可以被瞬间抓住，并可存放数十年。当影像用于知识可视化的表达时，可以很快抓住受众的注意力，可以激发受众，表达情感，提高回忆水平，促进讨论。

⑤三维物体。

⑥交互可视化。这也是很多研究者和受众群体颇为迷恋的可视化形式。它让我们可以穿越时空地进行可视化交互合作，允许我们表示与开发复杂数据，并产生更为深刻的见解。

（4）受众类型模块

受众类型模块是研究可视化的目标用户。可视化的接受者通常有个人、组织、团体、人际网络。熟悉用户及其感知背景、认知程度，有助于我们选择合适的可视化形式。其实，这一模块是信息可视化研究者很少涉猎的领域。

第 四 章
知识计量学的应用研究

人应该在实践中证明自己思维的真理性。

——马克思

第一节　知识计量学在知识发现中的应用

一　知识发现

知识发现（Knowledge Discovery in Database，KDD）是从大规模数据集中挖掘出深层次知识的一个高级处理过程，它从数据集中识别出模式来表示知识。国内一般将知识发现跟数据挖掘不加区别地当作一个概念来对待。数据挖掘是人工智能领域的一个研究方向，又被称作数据库中的知识发现，其过程包含数据准备、数据挖掘、结果解释与表达这几个过程。数据挖掘可以通过数据仓库中的数据关联，运用在线分析处理（OLAP）、计算机程序、有关算法、数学模式等挖掘出数据背后隐含的知识内容。而Fayyad、Piatetssky、Smyth 等人则指出：知识发现是从数据库中发现知识的全部过程，而数据挖掘则是此全部过程的一个特定的关键性的步骤。我们比较认同 Fayyad、Piatetssky、Smyth 等人的观点，知识发现是一个完成知识的发现过程，基本可以代替数据挖掘的概念。至于知识计量学与知识发现的关系，我们认为，知识发现是知识计量学在具体实践中的一个应用方面，换言之，知识计量可以促进知识发现的进行以及提高知识发现的效率与水平。

二　基于知识元的知识抽取发现

前文中我们曾系统地论述过知识单元、知识元、知识关联、元知识等概念。知识元是知识控制的最小单位，并通过知识关联构成了知识单元。毫无疑问，知识元是知识计量学研究的一个重要方面，也是知识计量学区别于其他文献计量学、信息计量学、科学计量学等计量学科的一个重要标志。国内外的学术界一直在呼吁"三计学"必须深入至对知识内容的计量与分析，也对"三计学"仅仅停留在科学文献的表面上的计量研究状况大加挞伐，这一方面为知识计量学的产生提供了背景要求，也为知识计量学提出了对知识元研究的新的使命要求。知识元的抽取过程及其知识发现过程可以表述如下：

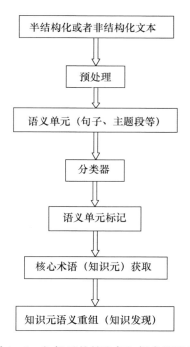

图4—1　知识元的抽取与知识发现流程

知识元的抽取与知识发现流程主要有 4 个步骤：数据预处理、语义单元分类、知识元获取、知识元重组。数据预处理主要完成对输入的非结构化自然语言文本进行分段、分句处理；机型分词和词性标注工作；通过上下文结构分析获取候选语义段等工作。语义单元分类是对数据预处理阶段获取的语义段落，运用语义分类器对其数量、程度、实体等进行描述，得到这些句子的语义类型，为下一步知识元的重组等作准备。知识元的获取要完成的工作是，将语义单元分类阶段输出的带有语义类型标记的语义段（语义单元）作为输入，获得其知识元（核心术语），即为该语义单元描述的主体内容，该步骤的实现通常可以借助概率论与数理统计知识计算每一个专业术语可能成为核心术语的概率，然后取概率较大的术语作为核心术语。最后，对核心知识元进行语义上的重组，从而发现有价值的知识与信息。

三 基于知识元的知识关联发现

（一）前序关系的知识关联发现

我们认为，知识元的关联发现也是知识发现的重要方面。很多知识发现的过程都是对知识元的关联进行挖掘而实现的。知识关联对知识内容的意义是重大的，正是知识关联才将知识单元或者知识元连贯起来，形成一个个具有内在逻辑性的知识纤维或者知识体系。因此对知识元的挖掘发现是很有意义的，也是一个很有意思的过程。在上一章中我们曾经论述过，知识关联，指明了知识元之间、知识单元之间关系、规则及其使用方法，也可以看作是知识元，但这种知识元又不同于通常所说的科学文献、数据库中的知识元，它说明了如何组织知识元，因此是"知识的知识"，可称之为元知识。我们将继续沿用这一理论说法，基于知识元的知识关联发现实质上就是元知识的发现过程。

前序关系的知识元是最容易建立某种联系的知识元，因此知识关联发现在很大程度上是对知识元的前序关系进行的分析，发现并定量研究关系的局部特征，分析数量关系背后隐藏的特殊含义。

（二）引文分析与知识关联发现

知识计量学引文分析方法就是对知识关联发现的一个重要而有效的研究工具与方法。同知识发现主要是针对大规模数据的数据挖掘一样，目前条件下的引文分析一般也是针对数据库进行的数据挖掘与发现，只不过这个数据库一般是引文数据库。从引文分析的定义来看，引文分析不仅仅是单纯运用数学、统计学、逻辑学方法的研究工具，而是综合运用计算机技术、网络技术进行大规模数据的采集、数据处理，并更多地借助控制论、系统论、信息论的思想与方法来研究期刊、论文、报告、专利等科学文献的引用与被引用想象，以及解释隐藏在信息与数据背后的规律的一种综合研究方法。研究工具不过是手段，引文分析最终是要揭示科学的引用与被引用现象并发现其内在规律。科学文献的引证关系本身就是一种知识关联现象，是一篇文献对另一篇文献、一位作者对另一位作者的知识关联。由此看来，引文分析的确是知识关联发现的一种有效工具。

　　我们还认为，在知识计量引文分析中对知识关联发现最负盛名的研究方法是引文分析中的双引分析，即科学文献的共被引与文献耦合。1973年，美国情报学家 Small 首次提出了文献共被引（Co-citation）的概念，作为测度文献间关系程度的一种研究方法①。因此，Small 提出文献共被引的初衷之一就是测度文献之间的关联程度。后来的学者又在 Small 的基础上发展了文献共被引，形成了作者共被引、期刊共被引等共被引理论与方法。而相对于文献共被引，文献耦合在知识关联发现方面可能揭示的是更为深层次的内容。文献的共被引，我们只要对文献的参考文献列表加以分析就可以发现其共被引现象；而文献耦合要做到这一点却较难，它要反复地对照 2 篇甚至多篇文献的引文列表（参考文献列表）才能发现文献的耦合规律。因此，文献耦合研究并不像文献共被引那样显而易见，这一方面可以说明文献耦合揭示的引证现象更为隐蔽，也为知识关联发现提供了有效的工具与方法；另一方面可能也是文献耦合自提出后，其研究一直滞后于文献共被引的原因之一，因为这无形中增加了操作上与实践上的难度。

第二节　知识计量学在知识创新中的应用

　　创新与创造在含义上是等同的。什么是创新？人们在科学、艺术、技术和各种实践活动领域中，产生具有经济价值、社会价值、生态价值的新思想、新理论、新方法和新产品的各种复杂的活动行为叫创新②。江泽民曾指出，"创新是一个民族进步的灵魂，是一个民族发展的不竭动力"。江泽民还指出，"我们要充分估量未来科学技术，特别是高技术发展对综合国力、社会经济结构和人民生活的巨大影响，以科学的态度和方法，认真对待新技术革命给我们的挑战和机遇"③。江泽民特别强调了我们要充分估量未来科学技术知识。知识计量学是以整个人类的知识体系以及知识

　　①　Small，H.．Cocitation in the scientific literature：A new measure of the relationship between two documents［J］．*Journal of the American Society for Information Science*，1973，24：265 – 269.

　　②　刘助柏、梁辰：《知识创新学》，机械工业出版社 2002 年版。

　　③　江泽民、李瑞环：《同政协科技界座谈共商加快发展我国科学事业大计》，《秦皇岛日报》1998 年 3 月 5 日。

活动为研究对象，可以说知识计量学为我们了解目前拥有的知识以及知识未来的发展提供了科学依据和方法论的支持。

一　知识计量评估创新的水平

当今世界的竞争归根到底是综合国力的竞争，实质上则是知识存量、人才素质和科学实力的竞争。我们需要客观地去评价我国所拥有的科技力量，努力去了解别国的科技发展水平以及研究进展，这样我们才能看得更远，正如科学家牛顿所言，"如果说我比别人看得远，那是由于我站在巨人们的肩上"。这形象地说明了知识的创造与创新需要借助以前积累的科学技术知识，巨人正是科技的象征，而知识计量学在这个知识创造过程中起到的重要作用是，它可以充分地估量这个巨人的高度与深度。

1997 年，加拿大蒙特利尔大学的 Robert 教授跟他领衔的研究团队一起完成了一份关于世界纳米科学技术研究领域的研究进展状况的计量分析报告，提交给了加拿大国家研究理事会（The National Research Council of Canada，NRC）。研究报告以加拿大 NRC 确定的 79 个纳兴科技关键词为依据，采用词频内容分析方法，既研究了国际视野下的纳米科技论文的产出，也分析了世界各国的纳米专利分布。报告的研究结果表明：20 世纪 90 年代世界纳米技术得以飞速发展，其中美国与日本是领跑者，加拿大的研究形势相对落后。报告中还显示，中国纳米科技的研究方向、论文产出、专利申请及纳米科学技术的主要研究机构等，大体勾勒出中国在世界范围内该领域的学术地位。8 年中出现频次较高的 50 个关键词所涉及的论文共计 25484 篇。对这 25484 篇论文按照国别进行分类统计，在论文最多的 10 个国家中，排名第一的是美国，共有 7927 篇，占世界纳米科技论文总量的 31.1%；日本有 3867 篇，占总量的 15.2%，位列第二。中国有 1020 篇论文，占总量的 4%，排名第七。进入前十的其他 7 个国家分别是德国、英国、俄罗斯、法国、意大利、瑞士和加拿大。报告还列出了 40 个出现频次最高的纳米科技关键词的国家分布。该报告还以美国专利数据库为数据来源，依据纳米科技关键词对有关纳米科技的专利进行了筛选分析。结果显示，美国和日本是拥有专利最多的两个国家，专利数量将诸国远远抛在了后面，涉及的技术也是最为广泛的，专利关键词词频也最高，各占词频总数的 59% 与 23%。其他 4 个专利较多的国家是德国、法国、英国和加拿大。报告还显示，在纳米科技领域中，中国专利数最多的技术领域与世界上专利最多的技术领域是一致的。

二　知识计量避免科学重复

知识计量学在知识创新中的另一个重要应用是，它可以避免知识研究的重复，保证知识创新的有效性。科学研究活动是一项纷繁复杂的智力劳动过程，其间要投入大量的人力、财力、物力。如果我们不能去充分地了解国内外的研究状况，而是去重复研究别人已经得出明确研究结论的课题，即使我们的推理论证过程无懈可击，得出了正确的结论也会变得毫无意义，同时造成了人、财、物的无谓浪费，提高了科学研究的机会成本。

三　知识计量促进知识交流

知识创新本身要求进行交流。一方面，由于学科的分工和个人的有限性使得每一个知识创新主体所掌握的知识都是不完备和分散的，根据汪丁丁的研究[①]，知识本身又具有互补性，使得进行知识创新必须进行知识交流和整合；另一方面，知识创新是知识生产与应用相互作用的结果，而当前知识生产与创新的主体是政府投资建立的大学和公益性科研机构，知识应用和技术创新的主体是企业，加强二者之间的协作、促进知识更好地创新需要进行有效、有序的知识交流[②]。

"创新理论"的开拓者美国经济学家熊彼特等人认为，创新归根到底是人的创新，人是创新的主体，是创新的实际实施者。隐性知识计量学正是主要以人为研究对象的知识计量，这可为知识计量提供新的发展动力。我们认为，人不仅是创新的主体，也是知识交流的主体。人的思维也是逻辑的、线性的，而知识创新是一种高度的创造性活动，强调知识的跳跃以及非逻辑或非线性的思维，如联想、灵感、顿悟等。一方面，一个人的认识水平总会受到自身经验、知识结构等方面的制约，通过与不同知识结构、不同学术背景的同行进行讨论、交流与合作，思维的广度和深度都会变化，从而能够打破线性思维产生创新的火花。另一方面，知识交流活动人员构成上的分散性，推动相关领域专家进行跨学科的联合，导致参与者之间知识的异质性、互补性突出，促进学科的交叉融合，为知识创新创造

---

①　汪丁丁：《知识沿时间和空间的互补性以及相关的经济学》，《经济研究》1997 年第 6 期。

②　刘琳：《高校学术交流中的知识共享和创新研究》，《南京理工大学学报》2018 年第 11 期。

了条件。

第三节　知识计量学在知识管理中的应用

一　知识计量增加知识服务的知识含量

文献知识服务是连接文献知识源与用户之间的桥梁与纽带，其目的是向用户提供他们所需要的各类文献知识信息，确保应有的知识效益和经济效益。文献知识服务的有效开展是以知识服务工作人员付出一定的智力与体力劳动作为前提条件，而且此条件是一个必要条件，否则知识的服务就会流于肤浅与低效。信息人员所付出的劳动价值最终在用户的知识利用与主体知识活动中得以体现。我国信息服务与用户学者胡昌平曾总结出文献信息服务的几个基本要求：信息资源开发的广泛性；服务的充分性；服务的及时性；服务的精练性；信息提供的准确性；服务收费的合理性。胡昌平还认为，其中"准确性"是文献信息服务的最基本的要求，不准确的信息对于用户来说，不仅没有益处，甚至是有害的，它将导致用户在执行决策上的失误，并造成进一步的损失。服务的准确性问题，一方面搜集的信息要准确有效，避免数据来源以及数据传递中的错误与失真；另一方面要对信息作出准确的判断，作出的结论要正确而可靠[①]。知识计量学是具体科学与数学紧密结合后的产物，正如马克思所言："一门学科只有真正运用到了数学的时候，才是真正发展了。"以数学的方式来计算、推理研究过程，并以数字的方式来呈现研究结论，向来是被学术界接受并推荐的方式，它以准确的数字来表现研究的具体方面，避免了研究中的模糊性和不确定性，增加了研究过程和研究结果的可信度。因此，我们认为，知识计量可以增加知识服务的知识含量。

二　知识计量促进知识共享

通常情况下，我们认为提高和促进知识共享的方式和手段有网格技术、知识发现与数据挖掘技术、内部网络技术、知识库技术、群件技术等技术因素。实际上，知识计量也可以促进知识共享，只不过这种促进作用并不像技术那样来得直接，常常是通过间接的方式作用于知识共享。为分

---

① 胡昌平、乔欢：《信息服务与用户》，武汉大学出版社 2001 年版。

析知识计量对知识共享的促进作用，我们就不得不先分析企业知识共享的内在动因[1]：

1. 最大程度地发挥其价值

不同于一般的物质资源的消耗性，知识越是共享，其发挥的价值就越高。它不会因为很多人的使用而出现折旧问题，不会降低其原有的价值。这就要求知识要共享。

2. 知识共享可以产生新的知识

所谓知识是经过人类主观或客观处理了的自然和社会信息，是人们对自然和社会形态与规律的认识与描述[2]。一旦知识由一方传递到另一方，另一方就可以发挥主观能动性对知识进行深层次的加工，从而产生出新的知识内容。

3. 知识共享可以实现企业绩效的指数化增长

安达信咨询公司曾经提出了一个在知识管理领域广受认可的公式：

$$K = (I + P)^S$$

K 为 Knowledge，I 为 Information， + 为 Technology，P 为 People，S 为 Share。

公式表明，组织的知识存量由一线几个因素来决定：组织内 People 指明了组织内拥有的各种技能和知识的员工数量；Information 指明了组织内所拥有的知识和信息的丰富程度；Technology 指明了整个组织内支撑知识创造、存储、传递的信息技术质量的优良度；Share 指明了使用信息技术来实现与促进员工之间的信息与知识能在多大程度上共享。例如 $(2 + 2)^2 = 16$，而 $(2 + 2)^3 = 64$，可以发现知识共享 2 次与 3 次后组织内知识存量会大大不同。

4. 知识不对称

知识不对称是指知识在知识主体中分布的不均衡现象，存在着知识差。知识主体包括个人、组织、地区、国家等。知识不对称是绝对的，世界上不存在任何两个知识量和知识结构上完全相同的知识主体。

从这 4 个方面分析，知识计量学可以有助于我们明确了解整个组织内拥有的各种技能与知识的员工数量；明确组织内存储的知识的丰富程度；

---

[1]　柯平：《知识管理学》，科学出版社 2007 年版。

[2]　娄策群：《信息管理学基础》，科学出版社 2005 年版。

评测实现共享的信息技术的优良程度。也就是说，公式中的几个变量无一不跟知识计量学有着密切的关系。知识计量学可以将这些变量因素精确地计算出来，有效地保证了知识共享的进行，有利于我们了解我们组织已经在多大程度上实现了知识共享，还需要在多高的水平上促进知识共享。知识不对称可以给知识主体带来竞争上的优势，使得知识共享难以进行。但是知识不对称和知识共享之间必然存在着某种协调机制，知识计量就是这种协调机制的一个因素，只要我们能够掌握并建立起这种协调机制，就能有效地在知识主体之间进行知识共享。

知识计量学能够明确组织内的核心知识资源。美国福特汽车公司第一代汽车金牛运营得很成功，但因为没有意识到这些数据的重要性，而加以妥善地保存、传递、共享，致使第二代团队无法找到第一代所累积下来的经验知识，唯有重新研发，这不仅浪费了重新研发的人力、财力、物力，最终因为找不到昔日的经验知识而功败垂成。在许多企业，关键岗位的员工的离职就意味着知识资本的流失。在国内有太多这样的案例，一些大公司的网络部，由于熟练的技术员离开公司而没有留下系统的重要资料和经验总结，新来员工上岗后不熟悉那些归类的文档，造成工作效率低下，无法独立有效地开展工作。如果我们发挥知识计量学的作用，将公司的知识资源准确地评测，确定核心资源，即使我们的保存成本有限，我们也可以有选择地保存组织内重要的核心知识资源，避免此类事情的发生。

三　知识计量指导用户利用科学文献

信息时代的到来，信息的爆炸与知识利用是一对很难调和的矛盾关系。如何在浩如烟海的知识海洋中，汲取所需的知识养分是每一个科研工作者和信息用户不得不深思的难题。大凡事物的分布都有某种内在的规律性，知识的分布也不例外，也同样有其规律性。研究知识具有规律性的时间与空间分布想象也是知识计量学的研究任务之一，便于我们了解知识的分布，并进一步有效地利用科学文献。知识计量学可以计算出知识的增长速度、最新的研究进展情况，有利于我们把握最新的技术情况。知识计量学可以指导我们进行文献资源建设，优化馆藏、动态馆藏维护。知识是有效用的，同一知识在不同的时间、对不同的用户效用都是不一样的，对某一用户是极有价值的知识，对于别的用户可能是一文不值；在某一时间价值很高的知识，在几年后可能会完全失去其效用，如专利文献。而文献情报部门的馆藏空间往往是有限的，必须考虑文献知识的价值性，尽量选择广大用户需求较高的文献知识予以收藏，并及时剔除过时老化的文献知识。以前图书馆的馆藏和服务一般都是凭经验进行的，即使有一点量的概念也是对馆藏文献外部特征简单统计的基础上形成的，知识计量学可以将这种量深入到文献的知识内容层面。期刊是目前学术界的重要知识载体，也是众多高等院校、科研机构晋升、评定职称的重要依据，也使得学者乐于将最新的知识成果见之于期刊。文献期刊极为繁荣，却是良莠不齐，同时出现了很多质量较差的期刊，一时为我们有效利用期刊造成了很多困扰。知识计量学深入至文献内部对期刊知识内容进行计量、评价，可以有效地评测期刊的质量，确定核心期刊有哪些，方便我们有效地利用文献期刊。

第四节　知识计量学在科学评价中的应用

一　知识计量学与人才评价

人才是国家的宝贵财富，国与国之间的综合国力的竞争，人才是关键。如何识别和评价人才是一个值得研究的重要课题。

早期对人才的评价经常采用的做法有：对科学成果的评议与鉴定，在科学活动中，科学文献与科学人才有着一定的内在联系，这是我们对科研成果进行人才评价的理论基础；定期考核；实践考验；举办各种竞赛活动；通过举办各种学术交流活动对投递的论文审查可以发现优秀论文，交流过程中的互动也可以来鉴定人才；各种学术期刊编辑部门可以通过对来稿的审查，发现具有创造才能、提出创新性理论方法的人才。这些方法普遍存在的一个缺点是定量分析的严重不足，往往是通过定性的方式进行的。因此，也容易造成非议，缺乏科学性和说服力。

引文分析为人才的定量分析提供了有效的定量化工具，为很多人才评价学者们所采用。加菲尔德曾经利用 SCI（科学引文索引）进行过三次大规模的人才评价过程。1977 年，加菲尔德通过 SCI 甄选出 1961—1975 年间的近 3 万条引文数据中的被引频次超过 4000 次的 250 位学者（仅仅考虑第一作者）。一般作者在 15 年内的平均被引频次为 50 次左右。统计结果表明，250 位作者当中获得诺贝尔奖的为 42 人，占总人数的 17%；有 151 位作者是院士出身，占总人数的 60%；其中 1/4 的院士为诺贝尔奖的获得者。加菲尔德的研究结果表明以引文分析方法来定量化地评价人才是可行的。

1978 年，加菲尔德使用 SCI（1961—1976）的期刊论文数据库，选出300 位科学家。这一次的特点是并不仅仅考虑第一作者，还同时考虑合著者，被选论文的平均被引频次为 5496 次。第一作者平均被引频次为 1794次，合著作者平均被引频次为 3702 次。结果显示，有 160 人是院士出身，占总数的一半；获得诺贝尔奖者 26 人，占总数的 8.66%；有 177 人、占总数的 59%获得过某种或者几种奖励。因此，在这 300 位科学家中既非院士又非得奖者很少。加菲尔德的统计又一次证明了以被引分析对人才评价的科学性与可靠性。

加菲尔德的第三次人才评价过程更为系统而全面。1981 年，加菲尔德以 SCI 1965—1978 年间的数据库的数据样本，选出包含合著者在内的科学家，算出其论文被引次数，再从中选出被引次数最多的 1000 位科学家，约占全世界百万科研人员的千分之一。据统计，14 年内，著者的平均被引频次为 3811 次。然后，通过函寄的方式调查这些科学家的基本信息。1000 名科学家 14 年内每人平均发文 121 篇，32 篇为用第一作者名义发表，89 篇为用合著者名义发表。平均被引频次为 3811 次，每年平均272 次。1000 位科学家中女性为 23 位，平均年龄为 53 岁，其中 42—61岁的占 77%，最年轻的为 33 岁（一般认为科学家发明的最佳年龄是 37岁）。1000 位科学家中获得诺贝尔奖的为 44 人。其中 378 位科学家为院士出身，其中 Woodward 有 12 个院士的荣誉。院士的平均年龄为 58 岁，非院士为 51 岁。将 1000 位科学家按照 38 种专业分类列出其论文被引频次、院士数量、诺贝尔奖得奖数、出生年月等情况，发现各学科之间的差别很大，人数最多的为物理学家、生物化学家、免疫学家、内分泌学家等。人才大多集中在各国著名单位中，越是著名的学府，拥有科学家人数越多；科学家人数与其国力有关，科学技术越是发达、国力越是强盛，所拥有的科学家数量越多，美国有 147 个单位，拥有 736 位科学家。1000位科学家的国别分布情况如表 4—1 所示。

表 4—1　　　　　　　　　千名科学家国别分布

国别	机构数（个）	科学家数（位）
美国	147	736

续表

国别	机构数（个）	科学家数（位）
英国	28	85
瑞典	6	42
法国	7	26
加拿大	9	23
德国	9	21
瑞士	10	13
澳大利亚	6	12
日本	8	11
以色列	4	10
丹麦	3	4
意大利	3	4
比利时	2	3
荷兰	3	3
阿根廷	1	1
捷克斯洛伐克	1	1
芬兰	1	1
匈牙利	1	1
挪威	1	1
西班牙	1	1
苏联	1	1

因此，从加菲尔德的三次统计来看，以引文分析法评选人才是可行的，在广泛调查的基础上以被引次数为依据来评选人才是恰当的，其结果比较符合客观实际。引文分析用于选聘人才、解决学术上的纠纷是有一定成效的。我们分析以引文分析中被引法进行人才评价之所以富有成效，是因为被引法实际上已经是对文献内容的评价，一位作者只有其科研成果被别人所接受认可，才会产生被引现象。这也是一种同行评议的过程，首先引证者对被引用者的文献知识内容进行审阅、评价，如果是引证者所能接受的或者他认为对其自身的研究有价值的，他才会去引证之，如果有更多的引证者行使引证行为，则证明该文献的知识内容极具价值。

另外，我们认为，知识计量学在人才评价方面不能停留在引文分析这种简洁的近似于同行评议的层面上，而应该更多地采取直接评价的方法。

以上章节中我们提到的人力资本的价值测度方法有：基于成本方法、基于预期收入方法、基于能力方法。人力资本的基于成本的测算方法类似于物质资本的成本测算方法；基于能力方法被认为是对人力资本测算最直接、最精确的测算方法。这三种方法都是人才的直接评价方法。

二 知识计量学与机构评价

在这里，所谓机构是指除了人之外，知识的主要的实体组织。它可以小到一个部门，大到一个企业、学校、城市、地区，甚至是国家。机构评价即是对可以承载知识的组织的评价。下面以国内的大学评价为例说明知识计量学应用于机构评价的实践状况。

武汉大学中国科学评价研究中心的研究人员每年都例行开展中国研究生教育竞争力评价工作，按 31 个省、自治区、直辖市，56 个研究生院、477 所高校、11 个学科门类、81 个一级学科和 373 个专业对国内有硕士点培养资格的大学的研究生教育竞争力进行综合评价，并提供一份全面、系统而深入的研究报告。表 4—2 为中心构建的主要指标体系。

表 4—2　　　　　　　　中国研究生教育评价指标体系[①]

一级指标	二级指标	三级指标
办学资源	学科点	重点学科
		硕士/博士点数
	研究基地	国家自科重点研究基地
		国家社科重点研究基地
	科研项目	国家自科基金项目数
		国家社科基金项目数
	科研经费	国家自科基金项目数
		国家社科基金项目数
	杰出科研队伍	国家创新研究群体（团体）
		杰出人才
		两院院士人数
		博士生导师数

---

① 邱均平等：《中国研究生教育评价报告（2010—2011）》，科学出版社 2010 年版。

续表

一级指标	二级指标	三级指标
教学与科研产出	研究人才培养	硕士、博士毕业生数
	论文	SCI、SSCI、A & HCI 收录论文
		EI、ISIP、ISSHP 收录论文
		CSTPC、CSSCI 收录论文
质量与学术影响	科研获奖	国家科技奖、教育部社科奖
	研究生获奖	全国百篇优秀博士论文
	论文质量	Science、Nature，ESI 顶尖论文
		SCI、SSCI、A & HCI 被引次数
		CSTPC、CSSCI 被引次数

　　根据这些指标，经过数据的采集（政府机构、科研机构、公开获取）、数据分析、数据计算，就可以得出我国大学的研究生教育的竞争力水平，2011 年前 100 强高校的排名及其得分情况如表 4—3 所示。

表 4—3　　　　2011 年中国高校研究生教育竞争力评价 100 强

2011 年排名	学校名称	总得分（100 分）	办学资源序	教学与科研产出序	质量与学术影响序	所在省区	省内序	学校类型
1	北京大学	100	1	5	1	京	1	综合
2	清华大学	89.93	6	1	2	京	2	理工
3	浙江大学	84.18	2	3	3	浙	1	综合
4	上海交通大学	63.04	4	2	4	沪	1	理工
5	南京大学	60.38	5	9	5	苏	1	综合
6	武汉大学	60.03	7	6	9	鄂	1	综合
7	复旦大学	59.35	3	13	7	沪	2	综合
8	吉林大学	54.1	11	14	6	吉	1	综合
9	华中科技大学	50.03	26	20	8	鄂	2	理工
10	四川大学	48.9	15	32	10	川	1	综合
11	中山大学	45.99	17	18	11	粤	1	综合
12	山东大学	42.2	29	22	12	鲁	1	综合

2011年排名	学校名称	总得分（100分）	办学资源序	教学与科研产出序	质量与学术影响序	所在省区	省内序	学校类型
13	南开大学	39.93	12	21	13	津	1	综合
14	哈尔滨工业大学	38.32	9	7	14	黑	1	理工
15	北京师范大学	38.3	8	24	15	京	3	师范
16	西安交通大学	38.12	13	34	16	陕	1	理工
17	中国人民大学	37.18	16	12	17	京	4	文法
18	中国科学技术大学	35.51	24	4	18	皖	1	理工
19	中南大学	35.34	10	40	19	湘	1	理工
20	天津大学	34.65	28	11	20	津	2	理工
21	厦门大学	33.9	46	41	21	闽	1	综合
22	东南大学	32.33	20	8	22	苏	2	理工
23	同济大学	30.72	32	17	23	沪	3	理工
24	华东师范大学	29.42	14	35	24	沪	4	师范
25	大连理工大学	28.72	23	19	25	辽	1	理工
26	华南理工大学	27.58	40	38	26	粤	2	理工
27	湖南大学	26.36	18	46	27	湘	2	理工
28	北京航空航天大学	25.19	19	15	28	京	5	理工
29	西北工业大学	22.98	27	63	29	陕	2	理工
30	重庆大学	22.82	22	62	30	渝	1	理工
31	兰州大学	22.23	150	175	31	甘	1	综合
32	武汉理工大学	21.61	162	66	32	鄂	3	理工
33	苏州大学	21.24	21	28	33	苏	3	综合
34	北京理工大学	19.35	285	119	34	京	6	理工
35	中国农业大学	19.29	120	73	35	京	7	农林
36	上海大学	18.97	39	75	36	沪	5	综合
37	西南大学	18.48	280	246	37	渝	2	综合
38	华中师范大学	18.19	42	45	38	鄂	4	师范
39	郑州大学	17.83	161	226	39	豫	1	综合
40	华东理工大学	17.31	52	10	40	沪	6	理工
41	东北大学	17.13	232	296	41	辽	2	理工

续表

2011 年排名	学校名称	总得分（100 分）	办学资源序	教学与科研产出序	质量与学术影响序	所在省区	省内序	学校类型
42	北京科技大学	17.04	75	58	42	京	8	理工
43	南京航空航天大学	16.9	362	435	43	苏	4	理工
44	东北师范大学	16.2	25	16	44	吉	2	师范
45	湖南师范大学	15.37	41	39	45	湘	3	师范
46	南京师范大学	14.97	37	23	46	苏	5	师范
47	南京理工大学	14.51	57	60	47	苏	6	理工
48	电子科技大学	14.26	34	48	48	川	2	理工
49	南京农业大学	14.14	33	55	49	苏	7	农林
50	华中农业大学	14.04	45	25	50	鄂	5	农林
51	中国海洋大学	13.88	56	30	51	鲁	2	理工
52	中国地质大学	13.85	54	80	52	鄂	6	理工
53	北京交通大学	13.81	77	61	53	京	9	理工
54	西南交通大学	13.61	49	36	54	川	3	理工
55	暨南大学	13.5	61	51	55	粤	3	综合
56	西北大学	13.03	68	59	56	陕	3	综合
57	西北农林科技大学	12.99	35	76	57	陕	4	农林
58	华南师范大学	12.95	71	43	58	粤	4	师范
59	云南大学	12.31	31	88	59	滇	1	综合
60	西安电子科技大学	11.63	43	79	60	陕	5	理工
61	河海大学	11.61	47	26	61	苏	8	理工
62	山西大学	11.46	36	64	62	晋	1	综合
63	福建师范大学	11.29	58	27	63	闽	2	师范
64	中国矿业大学	11.29	87	77	64	苏	9	理工
65	首都医科大学	11.24	93	52	65	京	10	医药
66	中南财经政法大学	11.18	114	71	66	鄂	7	文法
67	陕西师范大学	11.17	67	57	67	陕	6	师范
68	北京工业大学	10.89	59	42	68	京	11	理工
69	江南大学	10.85	88	67	69	苏	10	综合
70	河南大学	10.7	176	129	70	豫	2	综合

2011 年排名	学校名称	总得分（100 分）	办学资源序	教学与科研产出序	质量与学术影响序	所在省区	省内序	学校类型
71	北京化工大学	10.68	69	109	71	京	12	理工
72	中国石油大学	10.56	74	31	72	鲁	3	理工
73	湘潭大学	10.52	62	195	73	湘	4	综合
74	首都师范大学	10.47	140	53	74	京	13	师范
75	哈尔滨工程大学	10.4	112	83	75	黑	2	理工
76	扬州大学	10.23	76	72	76	苏	11	综合
77	合肥工业大学	9.94	53	84	77	皖	2	理工
78	安徽大学	9.88	94	81	78	皖	3	综合
79	燕山大学	9.7	60	33	79	冀	1	理工
80	南昌大学	9.46	51	115	80	赣	1	综合
81	江苏大学	9.42	96	44	81	苏	12	综合
82	北京邮电大学	9.41	83	50	82	京	14	理工
83	东华大学	9.32	91	89	83	沪	7	理工
84	华南农业大学	9.11	55	100	84	粤	5	农林
85	上海财经大学	8.79	128	110	85	沪	8	文法
86	南京医科大学	8.74	82	99	86	苏	13	医药
87	南方医科大学	8.72	73	105	87	粤	6	医药
88	福州大学	8.67	170	69	88	闽	3	综合
89	西北师范大学	8.64	95	54	89	甘	2	师范
90	东北财经大学	8.54	182	155	90	辽	3	文法
91	中国医科大学	8.38	118	143	91	辽	4	医药
92	黑龙江大学	7.9	122	127	92	黑	3	综合
93	上海师范大学	7.88	44	74	93	沪	9	师范
94	中国政法大学	7.86	107	121	94	京	15	文法
95	河北大学	7.74	84	111	95	冀	2	综合
96	安徽师范大学	7.7	63	93	96	皖	4	师范
97	辽宁大学	7.62	106	101	97	辽	5	综合
98	昆明理工大学	7.61	50	95	98	滇	2	理工
99	西南财经大学	7.58	102	85	99	川	4	文法
100	广西大学	7.46	38	169	100	桂	1	综合

该榜单列出了中国高校研究生教育竞争力评价结果的前 100 名，还列出了高校所属的省份以及省内排名、学校类型。总得分决定了最终的名次，总得分由办学资源、教学与科研产出、质量与学术影响计算而得出。需要指出的是这三个指标的数值不是高校的得分，而是它们的名次；而且可以观察到，三个指标的值中都有超过 100 的数值，它们的名次是 477 所高校的排名结果。

三　知识计量学与区域评价

在区域评价中，最关键的是要构建科学评价指标体系，匈牙利著名情报学家布劳温在这方面有过开创性的研究。布劳温选了世界上除去美国、苏联、德国、法国、日本这 5 个尤为发达的国家的其他 32 个国家的自然科学文献，并进行比较分析，概略地提出了一种机构的评价指标体系。布劳温定义了 12 项计量指标：

- 第一作者人数
- 论文的学科分布
- 论文数量
- 未被引证过的论文数量
- 未被引证过的论文所占的百分比
- 高被引论文的数量
- 高被引论文所占的百分比
- 实际引文率
- 期望引文率
- 相对引文率
- 平均引文率（影响因子）
- 平均影响因子

继布劳温的研究之后，舒伯特（Schubert）等人根据 SCI 统计数据对世界范围内的 96 个国家的 114 种主要学科专业的水平以及在世界上的地位进行评价，利用计量学指标体系反映 1981—1985 年间世界各国及地区科学活动的水平和文献交流的状况。舒伯特的计量指标主要包含科技文献的出版量、引证以及被引证的绝对数量和各种相对数量。

- 文献出版量
- 出版份额

- 引文数量
- 引文份额
- 期望引文率
- 实际引文率
- 相对引文率
- 发文指数

$$发文指数 = \frac{某国在给定领域发表的论文量占世界论文总量的份额}{该国在全部科研领域发表的论文量占世界论文量的份额}$$

- 引文指数

$$引文指数 = \frac{某国在给定领域发表的引文量占世界引文总量的份额}{该国在全部领域内的引文量占世界引文总量的份额}$$

第五节　知识计量学在科技管理中的应用

一　知识计量学与科学研究

科学研究是一个动态复杂的智力劳动活动，大多数的科学研究活动都存在着一个将隐性知识显性化的阶段，即科学研究的最终结果一般要形成一定的科学文献，记载科学研究的过程以及相应的研究结论。知识计量学与科学研究的密切活动在以下几个方面有所体现：

1. 研究科学发展的特点

- 科学发展的速度
- 科学发展的继承特点
- 科学发展的阶段性
- 学科的交叉影响
- 科学发展的转移
- 科学共同体的集体性

2. 研究科学结构

从系统论角度上讲，科学即为一个系统，其结构具有层次性和动态性。著名科学学家贝尔纳说过："科学研究每进一步，都要重新确立科学结构的模式。"科学技术的每一次突破，如计算机、基因工程等，都会对各种学科产生或多或少的影响，而对其内部结构的重组作用就会悄然发生。而科学研究又可以分为静态结构和动态结构。静态结构是某一时间的科学文献呈现的结构状况；而动态结构是在静态结构基础上形成的，通常选取一定的范围或者两个时间点的文献信息进行综合比对或者前后比对来探析学科的知识结构。

3. 研究科技史

我们认为，每一篇论文都是科学进展中的一个问题，如果该论文被反复引用，则说明该问题是该领域的关键问题。一篇篇的论文按照时间排列开来就可以形成一个学科的时序图；使用箭头来表示科学文献的相互引证关系可以绘制科学的历史图。

4. 研究科技政策

科学家的分布、科学生产效率的测度都可以为科技政策提供依据。普赖斯在统计世界各国科学家人数时发现，1967 年世界科学家的 90% 居住在世界上最发达的 14 个国家；最发达的 40 个国家的科学家人数占世界科学家总数的 99%。因此普赖斯的结论为，科学家的分布与一个国家的发达程度有着密切关系。英哈伯（Inhaber）按照人口多少将世界上的城市分为 5 类，然后统计各类城市每 1000 人中有多少个科学家。结果表明，科学家大都集中在各大城市中。因此，他提出了在一个国家的科学家在地理位置分布上应该怎样才算合理的重大政策性问题。

二 知识计量学与期刊管理

知识计量学与期刊有着密切的关系。期刊是知识的重要载体之一，很多最新的研究成果都是最先在期刊上发表，期刊成为众多学者获取知识、发布知识的重要媒介和渠道。期刊也成为很多部门职位晋升、职称评定、人才评价的重要依据，对期刊进行有效的管理是必要的。知识计量学可以为期刊管理提供新的思路，我们认为，知识管理在期刊管理中最重要的应用价值是在其期刊评价中的应用。图 4—2 是我们从知识计量学的角度构建的基于网络出版的电子期刊评价指标体系。

在研究中，按照图中的步骤由整体到细节、由理论到实践去执行。方括号中的内容为各步骤所要进行的主要方面以及面临的关键性技术问题。需要说明的是，第三步"评价指标体系构建"是基于分类评价、分类构建的思想，这是由电子期刊的特殊属性决定的。对于电子期刊的定义，通常认为是以连续方式出版、以数字化形式存在，并通过网络媒体发行的期刊。因此，从电子期刊的载体存在形态来说，包括两种形式：一种是编辑、发行、订购、阅览的全过程都在网络中进行无镜像纸本的纯网络电子期刊；另一种是将纸本期刊数字化并上网的电子期刊。这两种形式的电子期刊有着各自不同的特点，如果用单一的评价指标体系去评价，显然是不合理的。这就涉及对指标体系进行重新整合，增加或删除个别指标，选取一定的数据样本进行因子分析重新构造指标因子，针对期刊的特点进行指标权重的重新分配等。而这种分类评价、分类构建的思想同样要体现在"实践应用"中"基于网络出版的电子期刊评价系统"的研制上。以主成分分析方法萃取传统评价指标，不仅避免了指标的重复与冲突，精简了纷繁复杂的指标体系，也是对评价指标的深入分析总结的一个过程，减少了很多人为的主观因素的干扰。

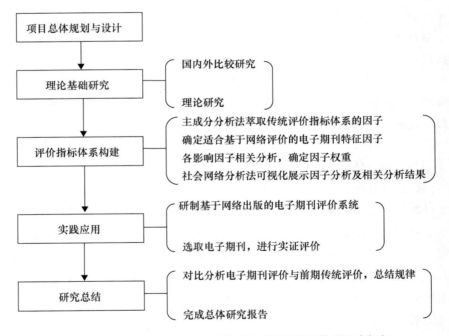

图 4—2　基于网络出版的电子期刊权威评价指标体系研究框架

三　知识计量学与科技预测

科技预测是根据预测学的基本原理以及科技发现的现状，对科技未来的发展趋势以及对社会可能造成的影响进行分析，并进一步得出预测性的结论。科技预测的方法有很多，如德尔菲法、类推法、平滑曲线法、趋势外推法、决策树法、回归分析法。这些方法可以划分为三类：定性分析方法、定量分析方法和综合方法。知识计量学是一种新涌现的对科技预测的方法，知识计量学应用于科技预测的基本的原理是：

科技预测的进行要通过对历史的、现在的文献大量掌握的基础上，对文献进行外在特征与内部结构的深入分析，揭示科技领域发展的内在规律性，并根据这种规律性对未来可能出现的发展趋势进行分析预测。一个学科的发展通常要经过诞生、发展、成熟、分化这几个过程。在学科的诞生之初，往往只有少数的几篇文献，其内容是对学科概念、定义等基本问题的辨析与讨论。当学科一部分被承认，并开始展开研究的时候，学科就进入到一个发展时期，文献数量呈现步步增长趋势，对相关问题的探讨也开始深入细致，已经颇具一定的深度。随着所探讨的内容日渐完善，学科进入到一个成熟时期，此时的文献增长速度明显减缓，增长线不再陡峭，而是趋于平缓，所发表的文献内容更多是面向学科应用方面。学科成熟后，因其理论方法以及应用的准确、完整，就往往会孕育出新的分支学科，为自身学科发展提供新的动力。这种联系正是我们运用知识计量学来进行科技预测的基本依据。另外，科学技术的迅速发展，尤其是计算机网络技术与通信技术的发展，学科之间的交叉渗透、相互影响关系日益深刻，这也可成为我们进行学科预测的重要依据。知识计量学对科技的预测主要体现在以下几个方面：

（1）科学预测。从宏观层次上对整个科学体系进行分析预测。分析学科的发展、演化、未来趋势；预测学科的未来发展前景，可能出现的分支学科以及边缘学科；学科与其他学科之间的交叉渗透、相互影响关系，既包含本学科对其他学科的影响，也包含其他学科对本学科的影响。

（2）技术预测。是技术的未来发展的预测。预测某些重大技术领域的发展前景，可能出现的技术发明、新材料、新工艺、新设备和新方法，预测新技术的应用领域。知识计量学的专利分析在此方面有较大的应用价值。专利文献是各种具有应用价值的技术发明的实际记录，它包含相当丰富的技术信息。据统计，大约90%—95%的世界技术发明记载在专利文献上。专利数据库囊括了世界范围内尽可能多的重大技术发明，并按时间顺序组织起来。还有人分析过，世界上80%—95%的专利文献信息是通过其他技术文献所无法获取的。另外，更重要的是，专利文献不仅告诉我们关于某一项专利技术的新发明或其改进，而且还蕴藏着大量的技术动向和经济信息。如果将专利文献库中专利文献的数量、增长、结构、引证等现象进行分析，以及对专利文献重组，可以从中得到很多有价值的结论，并以此对某些专利技术进行评价和预测。

（3）科技事业预测。关于科技事业未来发展前景的预测。主要预测科研体制、科技队伍、科技图书、信息资料、科学交流、技术引进、技术共享、技术专业等的发展前景。

（4）科学技术对社会、经济影响的预测。社会的进步、经济的发展在很大程度上依赖于科学技术的发展。科学技术知识是人类整个知识体系的重要组成部分，以人类整个知识体系作为研究对象的知识计量在一定程度上可以预测科学技术对社会、经济的影响。

第 五 章
知识域可视化研究

一张图片胜过千言万语。

——西方新闻传播界

当信息可视化发展到一定阶段后，催生了知识可视化这个新的研究领域。信息可视化为知识可视化提供了有力的可视化载体，让知识的表达与流动顺畅无比，也让知识可视化的发展如火如荼。而在广袤的知识可视化研究领域一直有一部分学者坚持探讨科学知识的发展进程及其结构关系，并予以可视化呈现。国外的学者通常称作是"Mapping Knowledge Domain"或者"Knowledge Domain Visualization"；国内以大连理工大学 WISE LAB为研究主体，专门从事科学知识图谱研究的专家学者，采用的也是类似的研究方法、研究过程以及研究目的。因此，一个专注于探讨学科知识领域的研究进展以及学科知识结构的研究领域——知识域可视化正在从知识可视化中悄然形成，俨然已经成为一个独立的分支方向。知识域可视化本身就是对知识的计量，是深入至知识单元、知识元的知识计量。至于它跟知识计量学的关系，这取决于知识域可视化的学科地位。如果它仅仅是作为一种方法的姿态而存在，它可以成为知识计量学的一种特征研究方法，正如网络链接分析之于网络计量学、引文分析之于信息计量学；如果把它当作是一个研究领域，可以把它视作是知识计量学的具体的实践应用。

第一节　知识域可视化的概念

一　知识域

为较好地理解知识域可视化，有必要对知识域的概念有所了解。知识域通常被理解为知识领域，知识领域可以是一个一级学科、二级学科、三级学科，甚至可以仅仅是一个技术领域。但是，其他学科的学者对知识域有不同的理解。艺术学有人将知识域理解为"教学中传授的全部知识内容，包含两个部分：教学的常设知识部分、信息部分"①。经济学领域有人认为知识域是在知识的经济价值转化过程中，不同形态的同质知识与异质知识，由于表现出不同的价值差异性而重新整合从而形成的一种知识的群聚②。我们认为，与可视化结合在一起的所谓的知识域是一般意义上的知识域，即学科知识领域。

二　知识域可视化

国内外的相关研究人员都对知识域可视化的概念进行过阐述。知识域可视化国际学术研讨会（The International Symposium on Knowledge Domain Visualization）对知识域可视化做出的定义是：使用可视化技术用直觉的方式表示领域知识结构关系及其发展进程的方法；其目的是通过多种可视化思维、可视化发现、可视化探索和可视化分析技术来揭示一个知识域的动态发展，并从中发现模式。国内信息可视化专家周宁教授则认为，知识可视化就是从知识单元中抽取结构模式并将这些结构模式在二维或者三维知识空间表示出来的技术，即对某一知识领域的智力结构进行可视化③。我们认为，没有必要再重新对知识可视化进行定义，因为并没有存在太多的争议之处，我们只需要明确以下几点内容：

（1）知识域可视化的研究对象是领域知识。目前主要表现为科学文献、专利等。

（2）知识域可视化的研究过程一般是针对科学知识的知识单元或者知识元进行提取、分析，并经常研究将知识元串联起来的知识关联。

（3）知识域可视化的研究结果是有较强的学术价值和实践指导意义的结论，并经常伴以二维或者三维的科学知识图谱来揭示问题的本质。

（4）知识域可视化的研究目的是探讨某一学科或者知识领域的学科结构、发展历程、学科演进、技术突破等。

---

① 焦应奇：《知识域概念和专业知识板块的划分与设计》，《美术观察》2001 年第 9 期。

② 高政利、梁工谦：《价值性差异、知识域结构与知识计量研究》，《科学学研究》2009 年第 6 期。

③ 周宁、张李义等：《信息资源可视化模型与方法》，科学出版社 2008 年版。

第二节　知识域可视化的方法

一　知识域可视化研究框架

知识域可视化的研究框架结构，如图5—1所示。首先我们要获取数据，目前获取数据主要有两种方法：①直接从数据库中或者网络上下载数据，一般的数据库都提供数据的下载功能，如 SCI、SSCI、CSSCI 等；②当从数据库中或者网络上无法下载数据，或者下载的数据并不是我们需要的，抑或下载数据更加费时费力的时候，我们往往就要采取直接从数据库或者网络中检索所要的数据。在本章的实证研究部分，我们会分别根据这两种获取数据的方法依次进行实验论证。

数据搜集完毕后，我们就要对数据进行清洗、提取、计量、分析、统计等研究工作，这一过程将实现纷杂数据的有序化、结构化，形成结构数据信息。在这一步我们就要选择需要研究的分析单元，知识域可视化的研究一般是要选取知识单元或者知识元的。在这一点上它跟知识可视化不同，知识可视化被局限于仅仅选择小的知识单元，而知识域可视化一般选择知识单元或者知识元来代表数据，通常会选择文献题名、关键词、引文、主题词、作者、概念、术语等分析单元，因为这些都是作者对文献的高度提炼与浓缩的结果，可以在很大程度上表示文献所要论述的主要知识内容。

另外，这一步还要完成的重要工作是对知识单元或者知识元之间的关系进行深入挖掘，也就是选择分析单元的知识关联。因此我们要研究对象数据集的内部特点（语义结构、链接关系、引证关系），研究提取的结构化信息、上下文信息、元知识、语义信息，从而形成一个相互关联的数据空间结构，即高维数据结构。高维数据结构的形成需要对知识单元、知识元之间的关系及其强度进行揭示，目前采用的方法主要是引文分析法、共词分析法等。

接下来要对高维数据进行降维处理，降为人可以感受的、认知度较高的二维或者三维数据，这一过程在可视化领域叫做可视化映射。目前的降维过程通常是采用一些降维算法来实现的，如聚类算法、主成分分析（Principal Component Analysis，PCA）、因子分析（Factor Analysis，FA）、多维尺度分析（Multidimensional Scaling，MDS）。所幸的是，很多降维算法已经集成到各种软件中，如 SPSS。我们不必去深究这些高深复杂的算法，只需要知道这些算法的基本原理以及软件的具体使用即可。

最后，将降维后的数据进行可视化展示。选择何种可视化形式，可以根据具体的研究情况来定。

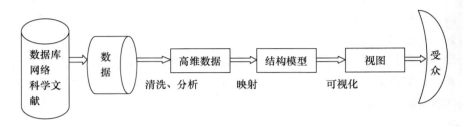

图 5—1　知识域可视化研究框架

二　共被引方法

（一）文献共被引

1973 年，美国情报学家 Small 首次提出了文献共被引（Co-citation）的概念，作为测度文献间关系程度的一种研究方法①。与 Small 在同一时间提出该理念的还有苏联情报学家 Marshakova②。当两篇文献同时出现在第三篇文献的引文中时，就认为这两篇文献建立了共被引关系；它们共同出现的次数就被定义为共被引频次。

Small 把共被引关系主要看作是更详细地设计一个在科学领域内重要概念（思想）之间关系的一种方法，从而得出了模拟科学专业结构的更真实的方法。著名情报学家埃格赫与鲁索在《情报学计量学引论》中为共被引分析方法建立了两条准则③：①如果同一共被引相关群的每一篇论文至少与某一篇给定的论文共被引一次，那么这几篇论文就构成了一个共被引相关群。②如果一共被引相关群的每一篇论文与该群中的每一篇其他论文（至少一次）共被引，那么这几篇论文就构成了一个共被引相关群。

---

① Small, H. . Cocitation in the scientific literature：A new measure of the relationship between two documents ［J］. *Journal of the American Society for Information Science*，1973，24：265 - 269.

② Marshakova, S. I. . System of document connections based on references ［J］. *Nauch Techn Inform*，Ser. 2 ，1973（6）：3 - 8.

③ 埃格赫、鲁索：《情报计量学引论》，田苍林、葛赵青泽，科学技术出版社 1992 年版。

因此，文献共被引的结果必然是文献的聚类，每一个聚类中文献通常有较高的共被引频次，体现了较高的相关度，往往能够反映某一个主题范围的内容，Small 在 1974 年的一项研究中将这些小的聚类（共被引网络中的子网络）解释为科学专业或者分支专业。在目前的研究状况下，我们还可以将这些科学专业或者分支专业称为知识域。当我们以可视化的方式呈现的时候，在可视化图谱（网络图谱、科学知识图谱等）中就会表现为，由点（代表着一篇篇的文献）聚集而成的类群，这些类群就是 Small 所示的科学专业（分支专业），也是我们所说的子知识域，再由这些类群串联而成整个大的科学专业或者知识域（即我们的研究对象）。图 5—2 为侯海燕等人根据文献共被引方法作出的一张知识图谱。

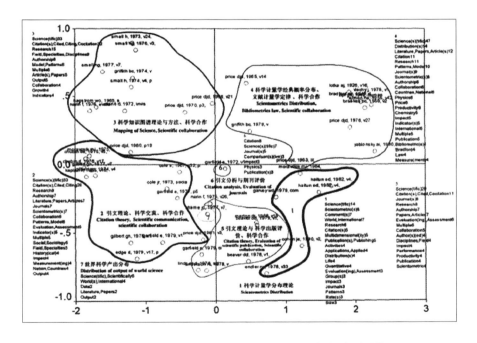

图 5—2　1978—1986 年科学计量学主流知识领域图谱①

① 侯海燕：《基于知识图谱的科学计量学进展研究》，大连理工大学博士学位论文，2006年。

（二）作者共被引

1981 年 White 与 Griffith 将文献共被引拓展至作者层面，即形成了作者共被引分析（Author Co-citation Analysis，ACA）的研究方法①。当两位作者同时出现在同一篇文献的引文列表中，这两位作者就被认定是作者共被引，ACA 采取作者作为分析单元，使用共被引次数来测度代表作者的全部文献之间的关系，并运用多元统计分析方法如聚类分析、因子分析等探测由这些文献代表的研究领域的知识结构。共被引理论的创始人 Small 曾高度评价作者共被引：作者共被引是一种特别的共被引分析类型，在分析中，一系列数据项（作者）被选择代表一个知识领域，可以最大程度地代表一个学科领域，并尽可能细致地展示知识领域的专业分支②。

众多学者对 ACA 进行过专门的研究，Persson、Schneider、Eom 对共被引作者的排序问题进行了研究，如共被引中存在着第一作者共被引、全部作者共被引③④⑤；Ahlgren、White 等研究过共被引矩阵（矩阵对角线如何设定、矩阵是否需要转化、如何转化）⑥⑦；Rousseau 等研究过共被引强度计算方法⑧。以上研究是对 ACA 方法本身的研究与改进，可以说，这

①　White，H. D.，Griffith，B. C.. Author cocitation：A literature measure of intellectual structure. ［J］. *Journal of the American Society for Information Science*，1981，32：163 – 171.

②　Small，H.. Visualizing science by citation mapping ［J］. *Journal of the American Society for Information Science*，1999，50：799 – 813.

③　Persson，O.. All author citations versus first author citations. ［J］. *Scientometrics*，2001，50（2）：339 – 344.

④　Schneider，J. W.，Larssen，B.，Ingwersen，P.. *Comparative study between first and all-author co-citation analysis based on citation indexes generated from XML data* ［C］//In Proceedings of the eleventh international conference of the International Society for Scientometrics and Informetrics，2007：696 – 707.

⑤　Eom，S.. All author cocitation analysis and first author cocitation analysis：A comparative empirical investigation ［J］. *Journal of Informetrics*，2008，2：53 – 64.

⑥　Ahlgren，P.，Jarneving，B.，Rousseau，R.. Requirements for a cocitation similarity measure，with special reference to Pearson's correlation coefficient ［J］. *Journal of the American Society for Information Science and Technology*，2003，54：550 – 560.

⑦　White，H. D.. Author cocitation analysis and Pearson's ［J］. *Journal of the American Society for Information Science and Technology*，2003，54：1250 – 1259.

⑧　Rousseau，R.，Zuccala，A.. A classification of author co-citations：Definitions and search strategies ［J］. *Journal of the American Society for Information Science and Technology*，2004，55（6）：513 – 629.

些研究繁荣了共被引的理论与方法，促进了其学科发展，并使得 ACA 作为一种分析方法日渐成熟。而真正把作者共被引作为一种方法体现其应用价值的是将 ACA 应用于某一科学领域进行领域探测并予以可视化呈现，如 Pamelaia 曾将 ACA 应用于社会生态学领域①、Chen 应用于数字图书馆②等。在这些研究中，做得最为彻底的可能是图书情报领域的学者 White 与 McCain 的研究。他们以选取情报科学领域的 12 种核心期刊，从 DIALOG 数据库中搜集了作者共被引数据，他们将作者的全部文献作为分析对象，以因子分析与多维尺度分析来可视化显示其学科结构③。图 5—3 为 White 与 McCain 绘制的情报学被引前 100 位作者的共被引图谱，并发现这 100 位作者将情报学划分为"文献人"与"检索人"两大阵营（图中虚线为分界线），这是情报学向来就存在着的很难融合在一起的两大阵营。

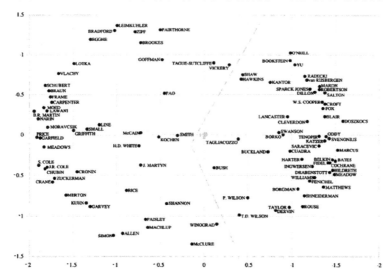

图5—3　情报科学（1988—1995）100 位作者的共被引图谱

①　Pamelaia E. S.. Schlarly communication as a socioecological system ［J］. *Scientometrics*，2001，51（3）：573 – 605.

②　Chen C. M.. Visualizing semantic spaces and author co-citation networks in digital libraries ［J］. *Information Processing & Management*，1999，35（3）：401 – 420.

③　White，H. D.，McCain，K. W.. Visualizing a discipline：An author cocitation analysis of information science，1972 – 1995 ［J］. *Journal of the American Society for Information Science*，1998，49：327 – 355.

McCain 曾在 1990 年将 ACA 归纳为 6 个基本步骤，以后的 ACA 研究者大都遵循这几步。我们认为，这实际上就是 ACA 方法在知识域可视化中应用的几个步骤：

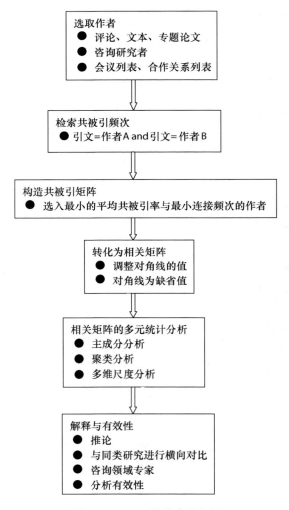

图 5—4　ACA 的基本流程图

（三）期刊共被引

期刊共被引分析是在文献共被引分析与作者共被引分析的基础上提出的一种分析方法，它可以用于揭示不同期刊之间相互渗透、彼此依赖的相互影响关系。赵党志认为，期刊共被引分析不但是研究学科和文献的结构与特点的一种有效方法，而且在揭示学科的整体结构以及期刊的专业性质和特点方面有独到之处①。从文献共被引与作者共被引中，我们不难得出期刊共被引的基本思想：当两种期刊同时被第三种期刊中的一篇或者多篇论文引用时，这两种期刊就建立了共被引关系，它们共同出现的次数即为二者的共被引频次，共被引频次的高低则说明期刊之间的或近或远的关系。与文献共被引和作者共被引相比，期刊共被引的研究相对较少。目前关于期刊共被引分析的研究论文基本也是采取与作者共被引相同的步骤，如 Hu②、邱均平③、岳洪江④等人。不同的是，期刊共被引分析以期刊作为基本分析单元，揭示的是学科期刊之间的关系，反映的是期刊在学科关系以及专业上的联系，经常发生共被引关系的期刊往往具有相同的学科属性；而在一个学科内的期刊如果经常产生共被引现象，则可说明这些期刊在该学科内具有相同或者相近的专业性质。

图 5—5 为图书情报学的期刊共被引图谱。将图书情报学领域的期刊分为 4 个类群：①JAL（大学图书馆学报）、LI（图书与情报）、LJ（图书馆杂志）、JNLC（国家图书馆学刊）、NCL（新世纪图书馆）、LD（图书馆建设）、LTP（图书馆理论与实践）、RLS（图书馆学研究）；②LT（图书馆论坛）、LWS（图书馆工作与研究）、LWCU（高校图书馆工作）、LW（图书馆界）、JCSSTI（大学图书情报学刊）、MI（现代情报）、IR（情报探索）；③JALIS（情报学报）、ISTA（情报理论实践）；④NTLIS（现代图书情报技术）、JI（情报杂志）、IS（情报科学）、JLSC（中国图书馆学报）、LIS（图书情报工作）、DIK（图书情报知识）、IDS（情报资料工作）。可以看出，聚在一起的期刊一般都是具有相同专业性质的期刊，而同一专业性质的期刊重新地聚合显示了期刊在偏重于专业领域的某一方面的研究，如理论、技术、实证、应用等。另外，不同类群在图谱不同位置也显示了它们不同的学科地位及其学科作用。

---

① 赵党志：《期刊共被引分析——研究学科及其期刊结构与特点的一种方法》，《中国科技期刊研究》1993 年第 2 期。

② Hu，C. P．，Hu，J. M．，Gao Y．，Zhang Y. K．. A journal co – citation analysis of library and information science in China ［J］. *Scientometrics*，2011，86（3）：657 – 670.

③ 邱均平、赵为华：《期刊同被引的实证计量研究》，《情报科学》2008 年第 10 期。

④ 岳洪江、刘思峰：《管理科学期刊同被引网络结构分析》，《情报学报》2008 年第 3 期。

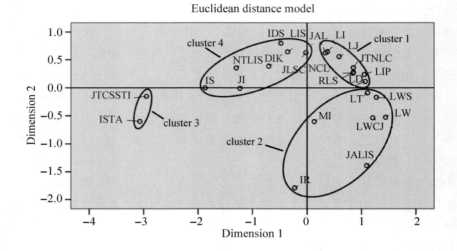

图5—5 国内图书情报学期刊共被引的二维图谱①

三 耦合方法

（一）文献耦合

正如文献共被引是所有共被引分析（作者、期刊、学科）的基础一样，文献耦合（bibliographic-coupling，BC）是所有耦合分析的基础。而且，文献耦合作为跟文献共被引同样可以实现研究论文的聚类的方法，它的提出比文献共被引早了整整10年的时间。1963年美国麻省理工学院教授Kessler在对《物理评论》期刊进行引文分析研究时发现，越是学科、专业内容相近的论文，它们参考文献中相同文献的数量就越多。他把两篇（或多篇）论文同时引证一篇论文的论文称为耦合论文（Coupled papers），并把它们之间的这种关系称为文献耦合②。耦合强度为两篇论文所共有的引文的篇数。Kessler还为文献耦合定义了两条准则③：

①如果一相关论文群A的每篇论文至少与某一篇固定论文共有一个

① Hu, C. P., Hu, J. M., Gao Y., Zhang Y. K.. A journal co-citation analysis of library and information.

② Kessler, M. M.. Bibliographic coupling between scientific papers [J]. *American Documentation*, 1963, 14, 10-25.

③ 埃格赫、鲁索：《情报计量学引论》，田苍林、葛赵青译，科学技术出版社1992年版。

耦合单位，那么许多论文就构成了一个相关论文群 B。耦合强度为它们之间的耦合单位数。

埃格赫与鲁索将准则①作了补充：如果固定论文是自身文献耦合的，其耦合强度等于固定论文中的引文篇数；然而，如果固定论文不含参考文献，它们自身就不是文献耦合。

②如果一相关论文群 C 的每一篇论文至少与该群的某一篇其他论文有一个耦合单位，那么这许多论文就构成了相关群 D。

对于知识域可视化来说，我们可以用 Kessler 提出的两条准则阐述文献耦合分析如何去实现知识域的结构与特征。准则中提出的相关论文群 A、C 实际上就是我们的数据集，或者叫做研究样本，代表的是某一学科知识或者技术领域，而由于耦合产生的相关论文群 B、D 就是学科中的科学专业、分支领域（Small），也是我们所说的子知识域，最后以可视化形式展示知识域的结构特征。

与共被引相比，BC 强度（频次）是两篇文献在各自的引文列表中共同拥有的相同数据项的数量，而且这两篇文献一经发表其 BC 频次就是确定的，而文献共被引会随着时间变化，共被引频次也会不断增加。当进行知识可视化分析时，使用 BC 频次测度当前文献之间的相似度并直接可视化这些文献（根据文献的引用行为来判断它们之间的关系紧密性），而不是像文献共被引那样分析这些文献已经拥有的过去的引文。因此，Egghe、Rousseau①、Weinberg② 等人认为 BC 可以比共被引更好地支持对当前研究活力的直接性研究，而不是经由对这些研究活力产生影响的文献（引文）去间接解释。Bassecoulard、Lelu、Zitt、Glänzel、Czerwon 等学者也表达过类似的观点：不像共被引那样通常选取过去文献的被引次数作为分析对象，BC 可以探测到学科研究前沿的微弱信号③④。Kuusi 与 Meyer 最近通

① Egghe，L.，Rousseau，R.．Cocitation，bibliographic coupling，and acharacterization of lattice citation networks［J］．*Scientometrics*，2002，55：349 - 361.

② Weinberg，B. H.．Bibliographic coupling：A review［J］．*Information Storage and Retrieval*，1974，10（5/6）：189 - 196.

③ Bassecoulard，E.，Lelu，A.，Zitt，M.．Mapping nanosciences by citation flows：A preliminary analysis［J］．*Scientometrics*，2007，70：859 - 880.

④ Glänzel，W.，Czerwon，H. J.．A new methodological approach to bibliographic coupling and its application to the national，regional，and institutional level［J］．*Scientometrics*，1996，37：195 - 221.

过专利中的耦合分析也发现 BC 在预测技术突破方面有着无与伦比的优势①。而文献共被引的提出者 Small 也指出过 BC 的劣势，他认为，既然文献之间的 BC 频次是确定的，BC 不能支持知识领域随时间的变化趋势②。也就是说，BC 并不能很好地研究学科知识的发展历程、演进情况。

因此，文献耦合与文献共被引可以实现某些相同的功能，如探测学科知识领域。它们也各有优势与劣势，可以互为弥补，谁也不可能完全地替代谁。而与文献共被引发展相比，文献耦合的发展要落后很多，但这不能说明文献耦合比文献共被引在方法上要逊色多少。我们认为原因是，文献耦合分析在进行具体实证时，在具体操作和执行等方面（一般不能直接从 Web of Science 等引文数据库中直接获取耦合数据）要比文献共被引困难很多。

（二）作者耦合

当把文献耦合拓展至作者层面，即不是以文献为分析单元，而是以文献的作者作为分析单元，就形成了作者文献耦合分析（Author Bibliographic-Coupling Analysis，ABCA）。基本原理是：比对两位作者所有发表的文献中的引文列表，当出现了相同的引文，即认为这两位作者建立了作者耦合关系；作者耦合频次为相同的引文数目。关于作者文献耦合的计算方法有两个不同的视角，颇具代表性的是 L. Leydesdorff 和 D. Z. Zhao 的算法。L. Leydesdorff 将其耦合分析软件挂接在其个人学术网站上，马瑞敏博士推算其算法思想为③：两个作者的耦合首先是两个文献（作者分别为 A 和 B）的耦合，即文献的耦合是基础，先求出两篇文献的耦合次数，就求出这两篇文献的作者之间的耦合次数，然后累加。D. Z. Zhao 提供的两个作者文献耦合的计算方法是④：将某个作者（只考虑第一作者）所有论文的参考文献作为一个集合，然后和另一个作者所有文献的参考文献进行比

---

① Kuusi, O., Meyer, M.. Anticipating technological breakthroughs：Using bibliographic coupling to explore the nanotubes paradigm ［J］. *Scientometrics*，2007，70：759 - 777.

② Small，H.. Cocitation in the scientific literature：A new measure of the relationship between two documents ［J］. *Journal of the American Society for Information Science*，1973，24：265 - 269.

③ 马瑞敏：《基于作者学术关系的科学交流研究》，武汉大学博士学位论文，2009 年。

④ Zhao，D. Z. Evolution of Research Activities and Intellectual Influences in Information Science 1996 - 2005：Introducing Author Bibliographic-Coupling Analysis ［J］. *Journal of the American Society for Information Science and Technology*，2008，59（13）：2070 - 2086.

较，找出共同的参考文献次数即为这两个作者之间的文献耦合次数。由于一篇文献在某个作者的参考文献中出现的次数不止一次，比如 A 作者中出现 N 次，同时在 B 作者的参考文献中出现 M 次，则这篇文献要赋以权值，具体为 Min（N，M）。L. Leydesdorff 的方法每增加一篇文献便要和目标作者的所有文章参考文献进行匹配，因此效率比较低，而且 L. Leydesdorff 仅仅提供了该软件并未用它进行任何的实证研究。我们认为，D. Z. Zhao 等人的算法思想更具可操作性。

Small 曾经在提出共被引概念的时候抨击 BC 不能支持知识领域随时间的变化趋势[①]。当把 BC 拓展至作者层面就形成 ABCA，就可以有效地解决这个问题，因为一个作者发表的文献总量一般总是在增长，因此他与其他作者的 BC 频次也总在变化；即使有的作者退出学术领域不再发表论文，只要还有其他作者发表论文，它们的 BC 频次就会随着发生相应变化。这样我们就可以运用 ABCA 探测知识域的发展历程及其演进状况了。Strotmann 与 D. Z. Zhao 等人就于 2008 年以情报科学为例，实证了 ABCA 是一种可以提供一个学科的当前研究活力状况的有效方法。他们认为，如果将 ABCA 与 ACA（作者共被引）结合起来使用，则可以更好地研究一个领域的结构全貌，并可获得这个领域的演进策略及其当前的发展情况[②]。当在知识域分析时，在 ACA 中探测到而在 ABCA 中未探测到的知识领域，则表明该知识领域可能已经出现弱化的趋势；在 ABCA 中探测到而在 ACA 中未探测到的知识领域，表明该知识领域有可能是一个新出现的知识领域，有可能代表着学科研究前沿。

图 5—6 是我们根据科学计量学领域的数据绘制的 ABCA 图谱。图谱显示，科学计量学的学者因为相互之间发生耦合关系，而聚类在一个个的研究主题内（红色的原点所示）。而科学计量学也通过 ABCA 探测到 10 个研究主题，这些研究主题可以认为是科学计量学知识领域内小的知识域。

---

① Small，H. . Cocitation in the scientific literature：A new measure of the relationship between two documents［J］. *Journal of the American Society for Information Science*，1973，24：265 – 269.

② Zhao，D. Z. ，Strotmann，A. . Evolution of research activities and intellectual influences in Information Science 1996 – 2005：Introducing author bibliographic coupling analysis［J］. *Journal of the American Society for Information Science and Technology*，2008，59（13），2070 – 2086.

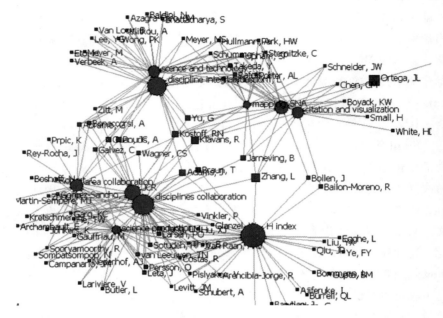

图 5—6 科学计量学 ABCA 的可视化图谱

四 共词分析方法

"共词分析"被认为是由 20 世纪 70 年代末法国计量学家 Callon 提出的①。其原理是，统计文献中共同出现的主题词，计算这些主题词在同一篇文献中出现的次数，从而建立主题词之间的共词网络，通过主题词的聚类以及关联效应研究文献之间的依存关系。这实际上已经是从内容层面探析文献之间的内容关系，因此，共词分析被认为是内容分析法的一种。共词分析中的主题词一般都是叙词表中的叙词，但最具有分析意义的应该是论文的关键词，它是论文作者对论文内容进行高度的概括与精确的凝练而形成的。共词分析是发现科学研究各领域之间关系的有效方法，也是追踪人类社会认知网络结构和变化的一种有力工具。共词分析方法在知识域可视化中的基本步骤可以表述如下：

---

① Callon, M., Courtial, J. P., Turner W. A. From translations to problematic networks: An introduction to co – word analysis ［J］. *Social Science Information Surles Les Sciences Sociales*, 1983, 22 (2): 191 – 235.

（1）从数据库中提取可以代表该学科研究主题或研究方向叙词（高频关键词或主题词）；

（2）计算这些叙词在文献中共同出现的次数，即它们的共现次数，形成共词矩阵；

（3）矩阵的处理，如对角线值、标准化等问题；

（4）选取多元统计、词频法、突变词检测、关联法等方法分析对共词矩阵中叙词关系（如果是知识域的分析，使用较多的可能是聚类方法），揭示叙词所代表的学科的知识结构与发展状况。

（5）对研究结果进行可视化展示，并进行详细阐述。

周宁等认为，共词分析法有两个主要的应用：①探索知识领域之间的互相关系；②探测次要的但是存在着潜在增长性的知识域①。我们认为，战略坐标图就是共词分析方法在知识域可视化上对这两个应用方面的很好体现。战略坐标图是由 Law 等人提出的②。战略坐标图以向心度和密度为参数绘制成二维坐标图，一般情况下，X 轴为向心度（Centrality），Y 轴为密度（Density），原点为二者的均值。

向心度（Centrality）：用来量度一个类团和其他类团相互影响的程度。一个类团与其他类团联系的数目和强度越大，这个类团所代表的研究结构在整个学科的研究工作中就越趋于中心地位③。对于特定的类团，可以通过该类团所有主题词或关键词与其他类团的主题词或关键词之间链接的强度加以计算。这些外部链接的总和、平方和的开平方等都可以作为该类团的向心度。本书采取每个类团与其他类团链接的总和作为该类团的向心度。

密度（Density）：用来量度使字词聚合成一类的这种联系的强度，也就是该类的内部强度，它表示该类维持自己和发展自己的能力。计算出每个类团中每一对主题词或关键词在同一篇文献中同时出现的次数（即内

① 周宁、张李义等：《信息资源可视化模型与方法》，科学出版社 2008 年版。

② Law J.，Bauin S.，Courtial J. P.，etal. Policy and the Mapping of Scientific Changer：A co - word analysis of Research into Environmental Acidification［J］. *Scientometrics*，1988，14（3 - 4）：251 - 264.

③ Callon M.，Laville F. Co - word Analysis as a tool for Describing the Network for Interactions Between Basic and Technological Research：The Case of Polymer Chemistry［J］. *Scientometrics*，1991，22（1）：155 - 205.

部链接）之后，可以通过计算这些内部链接的平均值、中位数或者平方和等多种方式得出类团的密度。

战略坐标图可以概括地表现一个领域或子领域的研究结构，将整个平面划分为四个象限，以每个类团在平面中的不同位置代表各个主题的研究程度和发展状况，如图5—7所示。

Ⅰ象限：如果把战略坐标图看作整体研究网络，则在此象限的研究主题内部联系紧密并处于研究网络的中心。它们的密度和向心度都较高，密度高说明研究主题内部联系紧密，研究趋向成熟；向心度高，说明这个象限中的研究主题又与其余各研究主题有广泛的联系，即处于研究网络的中心。

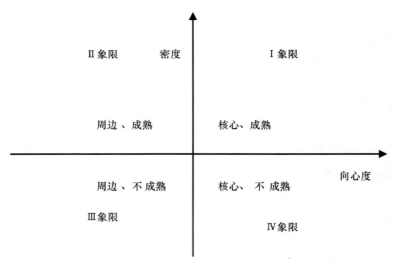

图5—7　战略坐标图

Ⅱ象限：此象限的研究主题内部联系紧密，说明结构已相对固定，但与其他研究主题联系不密切，在整个研究网络中处于边缘位置。

Ⅲ象限：此象限的研究主题密度和向心度都较低，说明内部结构松散，研究尚不成熟，处于整个研究网络的边缘。

Ⅳ象限：此象限的研究主题向心度较高，与其他主题联系紧密，研究人员都有兴趣，但是密度较低，内部结构比较松散，研究尚不成熟，这说明此象限的研究主题有进一步发展的空间，是潜在的发展趋势。

图5—8 为2000—2010年间我国图书馆学知识域的战略坐标图（SPSS绘制）①。

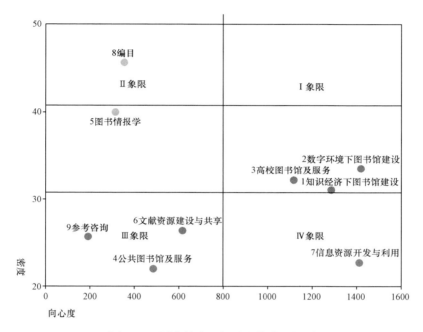

图5—8 图书馆学知识域的战略坐标图

图5—9是我们以国内竞争情报研究领域的数据为研究对象，统计其排名前40的关键词，并建立它们之间的共词分析网络。企业竞争情报、竞争情报系统、企业等居于竞争情报的核心位置；竞争情报系统、竞争情报、企业、企业竞争情报、竞争情报工作、知识管理、竞争对手、竞争策略、竞争环境、竞争情报研究、竞争优势等构成了竞争情报研究的实质性内核，是竞争情报研究的主要方面；在内核的左方以及上方是高校图书馆、图书馆、情报服务、情报分析、信息服务、竞争情报教育等关于竞争情报基础研究方面的内容；内核的下方以及右方是企业竞争力、竞争、商业秘密、战略管理、中国企业、中小企业、反竞争情报等与企业竞争情报活动密切相关的研究。

① 丁敬达：《学术社区知识交流模式研究》，武汉大学博士学位论文，2011年。

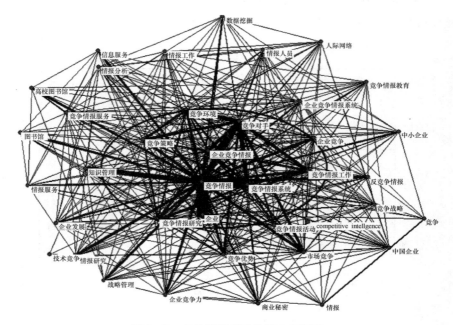

图 5—9　竞争情报领域共词分析网络

五　合作方法

引证现象固然是科学交流中一种普遍存在的现象，引证是科学交流有效进行的可靠保证。而科学知识交流中的另一普遍存在的交流模式是科学合作，它可大大提高科研产出的质量和效率。引证可以运用于某一科学领域进行知识域的探讨，合作也同样可以探讨知识领域的结构状况，而且我们还认为，合作方法比引证方法显得更为直接。很早就有学者提出了"无形学院"的存在，这正是学术共同体进行跨时空合作的结果。通常情况下，学院是具有相同或者相关性质的学科专业聚集而形成的一种从事教学或者科学研究活动的存在模式，而且一般有其实体对象，可以看得见、摸得着。而科学合作的存在，尤其是学者们的跨越时空因素的合作将这种实体的学院无形化。我们看不到这样的学院存在，但它又确实是以一种虚拟化的状态存在着，形成一个虚拟化的网络，网络中每一个作者有着相同或者相近的研究状态。相同或者相近专业学术共同体的聚集为我们探讨知识。科学合作归根到底是人的合作，根据合作主体的不同又可以分为：作者合作、机构合作、国家合作。

（一）作者合作

可以认为，几乎所有的科学合作都可归结为作者的合作，在作者合作的基础上才有了机构合作与国家合作等合作模式。实施科学合作行为的作者一般在研究方向、知识结构等方面相同或者相似，即使是研究范围广泛的作者也是在某一方面跟其合作对象之间存在着相同或者相似的交叉研究内容。这为我们进行知识域的探寻，提供了科学依据。对于知识域可视化方面，我们需要做的是将探寻结构进行可视化。

图5—10是我们以国内竞争情报研究领域的数据为研究对象，统计其发文量排名前40的作者，并建立他们之间的合作关系网络。在图5—10中我们可以看到40位作者形成了四个无形的学院：

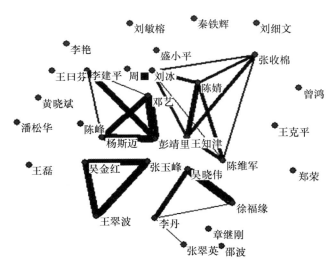

图5—10　竞争情报领域作者合作网络

①彭靖里、李建平、杨斯迈、邓艺；

②王知津、陈婧、张收棉、陈维军；

③吴晓伟、徐福缘、李丹、张翠英；

④张玉峰、吴金红、王翠波。

可以看到，同一合作网络下的作者之间具有某种相似性，有的甚至是师生之间的合作研究。

（二）机构合作

当建立合作关系的双方是来自不同机构的作者，就形成了机构合作模式。同样以我国竞争情报领域的数据为研究对象。统计 2351 篇竞争情报领域论文的发文机构，共获取 381 个机构单位，对发文量排名前 90 的 90 个机构单位，构建合作矩阵，最后以 Netdraw 予以可视化展示（仅仅展示建立了合作关系的 45 个机构），如图 5—11 所示。图谱将国内竞争情报的研究划分成了四大研究阵营：

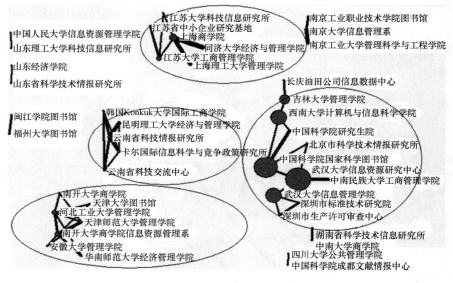

图 5—11　竞争情报领域机构合作网络图

①华中阵营：以武汉大学信息资源研究中心和中国科学院国家科学图书馆为中心；

②华东阵营：以上海商学院和南京大学信息管理系为中心；

③华北阵营：以南开大学商学院信息资源管理系为中心；

④西南阵营：以云南省科技情报研究所为中心。

机构合作似乎能更好地体现区域科研合作现象。而我们认为，实际上正是同一区域的合作单位在研究中具有某种相似性研究才让它们建立了合作关系，而长久的合作关系又会进一步加深这种相似性。这也为我们提供了一种新的探讨知识域结构的方法，即由合作区域入手研究知识区域的途径。

（三）国家合作

当合作的双方是来自不同国家的作者或者机构，这种合作就是国家合作。为说明基于国家合作的知识域可视化，我们引入美国 Drexel 大学信息科学与技术学院教授陈超美博士用 Java 语言开发出来的软件 CiteSpace Ⅱ作为例子进行阐述分析。

在 Web of Science 数据库中输入主题词"digital library"，共检索到 1670 篇文献，文献类型为 article，时间跨度为 1996—2010 年。在 CiteSpace 软件界面，网络节点选择 category 设置"Time Scaling"值为 1，即将 1996—2010 年分成 15 个时段进行处理，其他选择默认值，运行 CiteSpace。

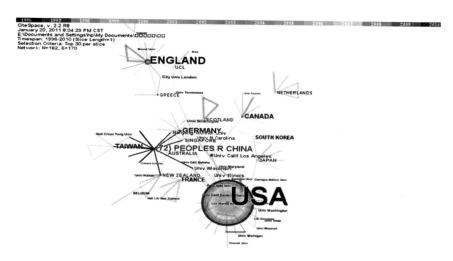

图 5—12 数字图书馆研究领域国家合作可视化知识图谱

CiteSpace 可将各国发表的论文数量及时间以"年轮"的大小和颜色直观展示出来。在 CiteSpace 软件界面，网络节点选择 Country 与 Institution，主题词来源选为文献标题（title）、摘要（abstract）、关键词（descriptor）和标识符（identifiers），选择路径搜索（pathfinder）算法，数据抽取对象为 top30，设置"Time Scaling"的值为 1，即将 1993—2010 年分成 18 个时段进行处理。运行 CiteSpace，得到有关数字图书馆学研究的国家和机构的综合性分析图谱。其中，圆形节点代表国家，处于直线分支上的小节点则代表机构，如图5—12所示。

据统计，发文最多的国家是美国，发文量为698篇。其次是英国、中国、德国。在整个网络中，美国的节点中心性最大，表明共现网络中很多国家都直接或间接地和它有合作关系。如中国（P. R. CHINA）、法国（FRANCE）、日本（JAPAN）、德国（GERMANY）等都是直接跟美国建立的合作关系。德国的中心性第二；英国、中国、加拿大并列第三。从发文突增性来看，中国的burst值为7.14，是整个网络中发文突增性最大的一个节点。美国作为数字图书馆界学术论文产量最大的国家，其国内的研究机构主要分布在大学里，如密歇根大学、康乃尔大学、密苏里州大学、华盛顿大学、加州大学、加州大学伯克利分校、威斯康星大学、加州大学洛杉矶分校、宾夕法尼亚大学、加州大学圣芭芭拉分校。中国有中国科学院、北京大学、清华大学。图谱还较好地说明了以人为主体的机构合作，进一步形成了国家合作的产生。

第三节　实证：竞争情报领域的作者共被引分析

在前文的研究框架（第五章第二节）中我们曾经论述过，知识域可视化的开展主要有两种主流做法：一是直接从数据库或者网络等数据源处检索所要的数据。当数据源不提供数据的下载服务，或者下载的数据并不符合我们的研究需要以及下载数据费时费力等原因时，我们通常就会采取这种方法。这是在早期的计量研究中经常使用的方法。二是直接从数据库中或者网络上下载数据。目前一般的数据库都提供数据的下载功能，如SCI、SSCI、CSSCI等。这也是目前最为流行的实证研究做法，而一些以引文数据库中下载的数据作为处理对象的软件也无疑为这种做法起到了推波助澜的作用。在本章接下来的部分，我们将会分别采用这两种方法进行知识域可视化的实证研究。首先选取国内竞争情报领域作为探讨对象，使用第一种方法，即直接从数据库中检索所要的数据（数据源选择中国知网网络学术期刊数据库），该部分使用的主要工具是SPSS、社会网络分析工具UCINET以及可视化工具Netdraw。其次，我们选择国外的图书情报与档案学学科作为研究对象，采用直接从Web of Science中下载数据的方法，并以著名的知识可视化软件CiteSpace Ⅱ作为研究工具与方法进行实证研究。

竞争情报是关于竞争环境、竞争对手和竞争策略的信息和研究①。哈佛大学商学院迈克尔·波特教授于 20 世纪 80 年代始相继发表了《竞争战略》、《竞争优势》、《国家竞争优势》、《竞争战略案例》等著作激发了国内外竞争情报的研究热情并推动着竞争情报的发展，国内市场经济的发展和经济全球化的浪潮进一步推动了国内竞争情报的发展。时至今日，已有不少学者从不同的角度对国内竞争情报的研究态势进行了研究。早些年，一般是从定量分析方法角度进行的。例如，张素芳等从时间分布、空间分布、主题内容分布、主题年份分布、作者情况、合著情况、引文等文献特征统计分析 1994—2005 年间竞争情报研究状况②。近几年随着可视化技术的发展，可视化方法开始应用于竞争情报的研究。例如，肖明等以引文耦合和关键词分析为方法以可视化的形式揭示国内竞争情报的研究③；唐俊等运用可视化分析软件 CiteSpace 展示竞争情报的研究进展与发展趋势④。也有从引文以及被引的角度进行研究，贡金涛等运用主成分分析法分析竞争情报高被引作者来揭示国内竞争情报的研究⑤；田大芳按论文的被引次数将 1996—2005 年的研究竞争情报论文划分为 3 个层次，从论文作者的机构和地区、来源期刊、发文时间和关键词 4 个方面对高被引文献进行了计量分析⑥。纵观研究状况，国内还较少有从作者共被引的角度揭示竞争情报发展的。实际上，从共被引的角度比单纯地被引出发进行研究，将更具有研究的价值，文献、作者经常一起被引用则表明他们在研究主题的概念、理论或方法上是相关的；如果文献、作者的同被引次数越高，同被引强度越大，则证明二者之间的相关度越高，距离也就越近。本

①　包昌火、赵刚、李艳、黄英：《竞争情报的崛起——为纪念中国竞争情报专业组织成立 10 周年而作》，《情报学报》2005 年第 1 期。

②　张素芳、张令宽：《1994—2005 年我国企业竞争情报研究》，《情报科学》2006 年第 8 期。

③　肖明、李国俊：《国内竞争情报可视化研究：以引文耦合和关键词分析为方法》，《情报理论与实践》2011 年第 1 期。

④　唐俊、詹佳佳：《基于信息可视化的国内竞争情报领域前沿演进分析》，《图书情报工作》2010 年第 16 期。

⑤　贡金涛、贾玉文、李森森：《1998—2007 年中国大陆竞争情报研究现状的计量分析》，《现代情报》2009 年第 28 期。

⑥　田大芳：《国内竞争情报领域高被引期刊论文的定量分析》，《现代情报》2009 年第 7 期。

书欲从作者共被引的角度，揭示国内竞争情报的研究态势，以弥补国内这方面研究的不足。

一 核心作者的选取

核心作者的选取是运用作者共被引分析方法进行领域分析的关键，不同的作者往往会产生不同的分析结果。作者对学科领域的共现主要体现在其发文量和被引量这两个方面。我们认为被引量比发文量更能体现一个作者的学术水平，因此本书选定竞争情报领域的高被引作者作为分析对象，选取方法如下：①进入中国引文数据库（Chinese Citation Database，CCD）；进入高级检索界面；确定已选定"引文检索"；检索项设定"被引题名"；检索关键词为"竞争情报"；设定资源范围为"核心期刊"，进行精确检索。②对检索出的被引排名前100的论文作者做去重处理，得到67位作者。③统计这67位作者在竞争情报领域的发文被引频次，此步骤须借助人工辨别竞争情报研究论文。经过这3步，我们确定竞争情报研究的20位核心作者如表5—1所示。

表5—1　　　　　　　　竞争情报研究领域核心作者

序号	姓名	单位	总被引频次
1	包昌火	中国兵器工业集团210研究所	637
2	谢新洲	北京大学新闻与传播学院	353
3	邱均平	武汉大学信息管理学院	327
4	彭靖里	云南省科技情报研究所	306
5	吴晓伟	上海商学院商业竞争情报研究所	303
6	曾忠禄	澳门理工学院社会经济研究所	260
7	陈峰	中国科学技术信息研究所	245
8	李正中	中国科学技术大学商学院	181
9	秦铁辉	北京大学信息管理系	176
10	冯维扬	南京大学约翰斯·霍普金斯大学中美文化研究中心	115
11	邱晓琳	武汉大学信息管理学院	114
12	焦玉英	武汉大学信息管理学院	111
13	苗杰	南京大学信息管理系	108
14	王曰芬	南京理工大学经济管理学院	104

续表

序号	姓名	单位	总被引频次
15	刘玉照	南开大学商学院	99
16	樊松林	上海大学图书馆	97
17	吴晓波	浙江大学管理学院	76
18	缪其浩	上海大学图书馆	71
19	岳剑波	北京大学信息管理系	69
20	沈固朝	南京大学信息管理系	68

表5—1显示，竞争情报研究的核心作者主要集中在高校和研究机构。高校有 10 所，其中港澳台高校 1 所；研究机构有 3 所。北京大学、武汉大学、南京大学对竞争情报研究的贡献最大，各有 3 位核心作者。而这些核心作者都是具有较高职称或者学历的学者。

二　聚类分析

（一）构造共被引矩阵

1981 年，White 和 Griffith 正式提出作者共被引分析（Author Co-citation Analysis，ACA），对于探讨学科结构有着积极的开创意义[①]。ACA 分析现在已有较固定的一般步骤，包括作者选定、构造作者共被引矩阵、转化矩阵、进行聚类与多维尺度分析等[②]。

本书利用中国引文数据库（Chinese Citation Database，CCD）的作者共被引检索功能检索出 20 位核心作者的共被引次数，共获得 $20 \times 19/2 = 190$ 组数据，如表5—2所示。其中对角线的数据是相同作者的同被引次数，为缺省值。需要指出的是，这 20 位作者中，谢新洲曾经师从包昌火，二人曾经合作发表过论文，由于数据库本身共被引功能的限制，容易把这样的合作论文也计做共被引，从而导致二者的共被引数据异常。我们通过人工方式检索出其合作论文以及被引频次，予以排除。

---

①　马费成、宋恩梅：《我国情报学研究分析：以 ACA 为方法》，《情报学报》2006 年第 3 期。

②　邱均平、杨思洛、王明芝：《改革开放 30 年来我国情报学研究的回顾与展望（二）》，《图书情报研究》2009 年第 2 期。

表5—2　　　　　　　　竞争情报研究领域核心作者的共被引矩阵

	包昌火	谢新洲	邱均平	彭靖里	吴晓伟	曾忠禄	陈峰	李正中	秦铁辉	冯维扬	邱晓琳	焦玉英	苗杰	王日芬	刘玉照	樊松林	吴晓波	缪其浩	岳剑波	沈固朝
包昌火		176	56	96	69	37	81	13	63	25	22	8	18	42	26	27	0	81	26	42
谢新洲	176		48	63	50	23	74	7	25	20	13	11	15	29	14	14	0	41	17	23
邱均平	56	48		15	16	4	21	0	43	1	3	24	3	28	4	7	6	27	55	15
彭靖里	96	63	15		21	10	34	1	17	6	8	2	3	7	12	14	0	27	3	13
吴晓伟	69	50	16	21		5	16	1	12	6	0	1	3	7	8	2	0	3	2	5
曾忠禄	37	23	4	10	5		15	1	2	8	3	1	5	5	5	9	2	18	4	11
陈峰	81	74	21	34	16	15		3	7	8	5	5	5	14	7	6	1	26	4	10
李正中	13	7	0	1	1	1	3		3	4	1	1	2	2	0	1	0	8	1	4
秦铁辉	63	25	43	17	12	2	7	3		2	6	7	6	8	1	6	0	9	9	6
冯维扬	25	20	1	6	6	8	8	4	2		4	2	6	4	6	0	0	3	1	3
邱晓琳	22	13	3	8	0	3	5	1	6	4		2	2	2	0	9	0	14	2	5
焦玉英	8	11	24	2	1	1	5	1	7	2	2		2	9	3	2	0	5	5	10
苗杰	18	15	3	3	3	5	5	2	6	6	2	2		3	8	2	1	6	5	1
王日芬	42	29	28	7	7	5	14	2	8	4	2	9	3		10	4	1	5	6	7
刘玉照	26	14	4	12	8	5	7	0	1	6	0	3	8	10		6	0	5	12	3

续表

	包昌火	谢新洲	邱均平	彭靖里	吴晓伟	曾忠禄	陈峰	李正中	秦铁辉	冯维扬	邱晓琳	焦玉英	苗杰	王曰芬	刘玉照	樊松林	吴晓波	缪其浩	岳剑波	沈固朝
樊松林	27	14	7	14	2	9	6	1	6	0	9	2	2	4	6		0	10	5	6
吴晓波	0	0	6	0	0	2	1	0	0	0	0	0	0	1	1	0		0	1	0
缪其浩	81	41	27	27	3	18	26	8	9	3	14	5	5	5	10	0			11	24
岳剑波	26	17	55	3	2	4	4	1	9	1	2	5	5	6	12	5	1	11		7
沈固朝	42	23	15	13	5	11	10	4	6	3	5	10	1	7	3	6	0	24	7	

在作者共被引分析中，为消除矩阵因作者共被引次数差异或突兀所带来的影响，以揭示作者间的相似程度，原始矩阵需要转化为相似矩阵。转化后的相似矩阵即可导入 SPSS 做聚类分析。

（二）结果与解读

以相似矩阵绘制的聚类分析图，如图 5—13 所示。根据聚类分析的基本原理，每一个聚类表示一个研究团体，研究团体中个体的研究方向相同或者高度相似。聚类的大小表示研究方向的集中和离散程度，体现了该研究方向的受关注度。通常情况下，主流研究方向容易成为较大的聚类。每一个聚类完成所需的步骤意味着聚类中个体的相似度，一般是研究越相似的个体越容易快速地聚在一起，它们的聚类往往是能够一步完成的。根据图 5—13 虚线所示的位置，竞争情报的研究可以划分为 4 个研究群：A 吴晓伟、陈峰、谢新洲、彭靖里、缪其浩、沈固朝、樊松林；B 李正中、邱晓琳、曾忠禄、冯维扬、苗杰、刘玉照；C 秦铁辉、王曰芬；D 焦玉英、岳剑波。

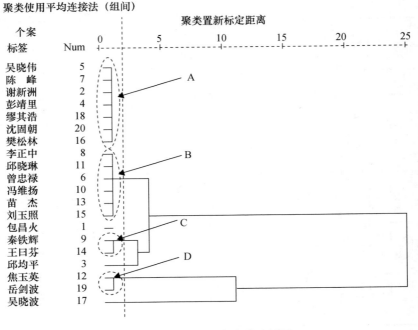

图5—13 核心作者聚类分析图

根据作者所发的高被引论文的情况，大致可确定4个研究群体的研究方向，也即国内竞争情报研究的主要方面。A群为竞争情报理论与方法。A群的7位研究者基本都是国内较为认可的专门研究竞争情报的学者，他们固守着竞争情报的传统理论与方法，为竞争情报的发展与深入奠定了坚实的理论基础。根据最近几年的相关数据统计，彭靖里是竞争情报发文量最多的学者，而且对竞争情报的研究很早。B群为竞争情报实践。这6位作者的研究兴趣较为明显地体现在竞争情报的实践应用上。而且这种特征还可从这几位作者所隶属的研究单位上得到印证。他们的单位性质多是与社会经济具有直接现实相关性的属性特征。李正中为中国科学技术大学商学院；曾忠禄为澳门理工学院社会经济研究所；冯维扬为南京大学约翰斯·霍普金斯大学中美文化研究中心；刘玉照为南开大学商学院。C群为竞争情报与知识管理。据统计，秦铁辉的两篇被引率最高的论文是论证竞争情报与知识管理的关系。而且从聚类图中可以看到，秦铁辉与王曰芬虽然没有跟邱均平完成一步聚类，但也是在第二步形成了一个较大聚类，仍然可以说明二位作者跟邱均平具有较大的研究相似性。而实际上，邱均平对竞争情报和知识管理曾有深入研究。迄今为止，邱均平[①]于 2000 年在《图书情报工作》上发表的"论知识管理与竞争情报"仍然是竞争情报研究领域被引频次第 1 位的文章，以被引 241 次遥遥领先。而且邱均平近几年一直是竞争情报与知识管理方向的博士生导师，并撰写《知识管理学》一书，在国内知识管理领域具有一定影响力。D 群为企业信息化。岳剑波一直致力于信息时代企业信息化与信息管理的研究；焦玉英则关注企业信息化进程中企业信息的采集、检索利用研究。

从 4 个聚类的规模看，A 群（7 人）和 B 群（6 人）代表着竞争情报研究的主流研究方向，而且两群的聚类是一步完成的，说明研究高度相关。C 群和 D 群都仅有 2 人组成，因此可以说，此两群体的研究在竞争情报的研究活动已经占有了一席之地，但还尚未成为竞争情报的主流研究方向。

以图 5—13 中虚线为界，20 位核心作者中有 3 位没有跟其他作者形成聚类，为包昌火、邱均平、吴晓波。包昌火被认为是国内竞争情报的奠基人，对国内竞争情报的发展有着突出的贡献，结合包昌火的发文情况分析，包昌火对竞争情报的研究较为系统全面，很难将之归于上述的某一类；邱均平在国内学术领域最突出的地位和贡献在于文献计量学，即使是对竞争情报与知识管理做过深入的研究，也难免会受到文献计量学理论与方法的影响，因此导致他的研究较难与其他作者在第一步就形成聚类；从表 5—2 的作者共被引矩阵中得知，吴晓波与其他 19 位作者的共被引出现了 13 个"0"项，表示吴晓波很少与其他作者形成共被引，也意味着没有与其研究高度相近的研究群。

三　多维尺度分析

将相似矩阵导入 SPSS 进行多维尺度分析，绘制核心作者多维尺度分析图（见图 5—14）。多维尺度图中研究个体距离的远近代表他们研究的相似程度。距离越近表示研究越相似，高度相似的研究个体会簇拥在一起形成一个个学术研究团体。而那些游离于团体边缘的研究个体表示其研究方向比较狭小，无法跻入学术共同体中，或者正在过渡到其他研究方向中去。本次多维尺度分析的参数：Stress = 0.04339，RSQ = 0.99635。拟合优度较为理想，方程模型显著有效。图 5—14 显示多维尺度分析结果与聚类

① 邱均平、段宇锋：《论知识管理与竞争情报》，《图书情报工作》2000 年第 4 期。

分析结果大体一致。①、②、③、④分别对应于图 5—13 聚类分析图中的 A、B、C、D 群。

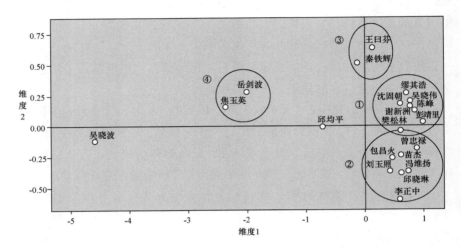

图 5—14　核心作者的多维尺度分析图

图 5—14 多维尺度分析图显示，大部分的作者居于图的右端，且为竞争情报理论、方法及其应用的作者，表明这构成了国内竞争情报研究的主要方面，在竞争情报的研究与发展中担当了引领的角色。以③、④为代表的与企业活动密切相关的竞争情报研究居于图的上方，以①、②为代表的竞争情报基础研究居于图的相对下方，说明竞争情报的基础研究为竞争情报面向企业的应用提供了强有力的理论与方法支撑。从类群之间的关系上看，①与②存在着交叉，二者并无明显的界限，说明竞争情报理论、方法、实践应用已经成为一个密切相关、较为完整的竞争情报研究体系。而竞争情报与知识管理（③）有向竞争情报主流研究靠拢的趋势。企业信息化（④）距离①、②较远，邱均平处于它们之间，起到了很好的桥梁连接作用，从而显得企业信息化的研究与竞争情报研究并无脱离。从类群内的个体关系上看，类群①中吴晓伟、陈峰、谢新洲、沈固朝几乎重合在一起，说明他们的研究高度相似。类群②中邱晓琳、冯维扬、刘玉照也具有高度相似性。

四　社会网络分析

聚类分析与多维尺度分析作为多元统计方法在呈现作者相似性或作者

分布方面具有一定优势，但在揭示作者的共被引强度以及共被引关系方面略显不足。为此，本章拟采用社会网络分析方法予以展示，将作者共被引的原始矩阵导入 UCINET 进行格式转化，再导入 NETDRAW，得到核心作者的共被引网络图（见图5—15）。

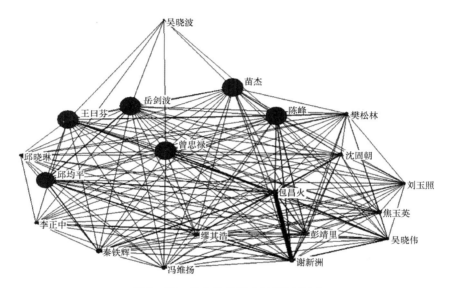

图5—15　核心作者的共被引网络图

图5—15 中的点代表核心作者，点的大小表示中间中心度的大小。在一个共被引社会网络中，中间中心度表征作者之间的共被引的频次。一般来说，与尽可能多的作者建立共被引关系，该作者就会具有较高的中间中心性。点之间的连线表示作者两两之间的共被引情况，二者共被引次数越多，连线越粗。图5—15 显示，邱均平、王曰芬、陈峰、苗杰、岳剑波、曾忠禄的中心性较高，查看他们与其他 14 位作者的共被引情况（见表5—2）发现，这 6 位作者都与其他作者建立了共被引关系，无一出现"0"项；而其他 14 位作者都或多或少地出现"0"次共被引。对这 6 位作者的研究领域进行研究还发现，这 6 位作者的研究相对于其他作者普遍较"泛化"。此泛化是竞争情报领域的狭义上的泛化，指的是偏重竞争情报各研究方向之间的交叉。包昌火与谢新洲的连线最粗，说明两位作者的共被引次数最多。包昌火与很多作者的连线都较粗，共被引次数较多，体

现了包昌火在竞争情报研究领域的重要地位。进行 K—核分析的结果显示，K≥6，即每一位作者都与至少 6 位作者建立共被引关系。该网络与聚类分析图、多维尺度分析图保持高度一致，图中顶点所代表的吴晓波被边缘化，其他 19 位作者因研究比较活跃，形成了一个由 19 个点簇聚而成的核心子网络。

网路密度是社会网络分析最常用的一种测度，密度指的是一个图中各点之间联络的紧密程度[①]。本文利用 UCINET 计算的网络密度为 0.1624。在 20 个点的网络图中，该密度并不算高，说明作者之间已经有了一定的共被引关系，但这种关系有待于进一步加强，竞争情报的研究也有待于继续深入发展，竞争情报的各个研究方向有待于进一步融合。

五　结语

国内竞争情报的研究经过 30 年的发展，已形成了自身的规律与模式。本书从作者共被引的角度入手，运用聚类分析、多维尺度分析和社会网络分析揭示了竞争情报的一些情况。

国内竞争情报的研究可以分为 4 个主要方面：竞争情报理论与方法、竞争情报实践、竞争情报与知识管理、企业信息化。其中竞争情报理论与方法、竞争情报实践仍然是竞争情报的主流研究方向，包昌火等人为此作出了重要贡献。而随着经济的发展和改革的深入，企业知识管理、企业信息化正在走入竞争情报研究者的视野内，很有可能会成为竞争情报研究未来的主流研究方向。邱均平等人在这种过渡与转化中起到了重要的桥梁作用。通过社会网络分析发现，研究较泛化的作者更容易跟其他作者建立共被引关系，具有较高的中间中性；竞争情报的研究还需深化，各研究方向的融合需要进一步加强。

本部分反映的是 1980—2010 年间我国竞争情报研究的一些状况。通过作者共被引分析所做出的研究现状的结果并非最终的研究结论，还需改进和完善。而且由于角度选取的不同以及方法自身的限制，不可能精确、全面地反映所有事实情况。例如，我们在做社会网络分析时，仅仅选取的是竞争情报研究最核心的 20 位作者，不可能完全显示竞争情报研究的共被引全貌。随着数据的完善和方法的改进，其研究将会得到更深的拓展。

---

① 刘军：《社会网络分析导论》，社会科学文献出版社 2004 年版。

第四节 实证：基于 CiteSpace 的图书情报与档案学可视化

本部分，我们以国外的图书情报与档案学（Library Information and Archival science）为例，运用知识可视化软件工具 CiteSpace，通过分门别类地从国外重要期刊中获取研究所要的数据的方式，来研究整个国际大环境下图书情报与档案学研究的研究进展、结构状况以及发展趋势等。

图书馆学、情报学与档案学是三个有着紧密关系的学科。图书情报与档案学（以下简称图情档）一级学科自设立以来，不少学者已经对该学科的发展进行了研究。在国内，沙勇忠、牛春华[①]（2005）采用内容分析方法，对 1994 年以来国外 5 种情报学核心期刊所载 2175 篇学术论文的主题进行了统计分析，调查情报学论文在主题上的分布状况及其结构变化，探寻当前情报学的研究进展及学术前沿领域；杨文欣[②]（2007）以 2000—2004 年国内外情报学立项的情况为切入点，以假设检验法得出国内外情报学的前沿研究领域；叶鹰[③]（2008）采用客观识别与主观选择相结合的方法分析图书情报学 1990 年以来前沿研究领域；廖胜姣[④]（2009）基于汤姆森公司开发的工具德温特分析家（TDA）研究 1991—2007 年间国外情报学的研究前沿；郑俊生[⑤]（2010）从 13 种国内图书馆学期刊的研究主题分布的角度研究图书馆学的研究前沿。在国外，Anegon[⑥] 等（1998）运用聚类分析、多维尺度分析、主成分分析方法以可视化形式呈现西班牙

---

① 沙勇忠、牛春华：《当代情报学进展及学术前沿探寻——近十年国外情报学研究论文内容分析》，《情报学报》2005 年第 6 期。

② 杨文欣：《探询中外情报学前沿研究领域——2000—2004 年中外情报学项目研究》，《图书情报工作》2007 年第 3 期。

③ 叶鹰：《图书情报学前沿研究领域选评》，《中国图书馆学报》2008 年第 4 期。

④ 廖胜姣：《基于 TDA 的情报学研究前沿知识图谱的绘制及分析》，《情报理论与实践》2009 年第 11 期。

⑤ 郑俊生：《图书馆学科前沿研究分析》，《情报资料工作》2010 年第 1 期。

⑥ Anegon, F. D., Contreras, E. J., Corrochano, M. D.. Research fronts in library and information science in Spain (1985 – 1994) [J]. *Scientometrics*, 1998, 42 (2)：229 – 242.

图书情报学研究前沿；Astrom①（2007）选取 1990—2004 年图书情报学的 21 种期刊以共被引分析方法研究这 15 年间图书情报学的研究前沿的变化；Persson②（2010）通过引文的直接引证与共被引分析进行比较，分解引文网络，从而建立一种强连接网络来研究图书情报学的研究领域。

国内外从不同的角度、运用不同的方法研究图书情报学的研究前沿领域，其中也有从知识图谱可视化的角度进行的，但基本还处于第一代信息可视化的层面。实际上，基于加菲尔德、普赖斯和斯莫尔等人构建的日臻完善的引文分析、共被引分析理论与方法，知识可视化已经由通过多元降维、化繁为简算法实现的单一、静态的第一代可视化技术推进至多元、分时、动态的复杂网络分析的第二代信息可视化技术。当前，美国德雷塞尔大学的华人学者陈超美在第二代信息可视化技术领域作出了巨大的贡献。在第二代信息可视化方面颇具代表性的是陈超美等人开发的 CiteSpace，而且他本人运用此软件研究分析了多个学科领域的研究进展状况，并刊载在 *J AM SOC INF SCI TEC* 等图书情报领域的顶级期刊上。

从国内外的研究状况看，相关研究基本是对一级学科下的某一分支学科或者把图书情报学作为一个整体来研究。针对国内外研究的不足，我们认为有必要全面研究包含档案学在内的图情档一级学科下的各二级学科的研究情况。这样既可以保证研究的系统性，也可进行各分支学科之间的比较分析，探析学科之间的联系与差异，对促进国内图情档学科的发展也会有积极的借鉴意义。

一　方法

（一）数据源

从 SSCI（Social Science Citation Index）2009 信息科学与图书馆学主题领域的 66 种专业期刊中筛选出了 21 种具有各分支学科代表性的期刊。筛选的基本原则如下：

---

①　Astrom F. Changes in the LIS research front：Time – sliced cocitation analyses of LIS journal articles, 1990 – 2004 ［J］. *Journal of Information*, 2010, 5（5）：400 – 522.

②　Persson, O.. Identifying research themes with weighted direct citation links ［J］. *Journal of Information*, 2010, 4（3）：415 – 422.

（1）剔除明显偏向计算机类的期刊；

（2）剔除其他专业性较强的期刊，如医学信息、法律信息、政府信息等；

（3）剔除学科交叉性期刊。如图书馆学与情报学的交叉、情报学与计算机的交叉、图书馆学与计算机的交叉等；

经此筛选最终保留 21 种期刊，基本可以代表图书情报档案各分支学科，其中情报学为 7 种、图书馆学为 12 种、档案学为 2 种，根据影响因子排列如表 5—3 所示。

下载 1996—2010 年连续 15 年间的题录数据，共获得 12206 条（仅下载 article 类）。将数据以方便我们处理的方式保存。

表 5—3　　　　　　图情档各分支学科的主要代表性期刊

序号	类别	期刊中文名称	期刊简称	影响因子	论文量（篇）
1	情报学	信息科学与技术年评	*ANNU REV INFORM SCI*	2.929	19
2	情报学	美国信息科学与技术学会杂志	*J AM SOC INF SCI TEC*	2.3	1371
3	情报学	信息与管理	*INFORM MANAGE-AMSTER*	2.282	796
4	情报学	科学计量学	*SCIENTOMETRICS*	2.167	1393
5	情报学	信息技术杂志	*J INF TECHNOL*	2.049	291
6	情报学	信息处理与管理	*INFORM PROCESS MANAG*	1.783	865
7	情报学	情报科学杂志	*J INF SCI*	1.706	614
8	图书馆学	文献工作杂志	*J DOC*	1.405	449
9	图书馆学	学术图书馆杂志	*J ACAD LIBR*	1	801
10	图书馆学	图书馆与学术界	*PORTAL-LIBR ACAD*	0.896	260
11	图书馆学	图书馆季刊	*LIBR QUART*	0.857	219
12	图书馆学	大学与研究机构图书馆	*COLL RES LIBR*	0.855	483
13	图书馆学	电子图书馆	*ELECTRON LIBR*	0.544	639
14	图书馆学	图书馆资料与技术服务	*LIBR RESOUR TECH SER*	0.444	254
15	图书馆学	图书馆馆藏、采访与技术服务	*LIBR COLLECT ACQUIS*	0.429	275
16	图书馆学	馆际互借与文献提供	*INTERLEND DOC SUPPLY*	0.403	305
17	图书馆学	图书馆趋势	*LIBR TRENDS*	0.393	613

续表

序号	类别	期刊中文名称	期刊简称	影响因子	论文量（篇）
18	图书馆学	图书馆杂志	*LIBR J*	0.343	1739
19	图书馆学	图书馆高新技术	*LIBR HI TECH*	0.272	347
20	档案学	国际图书与档案资料保护杂志	*RESTAURATOR*	0.4	238
21	档案学	档案工作者学会杂志	*J SOC ARCH*	0.3	235

（二）研究工具及思路

对于如何表现一个研究领域，CiteSpace 的开发者陈超美认为：可以用"研究前沿"和"知识基础"随着时间相对应地变化情况来表示一个研究领域的状况。

CiteSpace 提供很多功能方便我们对构建的网络以及历史模式进行解释，这其中就包含查明快速增长的主题词。该功能主要是通过突变检测算法实现的，而这些主题词则被定义为研究前沿。基本原理就是统计相关领域论文的标题和摘要中词汇频率，根据这些词汇的增长率来确定哪些是研究前沿热点词汇。本书以时间分区的方式展现研究前沿随时间变化的过程，以此探析不同的时间段涌现的不同的研究前沿，并根据近些年来涌现的研究前沿词汇预测未来几年各个学科可能会出现的研究热点。

研究热点、前沿的知识基础（Intellective Base），即含有研究热点、前沿术语词汇的文章的引文，实际上它们反映的是当前研究中的概念在科学文献中的吸收利用知识的情况。对这些引文也可以通过它们同时被其他论文引用的情况进行聚类分析，这就是共被引聚类分析（Co-citation Cluster Analysis），最后形成了一组被当前研究所引用的科学出版物的演进网络，即"知识基础文章的共被引网络"。本书尝试构建一个引文的共被引聚类与施引文献关键词共现的综合混合网络，来探寻各个学科的研究热点，在图谱中我们不仅可以看到高频关键词簇聚而形成的主流研究领域，也可观察到构成这些研究热点的知识基础引文群。

具体做法包括：从 Web of Science 中检索并以固定格式下载某一主题的文献记录，主要包括作者、题目、摘要和文献的引文等字段，即研究所要抽取的数据项。输入到系统之后，设置参数，如确定要分析领域的总的时间段范围、分割后每一个时间片段的长度，本书的时间段范围是

1996—2010，时间片段的长度是每 2 年一个，然后根据不同的研究目的（研究领域探析、研究前沿探析）的需要选取不同的选择项：名词短语（noun phase）和突变词（burst term）。点的类型为主题词和引文数据，再根据需要设定一定的阀值以及路径选择算法（pathfinder）

二　图书馆学的进展分析

表 5—3 中共有 12 种图书馆学专业期刊，将这 12 种专业期刊的题录数据共计 6384 条导入 CiteSpace 软件，绘制图书馆学的可视化图谱。

（一）图书馆学的主流研究领域

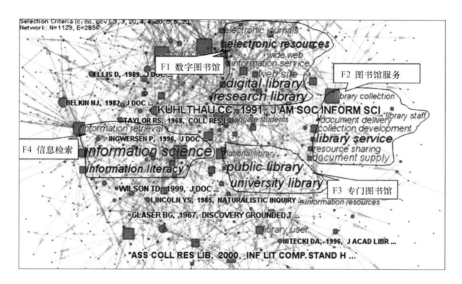

图 5—16　图书馆学主流研究领域

在 CiteSpace 选择界面选择名词短语，运行结果如图 5—16 所示。根据图谱，我们可以将图书馆学研究划分为 4 个主题研究领域：

（1）F1 数字图书馆。代表性高频主题词有：digital liberty（数字图书馆）、research library（图书馆研究）、electronic resources（电子资源）、electronic journals（电子期刊）、information service（信息服务）、web site（网站）、wide web（广域网）。

（2）F2 图书馆服务。代表性高频主题词有：library service（图书馆服务）、library collection（馆藏）、collection development（馆藏发展）、

document supply（文献提供）、document delivery（馆藏传递）、resource sharing（资源共享）、library staff（馆员）。

（3）F3 专门图书馆。代表性高频主题词有：public library（公共图书馆）、university library（大学图书馆）、national library（国家图书馆）。

（4）F4 信息检索。代表性高频主题词有：information literacy（信息素养）、information retrieval（信息检索）、information science（情报学）。

产生较高的被引以及共被引结果的文献作品被认为是对学科发展有重要贡献的文献，文献作者则基本可以代表该学科的研究状况，图 5—16 显示图书馆学的代表人物有：KUHLTHAU CC（1991）、＊ASS COLL RES LIB（2000）、WILSON TD（1999）、GLASER BG（1967）、NITECKI DA（1996）、TAYLOR RS（1968）、INGWERSENP（1996）、ELLIS D（1989）、BELKIN NJ（1982）、LINCOLN YS（1985）。

图 5—16 还显示了图书馆学研究的关键性节点，这些关键性节点具有较高的中间中心性，往往是连接两个聚类的关键性文献，如表 5—4 所示。BELKIN NJ 是图书馆学研究的重要作者，他与布鲁克斯等人于 1982 年在《文献资料工作杂志》（*J DOC*）刊载的两篇文章 *ASK for Information Retrieval：Part I. Background and Theory* 和 *ASK for Information Retrieval：Part II. Results of a Design Study*，从理论、方法、实证以及研发背景角度系统讨论交互式信息检索系统的构建①②。BERTOT JC③ 的 *Statistics and Performance Measures for Public Library Networked Services* 一书也是图书馆学研究的重要节点文献，该书论述了网络环境下公共图书馆面临的挑战和机遇，并阐述了公共图书馆如何利用网络开展服务，被引 73 次。另一关键性节点为 KUHLTHAU CC④ 的 "Inside the search process：Information seeking from the user's perspective"。文中在指出传统的信息检索是从系统的

---

① Belkin, N. J., Oddy, R. N., Brooks, H. M. (1982). ASK for Information Retrieval：Part I. Background and Theory. ［J］. *Journal of Documentation*, 38（2）：61 - 71.

② Belkin, N. J., Oddy, R. N., Brooks, H. M. (1982). ASK for Information Retrieval：Part II. Results of a Design Study. ［J］. *Journal of Documentation*, 38, 145 - 164.

③ Bertot, J. C., McClure CR, Ryan J. *Statistics and Performance Measures for Public Library Networked Services* ［M］. John Carlo Berton Charles R：Mcclure Joe Ryan, 2001.

④ Kuhlthua, C. C. Inside the search process：Information seeking from the user's perspective ［J］. *Journal of the American Society for Information Science and Technology*, 1991, 42（5）：361 - 371.

角度出发进行的基础上，构建了基于用户视角的信息检索思想。这篇文章成为信息检索研究领域的经典之作，在 Google Scholar 中的被引频次为825次。TAYLOR RS[①] 的 QUESTION – NEGOTIATION AN INFORMATION – SEEKING IN LIBRARIES 也是关键性节点文献，被引频次为 665 次，文章对在图书馆和信息中心的两种问题的研究：一是 5 类馆员易忽略的隐性信息；二是图书馆自助。

表 5—4　　　　　　　　　图书馆学研究的关键性节点文献

中心度	作者	出版年份	文献源
0.07	BELKIN NJ	1982	*J DOC*
0.06	BERTOT JC	2001	*STAT PERFORMANCE MEA*
0.06	KUHLTHAU CC	1991	*J AM SOC INFORM SCI*
0.05	BROWN CM	1999	*J AM SOC INFORM SCI*
0.04	TENOPIR C	2000	*ELECT J REALITIES SC*
0.04	ELLIS D	1989	*J DOC*
0.04	TAYLOR RS	1968	*COLL RES LIBR*

（二）图书馆学研究前沿与发展趋势

在 CiteSpace 选择界面选择突变词短语，运行结果如图 5—17 所示。

根据图 5—17 中的时间分区以及显示的主题词短语的大小可以看到，早期的突变词有：document delivery、analysis – ii、service quality、digital libraries、special collections。表示文献传递、第二代分析、服务质量、数字图书馆、特色馆藏等研究主题曾受到关注并获得较大突破。

近些年突然涌现的突变词有：health information、web-2、institutional repositories、information behavior、world war。表示健康信息、Web 2.0、机构知识库、信息行为、世界大战等成为最近的研究前沿，并有可能成为图书馆学研究未来的发展趋势。world war（世界大战）在《图书馆趋势》中研究得最多，主要是研究图书馆服务、政策、文化等在两次世界大战期间和战后的变化。观察这些研究前沿术语的渐变过程发现，未来图书馆学

① Taylor, R. S. . Question – negotion an information – seeking in library ［J］. *Coll Res. Libr.* , 1968, 29（1）: 178 – 194.

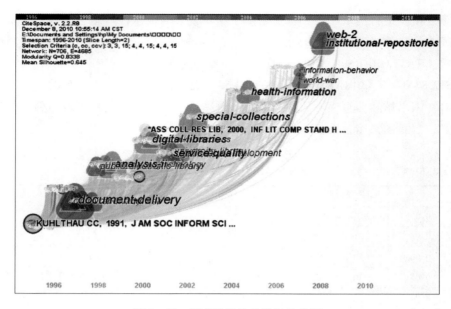

图5—17 图书馆学的前沿与趋势图

的研究将更加深入，已经开始关注健康信息、世界战争、信息行为等精细领域。而在社会发展的国际化和网络化的大环境下，Web 2.0 服务、机构知识库等也被推到了图书馆学研究的前沿领域。

三 情报学的进展分析

表5—3 中所列的 7 种情报学期刊除了《信息处理与管理》外，其他6 种期刊不仅被 SSCI 收录，且为 SCI 全文收录，其载文可以代表世界范围内情报学研究的进展状况。1996—2010 年 15 年间 7 种期刊共载文 5349篇，其题录数据为情报学的分析对象。

（一）情报学的主流研究领域

以同样方法运行 CiteSpace，可以得到情报学的相关知识图谱。

根据图5—18，information science（情报科学）居于核心位置，我们可以将情报学的研究划分为 3 个大的主题研究领域：

（1）F1 信息检索。高频主题词有：Information retrieval（信息检索）、search engine（搜索引擎）、significant difference（显著性差异）、web site（网站）、digital library（数字图书馆）。该领域的代表人物及其文献是：

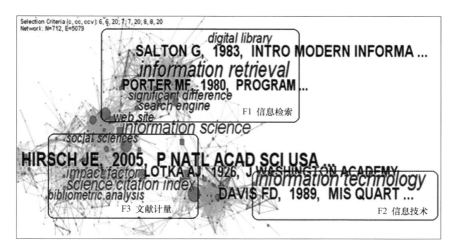

图5—18 情报学主流研究领域

SALTON G（1983）、PORTER MF（1980）。

（2）F2 信息技术。高频主题词有：information technology。该领域的代表人物及其文献是：DAVIS FD（1989）。

（3）F3 文献计量。高频主题词有：science citation index（科学引文索引）、impact factor（影响因子）、bibliometric analysis（文献计量分析）、social sciences（社会科学）。该领域的代表人物及其文献是：HIRSCH JE（2005）、LOTKA AJ（1926）。图5—18 显示，HIRSCH JE（2005）关于 H指数的那篇文章出现频次最高。

表5—5 列出了情报学的关键性文献，HAIR JF[①] 的《多媒体数据分析》一书是最重要的节点，堪称是第一巨著，短短12年的时间在 Google scholar 中被引频次高达 19757 次。SMALL H[②] 的 Visualizing science by citation mapping 也是关键性节点文献，在 Google Scholar、SCIE 中分别被引 248 次、155 次，文章对 36000 条引文数据记录集进行基于科学知识图谱

---

① Hair, J. F. , Black, W. C. , Babin B. J. , Erson, R. E. . *Multivarte data analysis* ［M］ . Hair A Derson Atham Blach, 1998.

② Small, H. . Visualizing science by citation mapping ［J］ . *Journal of the American Society for Information Science and Technology*, 1999, 50（9）：799－813.

方法的可视化分析。洛特卡①在 1926 年发表的 *The frequency distribution of scientific productivity*，论述了科研产出的频次分布，成为文献计量领域的奠基性文献，被引频次为 1089 次。

表 5—5　　　　　　　　　　　情报学关键性节点文献

中心度	作者	出版年份	文献源
0. 17	HAIR JF	1998	*MULTIVARIATE DATA AN*
0. 16	SMALL H	1999	*J AM SOC INFORM SCI*
0. 14	LAWRENCE S	1999	*NATURE*
0. 13	LOTKA AJ	1926	*J WASHINGTON ACADEMY*
0. 09	BRIN S	1998	*COMPUT NETWORKS ISDN*
0. 08	HARTER SP	1992	*J AM SOC INFORM SCI*
0. 08	SPINK A	1998	*INFORM PROCESS MANAG*

（二）情报学研究前沿与发展趋势

情报学前沿领域的知识可视化图谱如图 5—19 所示。图中每个三角形代表一个突然涌现的主题词，颜色的渐进变化表示突变词随时间的渐变过程，三角形标签字体的大小表示涌现词的突变程度。图谱显示，在 20 世纪 90 年代中期，information systems、information system 成为突变程度最高的词，表明信息系统的研究成为当时情报学研究最重要的研究内容，类似的突变词还有 expert systems（专家系统）、system success（系统成功），都表明管理信息系统的研究成为当时情报学研究的前沿领域，这跟情报学向来重视技术的传统是极为吻合的，也是当时企业大规模使用管理信息系统的大背景对情报学研究的一种导向。citation analysis（引文分析）、image retrieval（图像检索）、use satisfaction（用户满意）也成为当时研究的重要方面。到了 20 世纪 90 年代末期，electronic commerce、neural networks 突然涌现，表明电子商务、中心网络突然融入情报学学者的研究视野，这跟当时企业电子商务的崛起关系很大。步入 21 世纪，knowledge management 开始涌现，知识管理成为当时的研究前

---

① Lotkka A. J.. The frequency distribution of scientific productivity［J］. *Journal Washington Academy*，1926，16（2）：317－324.

沿，一方面表示企业知识管理的兴起；另一方面也表示情报学研究已经从对情报、信息的管理升级为对知识的管理，而转变的关键年份即为2000 年左右。严怡民教授认为，知识是人类通过信息对自然界、人类社会以及思维方式与运动规律的认识和掌握，是人的大脑通过思维重新组合的系统化信息的集合①。

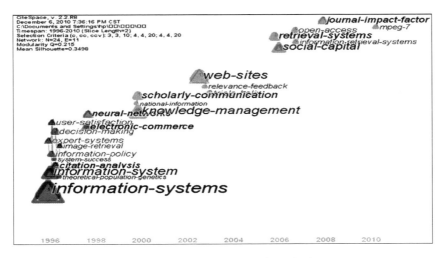

图 5—19　情报学的前沿与趋势图

21 世纪初期，社会开始受到网络的冲击，也就是在 21 世纪最初的几年里 Internet 走进了千家万户，web sites（网站）在 2003 年成为了情报学的研究前沿。近几年来 retrieval systems、information retrieval systems、open access、social capital、journal impact factor 词频增长较快，表明情报学对管理信息系统的研究已经推进至信息检索系统的阶段，知识管理中的社会资本、期刊影响因子、开放获取也可能成为未来情报学研究的热点领域。2010 年 mpeg – 7 作为突变词，mpeg – 7 是 mpeg（Moving Pictures Experts Group）家族的新成员，被称为多媒体内容描述接口，是 mpeg 为解决日渐庞大的图像、声音信息的管理和迅速搜索的矛盾于 1998 年 10 月提出，

①　娄策群：《信息管理学基础》，科学出版社 2005 年版。

计划于 2010 年完成并公布的一项工作①。mpeg-7 也很有可能成为未来几年情报学研究的热点。

笔者对近几年突然涌现的主题词进行分析发现，这几个主题词与前文笔者所提出的情报学三大主题研究领域高度吻合，基本可以代表这三大主题领域的发展趋势。

● retrieval systems（检索系统）、information retrieval systems（信息检索系统）、open access（开放存取）可能成为领域 1——信息检索的未来发展趋势。Open Access（开放存取）是用户通过公共互联网可以免费阅读、下载、复制、传播、打印和检索论文的全文，或者对论文的全文进行链接、为论文建立索引、将论文作为素材编入软件，或者对论文进行任何其他出于合法目的的使用，而不受经济、法律和技术方面的任何限制，除非网络本身造成数据获取的障碍②。

● mpeg-7（多媒体内容描述接口）可以体现领域 2——信息技术的未来发展。实际上 mpeg-7 也可划为领域 1——信息检索的研究范畴，因为 mpeg-7 是随着信息爆炸时代的到来，应对在海量信息中基于视听内容的信息检索上的困难而构建的标准。而领域 1 中的 retrieval systems（检索系统）、information retrieval systems（信息检索系统）也可以归为领域 2——信息技术的研究范畴。我们认为，这两个领域是有所交叉的。

● journal impact factor（期刊影响因子）可以表示领域 3——文献计量学的未来发展趋势。随着定量化研究以及评价工作的盛行，像期刊影响因子、特征影响因子、H 指数等计量指标和评价指标在未来情报学的研究中会备受关注，并可成为文献计量学研究未来几年的研究热点。

四 档案学的进展分析

SSCI 收录的档案学期刊不多，可查到的仅有《国际图书与档案资料保护杂志》和《档案工作者学会杂志》两种，将其 1996—2010 年 15 年间的 474 篇论文数据作为我们进行档案学研究的分析样本。

---

① ISO. MPEG-7 标准．［2011-12-31］．http：//ce. sysu. edu. cn/hope/Education/ShowAr-ticle. asp.

② Bernius S . The impact of open access on the management of scientific knowledge ［J］．*Online Information Review*，2010，34（4）：583-602.

（一）档案学的主流研究领域

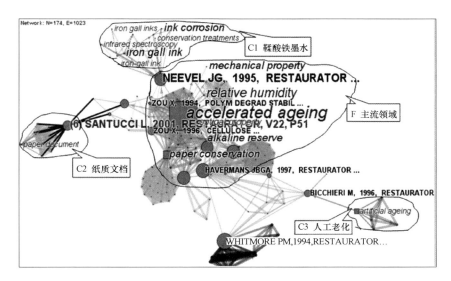

图 5—20　档案学主流研究领域

根据档案学主流研究领域图谱，档案学的研究可划分为 1 个主流领域（F）和 3 个非主流领域（C1、C2、C3）。连接 2 个聚类路径上的文章被称作关键点，CiteSpace II 可以将主流领域的关键文献和引发非主流研究热潮的关键文献探测出来[①]。

（1）F 是档案学研究的核心研究领域。高频主题词有：accelerated ageing、alkaline reserve、paper conservation、conservation treatment、mechanical property、relative humidity，表明加速老化、碱储备、纸保护、保护措施、机械性能、相对湿度等涉及文献档案保护的一些研究构成了档案学的主流研究领域。图 5—20 显示该主流领域的两位最重要的学者是 NEEVEL JG（1995）和 ZOU X（1994、1996）。NEEVEL JG[②] 的 *Phytate：a potential conservation agent for the treatment of ink corrosion caused by irongall inks* 与

① Chen，C. searching for intellectual turning point：progress knowledge domain visualization. Pro. Natl. Acad. Sci. USA，2004，101：5303 – 5310.

② Neevel，J. G.. Phytate：a potential conservation agent for the treatment of ink corrosion caused by irongall inks ［J］. *Resturator*，1995，16（3）：143 – 160.

ZOU X①② 的 2 篇文章 *Prediction of paper permanence by accelerated aging I. Kinetic analysis of the aging process* 和 *Accelerated aging of papers of pure cellulose：mechanism of cellulose degradation and paper embrittlement* 是 3 篇关键性节点文献，被引频次分别为 64 次、63 次、42 次。

（2）C1 为 iron gall ink（鞣酸铁墨水）的研究。鞣酸铁墨水耐水、变黑，色持久不褪，是一种很好的书写材料③。引发该领域研究的关键性文献就是 NEEVEL JG④ 的 *Phytate：a potential conservation agent for the treatment of ink corrosion caused by irongall inks*，文中详述了鞣酸铁墨水抵制墨水衰退老化的理想性能。C2 为 paper decument（纸质文档）研究。引发该领域研究的关键性文献是 Santucci I⑤ 的 *Cellulose viscometric oxidometry*，文中论述了由碱引起的纸张等氧化纤维素的解聚降解度、氧化程度可以予以评估测量，并详述了两种评估方法，一种粗略的方法和一种精确的方法。C3 为 article ageing（人工老化）研究，引发该领域研究的关键性文献是 BICCHIERI M⑥ 的 *The Degradation of Cellulose with Ferric and Cupric Ions in a Low – acid Medium* 是关于含有铁离子和铜离子的纤维素在低酸性介质中的降解原理的一篇文章。

（二）档案学研究前沿与发展趋势

图 5—21 中深色圆环所代表的文献为档案学发展的重要的知识基础。在世纪之交，relative humidity、light induced oxidation、alkaline reserve 词频增长较快，表示相对湿度、光致氧化、碱储备的研究在当时开始增多并有所突破。近几年词频增长较快的有 calcium phytate、calcium hydrogen carbonate、phytate treatment，说明植酸的研究已成为了档案学的最新研究前沿。植酸是从植物中提取的一种有机化合物，具有很强的抗氧化和抗腐

---

① Zou. X. . Prediction of paper permanence by accelerated aging I. Kinetic analysis of the aging process ［J］. *Cellulose*，1996，3（1）：243 – 267.

② Zou，X. . Accelerated aging of papers of pure cellulose：mechanism of cellulose degradation and paper embrittlement ［J］. *Cellulose*，1994，43（3）：393 – 402.

③ http：//baike. baidu. com/view/1935453. htm.

④ Neevel，J. G. . Phytate：a potential conservation agent for the treatment of ink corrosion caused by irongall inks ［J］. *Resturator*，1995，16（3）：143 – 160.

⑤ Santucci，L. . Cellulose viscometric oxidometry ［J］. *Resturator*，2001，22（1）：51 – 65.

⑥ Bicchieri，M. . The Degradation of Cellulose with Ferric and Cupric Ions in a Low – acid Medium ［J］. *Resturator*，1996，17（3）：165 – 183.

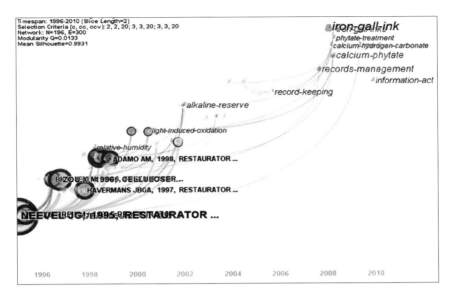

图5—21　档案学的前沿与趋势图

蚀作用，现已广泛应用于食品、医药、油漆涂料、日用化工、金属加工、纺织工业、塑料工业及高分子工业等行业领域①。我们认为，植酸极有可能用于档案文献的保护，并可成为档案学研究的新的研究热点。从record keeping 到 records management 的演变，也说明档案学研究已由档案记录的保存演进至档案记录的管理。我们认为，这种改变应该与"信息大爆炸"时代的到来有关系。图谱中 iron gall ink 突变度最大，也是近两年涌现的突变词，说明近年来档案学中鞣酸铁墨水的研究突破较大。结合图5—20 中展示的档案学的研究领域，我们知道，鞣酸铁墨水目前仅仅是档案学研究的边缘领域，根据 iron gall ink 的突变度以及突变发生的年代，笔者分析鞣酸铁墨水的研究很有可能成为未来档案学研究的一个核心领域。

五　学科比较分析

真正对图书馆学学科、档案学学科进行可视化分析的文章很少，很多

---

① http://baike.baidu.com/view/140757.htm.

是针对数字图书馆领域进行的①②。可视化分析情报学学科以探析学科发展的文章中，颇有代表性的是 White 与 McCain 的 "Visualizing a Discipline：An Author Co - Citation Analysis of Information Science，1972 - 1995"③。与我们的研究过程相似，他们以 1972—1995 年间情报学领域的 12 种重要期刊为数据源，选取 120 位作者进行作者共被引分析，然后进行因子分析进行作者之间的聚类。他们探测到 12 个研究领域（因子）：Experimental Retrieval（实验检索）、Citation Analysis、Online Retrieval、Bibliometrics、General Library Systems、Science Communication、Users Theory、OPACs、Imported Ideas、Index Theory、Citation Theory、Communication Theory。很明显，White 的研究更侧重于微观的分析，而我们的结果表现得更为宏观，如果继续将这 12 个因子进行聚类，可以发现其结果跟我们的结果基本一致，信息检索：Experimental Retrieval（实验检索）、Online Retrieval（在线检索）、OPACs（在线公共检索）；信息计量：Citation Analysis（引文分析）、Bibliometrics（文献计量）、Index Theory（指标理论）、Citation Theory（引文理论）；信息技术：General Library Systems（一般图书馆系统）；科学交流：Science Communication（科学交流）、Users Theory（用户理论）、Imputed Ideas（输入思想）、Communication Theory（交流）。只有第 4 个研究领域——科学交流是我们没有探测到的，毕竟，White 选取的是 1972—1995 年间的数据，我们的数据是 1996—2010 年间的。另一篇情报学学科领域可视化探析的文章是 Zhao 与 Strotmann④ 的 "Information Science during the First Decade of the Web：An Enriched Author Cocitation Analysis"，他们可视化分析了情报学（1995—2005）领域的数

---

① Wan，G.. Visualizations for digital libraries ［J］. *Information Technology and Libraries*，2006，25（2）：88 - 94.

② Chen，C. M.. *Domain visualization for digital libraries* ［C］//IEEE International Conference on Information Visualisation，London，Jul. 19 - 21，2000. Los Alamitos：Ieee Computer Soc.，2000：261 - 267.

③ White，H. D.，McCain，K. W.. Visualizing a discipline：An author co - citation analysis of information science，1972 - 1995 ［J］. *Journal of the American Society for Information Science*，1998，49：327 - 355.

④ Zhao，D. Z.，Strotmann，A.. Information science during the first decade of the web：An enriched author co - citation analysis ［J］. *Journal of the American Society for Information Science and Technology*，2008，59（6）：916 - 937.

据，他们探测到的主题是：User studies、Citation analysis、Experimental retrieval、Webometrics、Visualization of knowledge domains、Science communication、Users' judgments of relevance（situational relevance）、Information seeking and context、Children's information searching behavior、Metadata & digital resources、Bibliometric models & distributions、Structured abstracts（academic writing）。可以看到，大部分主题是 White 在 1998 年探测到的，依然可以将这些主题归类为信息检索、信息计量、信息技术等。因此我们对情报学的研究结果跟 White、Zhao 等人的结果基本是一致的。

从各分支学科的横向比较看，图书馆学和情报学交合的一个主流研究领域是信息检索。可见，信息检索对于图书馆学和情报学的发展有着极其重要的意义。从主流研究领域、学术代表人物、重要被引文献、关键被引文献、突变术语等方面看，虽然图书馆学、情报学、档案学同为图情档一级学科下的相关分支学科专业，图书馆学与情报学研究有很多共同的地方，而档案学却明显跟它们相脱离，很少有重合之处。而且研究主流领域也表现为 1 个核心区和 3 个边缘区。

从各学科的研究前沿以及发展趋势的横向对比来看，国外情报学发展的直接现实性最强，其演进过程与企业活动有着密不可分的关系，管理信息系统、电子商务、知识管理、网站这几个曾引发企业发生巨大变革的事件都曾成为情报学的研究前沿。而且情报学的未来发展趋势比图书馆学、档案学更加明朗，在各个主流研究领域上都有各自代表性的发展趋向。档案学的直接现实性最弱，它对化学、物理等学科的依赖性较强；而情报学、图书馆学对计算机等应用学科的依赖性最强。

六　结论

以 SSCI 收录的图书馆学、情报学、档案学代表性期刊 1996—2010 年 15 年间的论文数据为样本，借助 CiteSpace 的一些算法思想进行各学科的可视化，可以得到如下的结论：

（1）图书馆学有 4 个主流研究领域：数字图书馆、图书馆服务、专门图书馆、信息检索。未来图书馆学的研究将走向深入、精细的领域，如健康信息、信息行为、世界大战对图书馆的影响等，而基于网络大环境的 Web 2.0 服务、机构知识库研究代表着图书馆未来几年的研究趋向。

（2）情报学可划分为 3 个主流研究领域：信息检索、信息技术、文献计量学。信息检索的未来走向会是信息检索系统、开放获取；以mpeg - 7（多媒体内容描述接口）为代表的多媒体技术代表情报学信息技术研究的未来走向；而文献计量学未来可能会更加侧重于期刊影响因子、H 指数、特征影响因子等计量和评价指标。

（3）档案学的研究分为 1 个主流和 3 个非主流领域。植酸、鞣酸铁墨水等与纸质保护密切相关的化合物可能会进入档案学的核心主流研究区域，代表着档案学研究的未来走向。

情报学与企业出现较明显的依存关系，情报学与企业的这种关系在未来可能会依然存在。而从图书馆学、情报学涌现的研究前沿术语看来，图书馆学、情报学的未来去向必然会脱离不了网络这个大环境，它们的研究将会围绕网络而展开。档案学的研究与图书馆学、情报学有较多不太一样的地方，这固然跟我们所选取的样本有关系，SSCI 收录的档案学期刊很少。在以后的研究中，我们会加大档案学的研究数据样本，深入探析该学科与其他分支学科的关系。

第 六 章

知识计量分析软件的开发与应用实践

我们在生命中流失的生命在哪里？我们在知识追求中所丧失的智慧在哪里？我们在信息搜集中所丧失的知识在哪里？

——艾略特

第一节 计量软件概述

一 文献计量工具

1. Bibexcel①

Bibexcel 是瑞典科学家佩尔松开发的一款有助于文献计量分析，尤其是引文分析的功能强大的计量软件。佩尔松已于 2011 年 7 月举办的第 13 届"科学计量学与信息计量学国际学术研讨会"上获得 Price 奖。很明显，Bibexcel 由 Bibliometrics（文献计量）与 Excel 这两个词合成而来。我们可以理解为，Bibexcel 为从事文献计量研究工作的学者们提供了一个可部分代替 Excel 进行文献统计功能的软件。我们可以从网站（www. umu. se/inforsk）中下载到最新的版本，而且很容易安装使用，只需要复制文件至硬盘文档中并保证帮助文件在同一文档中即可。Bibexcel 的主要处理对象是来自于科学引文索引（science citation index）与社会科学引文索引（social science citation index）。下载的数据要保证文献开头有"FN ISI Export Format VR 1. 0"字样，还需要将数据格式转换为 Windows 格式，这一步要通过软件 editpadlite 来实现。

接下来就可进行分析，一般要经过以下几个过程：转化为 Dialog 格式即形成 Bibexcel 可以处理的格式；简单字段抽取，可实现对题名（TI）、

---

① Pikington，A. . Bibexcel – Quick Start Guide to Bibliometrics and Citation Analysis ［EB/OL］. ［2012－01－01］. http：//wenku. baidu. com/view/82d78b0f7cd184254b3535c7. html.

作者（AU）、期刊（SO）、出版年（PY）等标识项的提取；基本分析，对抽取的字段进行简单的统计分析；引文分析，这是文献计量的重要统计方法，也是较难的一个环节，但 Bibexcel 可以帮助我们实现，Bibexcel 可以利用 SCI 中的条目格式来辨认所要抽取的部分，它可以抽取并统计引文的题名、被引用的作者、被引期刊、被引文献等，通过频次统计确定高被引作者、期刊、文献等信息；共现分析，以定量的方式分析相同的特征项共同出现的想象，共现分析的结果通常是生成共现矩阵，Bibexcel 可以生成作者合作矩阵、关键词共现矩阵、科研机构合作矩阵、国家合作矩阵、作者共被引矩阵、期刊共被引矩阵等。共现分析中必要的步骤包括生成一个含有频数的 .cit 文件，有助于选择分析的项目，然后使用这个索引来分析 .out/.oux 文件，在 .coc 文件中生成共现数据。然后这个文件可以转换成为类似 Excel 四格表的矩阵，其中单元格的数字是行和列标题的频数。

2. Bicomb

Bicomb（Bibliographic item co – occurrence matrix builder），是由中国医科大学医学信息系崔雷教授研发的一款计量工具。该软件系统可对生物医学文献数据库 PubMed、科学引文索引（Science Citation Index，SCI）数据库的网络格式（Web of Science，WOS）和光盘格式（SCI CD – ROM）以及中国知网（CNKI）的记录进行读取分析。相对于 Bibexcel 软件，Bicomb 改进了许多，实现了中文数据与英文数据库的同时处理。

该软件的基本功能包含：

● 基本的文献计量功能。对文献的标识项，如作者、期刊、关键词、发文年份等进行频次统计；对引文的作者、期刊、年份进行被引统计。

● 生成矩阵功能。Bicomb 依然可以生成矩阵，包含合作矩阵、共被引矩阵、主题词共现矩阵等。该软件的一个特别功能是可以生成词篇矩阵：对关键字段中出现一定频次的主题词等字段在每篇文献中的出现情况进行搜索，最终生成"词篇矩阵"，并将词篇矩阵导入 .txt 文档（Excel 无法容纳列数超过 256 的矩阵），然后由可以处理该矩阵的软件如 SPSS 作进一步分析。

软件的基本实现步骤如下：

（1）导入数据：将下载的数据（PubMed、SCI、SSCI、CNKI 等）输入软件系统。

（2）抽取字段：对于从来源数据库下载的文献记录，指定要统计分析的字段（如主题词）进行抽取。

（3）频次统计：对于抽取出来的条目（如具体的主题词）统计出现频次，并根据频次分布情况确定阈值，截取要进一步分析的部分条目（如高频主题词）。

（4）共现矩阵生成：对于截取出来的条目，根据它们在同一文献记录中共同出现的次数生成共现矩阵。

二　专利计量工具

如果一个企业或者国家拥有较多的高被引专利，则这个国家或者企业会被认为具有较高的科研竞争力。专利计量不但可以追踪某项技术在技术领域、企业和国家的流动过程，也用来作为企业和国家技术竞争力评价的指标。专利计量学的创始人 Narin 对专利的计量进行了框架式的界定：专利量、引证与相关分析，或者称为技术研发的生产力、影响力与关联分析。exCITEr 是一款著名的专利计量软件，可以对某一专利引用其他专利以及专利之间的相互引证关系进行定量的分析，该软件依托于网站 www. patmate. com。exCITEr 软件的主要功能是利用 Backward 和 Forward 按钮对专利进行后向与前向分析，当然首先要输入专利号。exCITEr 可以绘制专利之间的相互引证的网络。网络中的基本单元是专利号所代表的专利，也可以是专利所有人，还可以是美国专利分类号。因此，引证网络所反映的不仅仅是专利之间的联系，也可间接反映结构之间、国家之间以及不同的学科或者技术领域之间的联系。

exCITEr 具有基本的统计功能，可以把引证网络中的信息汇集到 EXCEL 文件中，便于数据的深入分析与挖掘。

exCITEr 的优点在于简单明了，可以进行初步的统计分析，也能够直观地反映专利之间的引证关系；不足之处在于仅仅反映专利之间的关系，无法反映专利与科学文献之间的引证关系。另外，exCITEr 对大批量数据处理能力会略显不足。

三　小结

通过对以上几款著名的计量软件介绍，我们可以发现，从目前的计量工具的研制情况来看，大部分软件工具呈现如下共同特点：

（1）对数据来源具有一定要求，软件开发的初衷（或者是需求分析）

一般都是面向某一种或者某一类数据库，通常都是引文数据库，以便于引文分析。

（2）需要将数据从数据库按照既定的格式下载下来，并作出适当的处理。

（3）一般都可实现对基本文献信息的统计分析，对文献的重要著录项目，如题名、作者、关键词等信息进行频数计量，其频数的控制过程一般是通过对著录标示符的控制来实现的，如题名（TI）、作者（AU）。

（4）都很注重引文分析，即对源文献的参考文献相关著录项目进行频次统计分析。

（5）很多计量软件都可形成矩阵。矩阵一般包含：合作矩阵、共被引矩阵、词篇矩阵、共现矩阵等。矩阵生成的基本原理是，在数据的同一字段中同时出现两个或者多个标识语词语。

我们还可以发现这些软件明显存在着的某些缺陷之处。例如，Bibexcel 偏重于对 Web of Science 的数据进行处理，而且对数据的格式要求过于严苛，通常要几步的处理。再者 Bibexcel 是用英语语言开发的一款软件，其面向的主要应用对象也是英语国家的研究者，给英语知识稍弱的使用者造成了一定的困扰。虽然 Bicomb 在很多方面有所改进，如打破了语言的使用障碍，增加了可以处理的源数据库的种类等，但我们在使用 Bicomb 的过程中也发现了一些缺点。例如，在处理英文格式的文献时不够灵活，对英文大小写的识别上以及对多个作者的文献处理等方面都有不足之处。这类软件还有一个明显的缺陷，就是无法对文献耦合进行有效的计量与分析。在双引分析中，它们都过于强调文献共被引的分析，而忽略了对耦合的计量分析。实际上，文献耦合分析同文献共被引一样，都是反映科学研究中的引证现象，而且是双引证现象，它的提出比文献共被引要早 10 年的时间，虽然其发展要滞后于文献共被引，但其科学性与合理性已经得到国内外学者的一致认可。所幸的是，国外的一些学者开始注意到耦合计量软件的研制。

第二节　智能耦合计量软件研究

一　Leydesdorff 的研究

Leydesdorff 曾经研制过一款专门进行耦合分析的软件，并将其挂接在其个人学术网站上。武汉大学中国科学评价研究中心的马瑞敏①博士曾对该软件的耦合原理作出如下推算：

为研究耦合的原理，表 6—1 将两位作者 Leydesdorff 与 White 的引文以列表的形式分别列出。CR1（第一篇文献的引文）＋CR2（第二篇文献的引文）是 Leydesdorff 的引文之和；CR3（White 的第一篇文献的引文）＋CR4（White 的第二篇文献的引文）是 White 的引文之和；表中加框的文献部分是两位作者共同拥有的参考文献，即文献在二者的列表中都有出现。

Leydesdorff 的耦合软件会对 Leydesdorff 与 White 作出如下的耦合计算，分别计算 4 对耦合频次：CR1 与 CR3、CR1 与 CR4、CR2 与 CR3、CR2 与 CR4。计算结果分别是 2、3、2、4。然后再将这 4 个数据加总即得出作者 Leydesdorff 与 White 的耦合频数 11。该软件的计算结果可视作是频次计算、然后进行简单组合的结果。

该软件在使用中有一个必须引起我们重视的问题：对待合著论文过于简单化处理。Leydesdorff 的软件会将合著论文的引文都列入合作作者的引文列表之下，而不加以区别。也就是说，一篇文献的引文对第一作者与第二作者并没有什么区别，都被视作两位作者的参考文献。举例来说，对于一篇文献有 10 篇参考文献，两位作者：作者 A 与作者 B。当在计算二者之间的耦合频次的时候，软件的计算的结果是 10 次。我们认为，两位作者产生合作发文行为，表明两位作者的研究存在着某种相似性，但是将他们的合作行为以耦合频次来对待，其合理性本来就存在着很多质疑之处，再根据引文的数量来确定其耦合频次则更夸大了它们的耦合相似性，最后会导致获得的数据不尽合理，得出的结论也会缺乏足够的说服力。再者，如果存在作者 C，假设作者 C 的某一篇文章跟作者 A 与作者 B 合著的那篇文章有 5 篇共同的引文，软件会计算 C—A 的耦合频次为 5，C—B 的耦合频次也为 5。此结果无疑表明作者 A 与作者 B 对作者 C 的耦合行为是完全一样的，他们之间的研究相似性也是一样的，作者 A 与作者 B 对文献的贡献也是完全一样的。

---

① 马瑞敏：《基于作者学术关系的科学交流研究》，武汉大学博士学位论文，2009 年。

表 6—1 作者耦合示表

Leydesdorff 的论文（单一作者）	White 的论文（单一作者）
CR1 AHLGREN P，2003，J AM SOC INF SCI TEC，V54，P550，DOI 10.1002/asi.10242 BORGATTI SP，2002，UCINET WINDOWS SOFTW WHITE HD，1981，J AM SOC INFORM SCI，V32，P163 WHITE HD，2003，J AM SOC INF SCI TEC，V54，1250，DOI 10.1002/asi.10325 WHITE HD，2004，J AM SOC INF SCI TEC，V55，P843，DOI 10.1002/asi.20032 ZITT　M，2000，SCIENTOMETRICS，V47，P627	CR3 ∗ SPSS，1990，SPSS BAS SYST US GUI AHLGREN P，2003，J AM SOC INF SCI TEC，V54，P550，DOI 10.1002/asi.10242 WHITE HD，2003，J AM SOC INF SCI TEC，V54，1250，DOI 10.1002/asi.10325
CR2 ∗ SPSS INC，1993，SPSS PROF STAT 6 1 AHLGREN P，2003，J AM SOC INF SCI TEC，V54，P550，DOI 10.1002/asi.10242 DAVISON ML，1983，MULTIDIMEN SIONAL SCA WHITE HD，1981，J AM SOC INFORM SCI，V32，P163 WHITE HD，1998，J AM SOC INFORM SCI，V49，P327 WHITE HD，2003，J AM SOC INF SCI TEC，V54，P1250，DOI 10.1002/asi.10325 WHITE HD，2004，J AM SOC INF SCI TEC，V55，P843，DOI 10.1002/asi.20032 WOUTERS P，2004，FIRST MONDAY，V9	CR4 AHLGREN P，2003，J AM SOC INF SCI TEC，V54，P550，DOI 10.1002/asi.10242 BORGATTI SP，2002，UCINET WINDOWS SOFTW DAVISON ML，1983，MULTIDIMENSIONAL SCA WHITE HD，1981，J AM SOC INFORM SCI，V32，P163 WHITE HD，1998，J AM SOC INFORM SCI，V49，P327 WHITE HD，2003，J AM SOC INF SCI TEC，V54，P423，DOI 10.1002/asi.10228

二　耦合原理解析

1. 文献的耦合

Kessler 把两篇（或多篇论文）同时引证一篇论文的论文称为耦合论

文（Coupled papers），并把它们之间的这种关系称为文献耦合①。文献的耦合原理并不复杂，在计算文献耦合的时候也简单易行。我们以表6—2来简单说明。

表6—2　　　　　　　　　　　　文献耦合示例

论文 X	论文 Y
A	E
B	F
C	G
D	H
E	I
F	J

假设有两篇论文 X、Y。X、Y 论文各有 6 篇参考文献，A、B、C 等英文字母代表参考文献。两篇论文共同拥有的参考文献以灰色背景将之涂黑，以便于计算它们之间的耦合频次。论文 X 与论文 Y 有两篇相同的参考文献：E、F，表明论文 X 与论文 Y 耦合了两次，其耦合频次为 2。

我们认为，相对于其他耦合方式，文献耦合之所以简单是因为，它是以 2 篇独立的文献及其引文数据作为分析与计算的对象。而且通常情况下，对这 2 篇源文献来说，其参考文献并不存在重合现象，即 A、B、C、D、E、F 都一定是不同的。因此，我们在计算耦合频次的时候，只需要统计它们引用的相同文献的数量即可。当我们在进行作者耦合计算时，该问题就变得复杂很多，每位作者通常并不仅仅就发表一篇文献。

2. 作者的耦合

当把文献耦合拓展至作者层面，即不是以文献为分析单元，而是以文献的作者作为分析单元，就形成了作者文献耦合分析（Author Bibliographic-Coupling Analysis，ABCA）。比对两位作者发表的所有文献中的所有引文，当出现了相同的引文时，即认为这两位作者建立了作者耦合关系；作者耦合频次为相同的引文数目。文献耦合是作者耦合的基础，正是有了文

① Kessler, M. M.. Bibliographic coupling between scientific papers [J]. *American Documentation*, 1963, 14: 10 – 25.

献的引文耦合才导致了文献的创作主体之间发生了耦合行为，作者耦合应该说是作者文献耦合。而每一位作者因为发表了很多文献，即有很多篇引文，而且有很多相同的引文，让作者文献耦合的计算与解释变得复杂，也增加了计量的难度。我们以表6—3来说明作者文献耦合的基本原理。

表6—3　　　　　　　　　　　作者耦合示例（一）

作者 X	作者 Y
CR1：A	CR3：E
B	F
C	G
D	H
E	I
F	J
CR2：E	CR4：E
F	F
K	O
L	P
M	Q
N	R
	CR5：E
	F

假设作者 X 发表2篇文献，各有6篇参考文献，分别以 CR1、CR2 来表示；作者 Y 发表3篇文献，各有6篇、6篇、2篇参考文献，分别以 CR3、CR4、CR5 来表示。为了较好地说明问题，我们将可能的例外事件考虑在内，即假定作者文献的引文有重复现象，而且重复率较高，如表6—3中的 E、F。在高发文作者之中这种情况是完全有可能的，甚至是普遍存在的现象。如果我们以文献耦合的原理案例统计两位作者的耦合频次，通常的做法是分别依次比对两位作者的各个文献之间的引文，找出相同的引文并统计其数量，数量的汇总结果就是两位作者耦合频次。这实际上也是 Leydesdorff 计算作者之间的耦合频次的基本原理与思想。分别比对 CR1 与 CR3、CR1 与 CR4、CR1 与 CR5、CR2 与 CR3、CR2 与 CR4、CR2

与 CR5。由于我们的假定原因，其共有的引文都是 E、F，则作者之间的各个文献间的耦合频次都为 2。作者的耦合为 2 + 2 + 2 + 2 + 2 + 2 = 12。这种计算思想我们应该意识到两个问题：

● 对重复出现的引文处理问题。持有这种计算思想的研究者显然并没有对作者重复某一篇文献作特殊处理，而是将多次引用（包括 2 次）的引文跟仅引用 1 次的引文一视同仁来对待。也就是说，作者的耦合完全是建立在文献耦合的基础上的，文献耦合的简单加总即形成作者耦合。马瑞敏博士曾将这种计算思想称为"组合加权算法"[①]。

● 效率问题。这种计算思想效率并不高，每增加一篇作者的文献就要对其文献引文跟其他作者的所有文献进行比对，运算量很大。当在数据量较少的情况下，还可从容应付；如果是出现数万条，甚至是上百万条数据的时候，效率低下的缺点就会很明显地表现出来。

我们提出如下计算思想，同样是以表 6—3 的数据为例。为有效说明问题，将 6—3 的数据调整为如表 6—4 所示。

表 6—4　　　　　　　　　　作者耦合示例（二）

作者 X	作者 Y
CRLX：A	CRLY：E * 3
B	F * 3
C	G
D	H
E * 2	I
F * 2	J
K	O
L	P
M	Q
N	R

仍然是以作者 X 与作者 Y 作为例证。分别对作者 X 与作者 Y 建立引文列表 CRLX、CRLY。E、F 文献被作者 X 引用 2 次，E、F 被作者 Y 引

[①] 马瑞敏：《基于作者学术关系的科学交流研究》，武汉大学博士学位论文，2009 年。

用 3 次，重复以及反复引用的文献同样以灰色涂黑并以其出现频次加以标注。这样似乎就形成了 1 位作者在其学术生涯中仅仅发表了 1 篇文献，其 CRL（引文列表）中的文献即为该文献的引文。与上文中的文献耦合（见表 6—2）不同的是，CRL 中的文献允许重复出现。我们同样可以采取传统的文献耦合以及 Leydesdorff 的思路计算作者 X 与作者 Y 的耦合频次，文献 E 导致的作者 X 与作者 Y 的耦合次数为：$2 \times 3 = 6$；文献 F 导致的作者 X 与作者 Y 的耦合次数也是：$2 \times 3 = 6$。则作者 X 与作者 Y 的耦合频次为：$6 + 6 = 12$。我们在此提出的计算思路是类似于单篇文献的耦合计算思路，找出在 CRLX 与 CRLY 中都有出现的引文，统计其数量，对在同一 CRL 中多次出现的高频词引文，取两个 CRL 中的较小值作为二者的耦合频次。那么对表 6—4 中的 E、F 都是取较小值 2 作为其耦合频次。作者 X 与作者 Y 的耦合频次的计算结果为：$2 + 2 = 4$。由此可见，我们的计算结果跟传统的计算方法的计算结果还是有出入的。我们认为，我们的计算思路的改进在如下几个方面：

● 科学合理地正视作者之间耦合相似性。我们认为，由于发文作者知识结构的限制，他们总是频繁地引用某一类或者某一些参考文献。如果根据传统耦合的计算思路，当其他作者也恰巧多次（由于学术共同体的存在，这种情况是会经常发生的）引用这些文献的时候，则发文作者每多引用一次都会跟其他多次引用该参考文献的作者发生数次耦合结果。这样就片面地夸大了作者之间的相似性，也很容易会产生异常数据，从而得出并不可靠的结论。

● 效率的提高。效率的提高意味着运算速度的加快。并不需要对作者的所有文献之间进行反复比对，而是将每一位作者的所有文献当作一篇文献来处理，形成一个 CRL，只需要比对、计算不同作者的 CRL 之间的相同引文即可。这无疑大大地减少了运算量，提高了运算速度。

● 合著问题。对待合著问题，我们要摒弃 Leydesdorff 的选择标准。通常可以采取两种解决思路。一是只选择第一作者作为耦合分析的对象，忽略第一作者之外的其他作者；二是对合著论文的作者赋以相应的权重。例如，对 2 位作者的论文，第一作者可以赋以 0.7 的权重，第二作者赋以 0.3 的权重比例；对 3 位作者的论文可以按照 $6:3:1$ 的比例赋以权重。采用权重比例的方法似乎更为合理一些，它充分考虑到了每位作者对文章的贡献，也不至于夸大第一作者对文献的贡献。

● 可执行性提高。这种计算思路在具体的设计与计算中有较高的可操作性。

我们还认为，对于第一方面的问题，即耦合频次的计算，是涉及如何理解作者耦合这一概念问题。文献共被引、作者共被引曾有过系统而全面的研究，在理论、方法、实证方法都已成熟。文献耦合则不同，其发展严重滞后于共被引，作者耦合更是如此，虽然陆续有学者提出这些耦合思想，并有了一定的理论深度，但是在方法与实证方面的研究确实很少，以至于在很多方面未达成统一的认识。在像将文献共被引拓展至作者共被引那样，将文献耦合拓展至作者耦合时就会产生对作者耦合理解上的歧义。一种理解是将文献耦合作为作者耦合的基础阶段，正是文献耦合才导致了作者耦合，文献耦合的次数即为作者耦合的次数。第二种理解是完全从文献耦合的定义上去理解作者耦合，Kessler 把两篇（或多篇）论文同时引证一篇论文的论文称为文献耦合，耦合强度为两篇论文所共有的引文的篇数①。那么，作者耦合即是两位作者同时引证一篇论文，作者耦合强度即为两位作者所共有的引文的篇数。由此看来，从计算思路来看，第一种理解是 Leydesdorff 的理解方式；我们的计算思路很明显跟第二种理解方式相吻合。

3. 关键词的耦合

关键词是论文作者对文章内容的高度浓缩与提炼，可以较为准确地反映文章的具体内容。如果 2 篇文献共同使用了一个或者多个相同的关键词，则可以说明这 2 篇文献在一定程度上的相似，这也就形成了文献的关键词的耦合。当我们以作者作为分析单元时，不同作者共同引用了一个或者多个关键词，就产生了作者关键词耦合，作者关键词耦合表明的是作者的相关研究中有共同之处。

4. 期刊的耦合

据统计，截至 2008 年，全球大约有 23000 种经同行评议的学术期刊，中国就出版期刊约 9549 种②。每一种期刊都有自己的刊名，有对某类文

① Kessler, M. M.. Bibliographic coupling between scientific papers ［J］. *American Documentation*, 1963, 14：10 – 25.

② http：//hi. baidu. com/% CE% A2% D0% A6% D5% FD/blog/item/20f737955c39dd4dd0135e22. html.

章的偏好，有自己的期刊风格，虽然刊名、偏好、风格会有很多雷同之处。刊名就像一篇文章的关键词一样彰显着期刊的各种各样的特征。如果某一文献、某一作者、某一期刊引用了某一期刊，而另一文献、作者、期间也同时引用了该期刊，就产生了文献期刊耦合、作者期刊耦合、期刊对期刊耦合。期刊的耦合同样可以说明文献、作者、期刊的某种相似度。而其耦合频次则说明它们在多大程度上存在着相似性。

我们认为，科学研究普遍存在着几对耦合关系，文献关键词耦合与文献期刊耦合之于文献引文耦合，作者关键词与作者期刊耦合之于作者引文（文献）耦合，它们无论是在发生原理还是在计算原理方面都没有本质的不同，不同的是在说明问题以及解释问题的深度与广度等的不同。我们将不再赘述关键词耦合与期刊耦合的机理。

三　模块分析

一般的软件系统可以被定义为：由一组相互关联的部件（或元素）组成，可以组织内部信息的收集、传输、加工、存储、使用、维护等，支持组织的计划、管理、决策、协调、控制①。又可建立如下的组成模型②：

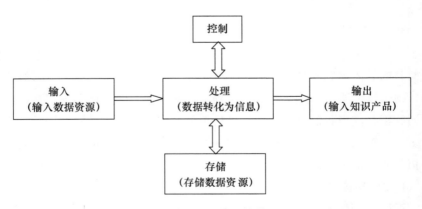

图6—1　系统的组成模型

软件系统的基本功能就是要利用外部或者内部资源完成输入、处理、

---

① 闪四清：《管理信息系统教程》，清华大学出版社 2003 年版。
② 秦天宝、章长江：《现代管理信息系统》，人民交通出版社 2010 年版。

输出、存储、控制等活动。输入，即将原始数据输入到系统中，是一个数据采集的过程，可以有手工录入与自动化批量输入；处理，是系统对输入的数据进行计算、汇总、统计、排序、比较、分类、筛选等以转化为信息的过程；输出，是将处理过的信息输出给需要的工作人员，辅助决策或者进一步分析的需要；存储，是将数据资源存储在系统中，一般是存储在数据库中；控制，是采取措施保障数据的正确性和安全性。当然，我们的智能耦合计量软件也是一个这样的流程。为进一步说明软件的基本功能，我们建立如图 6—2 所示的基于软件功能的系统架构：

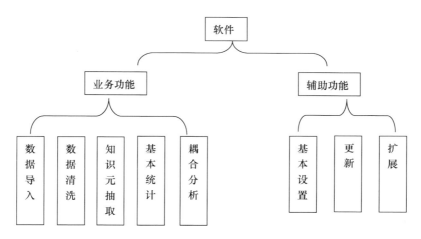

图 6—2　智能耦合软件的功能结构

该软件被设定为 2 大功能域：辅助功能、业务功能。辅助功能用来完成软件的基本运行，维持软件的运行与维护，并可进行基本设置、更新、扩展。这涉及软件的技术层面，因为是辅助软件实现其基本的分析功能，而且软件重要的是其可以在实际中灵活运用，因此在此处称之为辅助功能。在介绍软件的基本功能部分，我们将不对其辅助功能做详细解析，而是对其业务功能重点说明。业务功能是软件面向应用的主要功能，可以分为几个功能模块：数据导入模块、数据清洗模块、知识元抽取模块、基本统计模块、耦合分析模块。接下来依次对这几个功能模块详细阐析。

（1）数据导入模块

实际上，在数据导入软件之前，有一个数据采集的过程。只不过该过程跟系统运行无关，因此不算是软件的一个模块内容。但是软件系统对数据的内容、规范都做了一定的规定，也就是说，只有符合一定规范要求的数据内容才会被软件系统识别并做出相应的处理。通常情况下，这种计量软件在开发之初，即在需求分析之前软件的开发与应用都会锁定于某一种或者某一类的数据库，如有的面向英文数据库，有的面向中文数据库。一般的数据库都提供了数据的下载功能，而且下载的数据都是具有一定规范性的内容格式，这样的数据一般都可直接导入系统。我们的软件系统并不局限于中文数据库或者英文数据库，但是对数据的格式要求具有严格的规范要求：

● 完整的题录信息。包含题名、作者、关键词、发文单位、刊名、参考文献等能显示文献外部特征与内部特征的信息。

● 精确的字段信息。检索字段的标识符要精确无误，按照 SCI 的标准，题名一般是 TI；期刊又称来源出版物为 SO；作者为 AU；关键词为 DE；出版年 PY；参考文献为 CR。

● 数据一致性。此处的数据一致性是指，要保证不同文献的同一字段的数据格式的一致性和完整性，既包含数据标识符，也包含数据内容的一致性。尽量避免出现该数据采用这一套标识符，而下一条数据又采取另一套标识符，或者该数据采用一种数据内容的表达格式，而下一条数据又采用另一种数据内容格式或者是有内容缺失部分。

（2）数据清洗模块

按照既定的格式要求采集到数据，并经过数据导入模块成功地导入数据至应用软件中，这样的数据还不能即刻进行统计分析，因为此时的数据，系统仍然无法进行正确有效的识别。我们在这里加入数据清洗模块，该模块要完成以下几项工作，以便于进一步的知识元抽取与计量分析：

● 统一数据标识。将表达题名检索项的标识符统一为英文缩写 TI（TITLE）、作者标识符统一为 AU（AUTHOR）、发表期刊标识符统一为 SO（SOURCE）、关键词标识符统一为 DE（DESCRIPTOR）、参考文献标识符统一为 CR（CITED REFERENCES）。此为 WEB OF SCIENCE 的数据标识规范，文献的其他字段标识符也同 WEB OF SCIENCE。该步骤可以采取替换的形式来统一实现，即以 WEB OF SCIENCE 的字段标识符号替换原有的中文格式或者英文其他格式。

● 规范数据存储格式。将数据存储为便于知识元提取和计量的形式，一般要形成一个字段标示符序列和一个字段标识内容序列。

●剔除无效或者干扰数据。有两类数据必须清洗掉：一是干扰程序正常运行的数据；二是对计算结果产生一定影响的数据。通过实践应用，我们发现很多无效数据会干扰程序、软件的正常运行，因此，必须对这些数据予以剔除。还有一些数据则会干扰计量的结果，如 WOS 中提供 DIO（Digital Object Identifier，数字对象标识符）一项，对计算结果会产生不小的影响，这一类数据也应该要清除。对于第一种情况是数据库本身的不完善造成的。

（3）知识元抽取模块

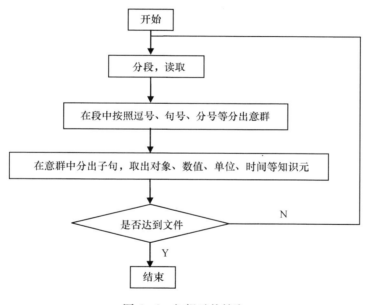

图 6—3　知识元的抽取

在第二章中，曾经指出，知识元是知识控制的最小单位，并通过知识关联构成了知识单元。何新贵[①]等人曾经对知识元进行过类似于"属性"的描述。它不但可以指用来描述事物或者对象的状态、特征或者性质等，也可以指解决问题的方法或者过程，例如时间、地点、方式、程度、长度、重量、温度、湿度、压力、颜色、可信度、约束乃至加工过程等。既

---

① 何新贵：《知识处理与专家系统》，国防工业出版社 1990 年版。

可以指各种静态的描述，也可以指动态的处理手续或者过程。那么，对于一篇文献的题录数据来说，知识元可以表现为题名、关键词、分类号、文摘内容、作者、载文期刊、发文年份、引用期刊、引用作者、引用文献题名、引文发表年份、引文类型、引文国别等。这些内容都是可以属性特征来说明文献特征的。对于题录数据来说，这即为知识元抽取模块的主要抽取对象，其具体的抽取流程如图6—3所示[①]。

（4）基本统计模块

知识元被成功地抽取出来之后，下一步便可以运行软件的统计功能对其进行统计分析，知识元抽取模块是基本统计模块与耦合分析模块的基础，基本统计与耦合分析都要以知识元的成功抽取作为基础。一般是对频数的统计，该模块可以实现的统计功能如下：

• 来源文献的统计。包含来源文献的数量、年份分布、发文作者数量、关键词数量分布、载文学科分布、载文期刊。

• 被引文献的统计。包含被引文献的数量、年份分布、高被引作者、高被引期刊、高被引文献。

（5）耦合分析模块

耦合分析模块是软件区别于其他同类软件的一个功能模块，专门化、多样化的耦合分析功能是该软件的一个特色之处。该模块的实施要建立在知识元抽取模块与基本统计模块的基础之上。抽取的知识元是耦合发生的对象，统计的结果为耦合的阀值选择提供了基本依据。耦合分析模块可以实现的主要耦合分析功能如下：

• ABCA（Author Bibliographic-coupling Analysis，作者文献耦合分析）。

• AKCA（Author Keyword-coupling Analysis，作者关键词耦合分析）。

• AJCA（Author Journal-coupling Analysis，作者期刊耦合分析）。

• 耦合的统计分析。每一位作者与其他作者的总耦合频次、平均耦合频次、最大耦合频次。

耦合分析模块的结果通常以耦合共现矩阵的形式来展示。共现分析是将各种信息载体中的共现信息定量化的分析方法，以揭示信息的内容关联和特征项所隐含的寓意。而矩阵则是一种展示知识的极好方式，它可以承

---

① 温有奎：《知识元挖掘》，西安电子科技大学出版社2005年版。

载大量的知识内容。我们认为，矩阵的形成体现了知识关联重组知识元，从而形成知识模块的过程和结果。知识元本来是彼此独立存在的，但在知识元的背后隐藏着某种规律性和内在逻辑性，这是我们仅仅通过观察很难挖掘出来的，这即为知识关联，而作者之间的耦合便是这种知识关联的一方面，耦合把彼此独立的作者连接起来成为一个有机的整体，便是我们所说的知识模块。只不过，矩阵显示的仍然是大批量的数据，依然不适合去观察分析，为更符合我们感官习惯的往往要借助于可视化技术。因此，目前的研究做法通常是在获得矩阵后以可视化的方式去尽可能地展示矩阵所包含的知识内容。

第三节　基于 ABCA 与 AKCA 的科学计量学知识结构的实证研究

1973 年，美国情报学家 Small 首次提出了文献共被引（Co-citation）的概念，作为测度文献间关系程度的一种研究方法①。与 Small 在同一时间提出该理念的还有苏联情报学家 Marshakova②。1981 年 White 与 Griffith 将文献共被引拓展至作者的层面，即形成了作者共被引分析（Author Co-citation Analysis，ACA）的研究方法③。随后，众多学者对 ACA 进行过系统而全面的研究，这些研究中不仅包含对该方法本身的改进，如第一作者共被引、全部作者共被引④⑤⑥，矩阵对角线如何设定、矩阵是否需要转

① Small，H. . Cocitation in the scientific literature：A new measure of the relationship between two documents ［J］. *Journal of the American Society for Information Science*，1973，24：265 - 269.

② Marshakova，S. I. . System of document connections based on references ［J］. *Nauch-Techn. Inform*，1973，2（6）：3 - 8.

③ White，H. D. ，Griffith，B. C. . Author cocitation：A literature measure of intellectual structure ［J］. *Journal of the American Society for Information Science*，1981，32：163 - 171.

④ Persson，O. . All author citations versus first author citations ［J］. *Scientometrics*，2001，50（2）：339 - 344.

⑤ Schneider，J. W. ，Larssen，B. ，Ingwersen，P. . Comparative study between first and all - author co - citation analysis based on citation indexes generated from XML data ［C］//In Proceedings of the eleventh international conference of the International Society for Scientometrics and Informetrics，2007：696 - 707.

⑥ Eom，S. . All author cocitation analysis and first author cocitation analysis：A comparative empirical investigation ［J］. *Journal of Informetrics*，2008，2：53 - 64.

化、如何转化①②，共被引强度计算方法③等；研究中还包含将 ACA 应用于某一科学领域进行领域探测，如 Pamelaia 将 ACA 应用于社会生态学领域④、White 应用于情报科学领域⑤、Chen 应用于数字图书馆⑥等。这些研究繁荣了共被引的理论与方法，促进了其学科发展，并使得 ACA 作为一种分析方法日渐成熟。与文献共被引如火如荼的发展相比，文献耦合（Bibliographic coupling，BC）作为与文献共被引相类似的研究方法其发展却相形见绌。而实际上，文献耦合的提出比文献共被引早了整整 10 年的时间。1963 年美国麻省理工学院教授 Kessler 在对《物理评论》期刊进行引文分析研究时发现，越是学科、专业内容相近的论文，它们参考文献中相同文献的数量就越多。他把两篇（或多篇论文）同时引证一篇论文的论文称为耦合论文（Coupled papers），并把它们之间的这种关系称为文献耦合⑦。BC 同样是一种测度文献间关系程度的一种研究方法，却并未像共被引一样获得长足的发展。一直到 2008 年，Zhao 等人才将 BC 拓展至作者文献耦合分析（Author Bibliographic-coupling Analysis，ABCA），以情报学领域为例来进行实证研究，并将 ABCA 与 ACA 进行充分对比，以探析二者之间的异同点⑧。

① Ahlgren, P., Jarneving, B., Rousseau, R.. Requirements for a cocitation similarity measure, with special reference to Pearson's correlation coefficient ［J］. *Journal of the American Society for Information Science and Technology*, 2003, 54：550 – 560.

② White, H. D.. Author cocitation analysis and Pearson's r. ［J］. *Journal of the American Society for Information Science and Technology*, 2003, 54：1250 – 1259.

③ Rousseau, R., & Zuccala, A.. A classification of author co – citations：Definitions and search strategies. ［J］. *Journal of the American Society for Information Science and Technology*, 2004, 55 (6)：513 – 629.

④ Pamela E. S.. Schlarly communication as a socioecological system ［J］. *Scientometrics*, 2001, 51 (3)：573 – 605.

⑤ White, H. D., & McCain, K. W.. Visualizing a discipline：An author cocitation analysis of information science, 1972 – 1995 ［J］. *Journal of the American Society for Information Science*, 1998, 49：327 – 355.

⑥ Chen C. M.. Visualizing semantic spaces and author co – citation networks in digital libraries ［J］. *Information Processing & Management*, 1999, 35 (3)：401 – 420.

⑦ Kessler, M. M.. Bibliographic coupling between scientific papers. ［J］. *American Documentation*, 1963, 14：10 – 25.

⑧ Zhao, D. Z.. Evolution of Research Activities and Intellectual Influences in Information Science 1996 – 2005：Introducing Author Bibliographic – Coupling Analysis ［J］. *Journal of the American Society for Information Science and Technology*, 2008, 59 (13)：2070 – 2086.

但之后的几年，Zhao 等人并没有继续进行 ABCA 的研究，又转而进行 ACA 的研究。因此，BC 很有必要进行深入的研究。根据耦合的原理，既然两篇文献可以引用同样一篇参考文献关联起来，进而体现文献之间的某种隐含关系；那么，同样作为分析单元的文献关键词同样可以将两篇不同作者的文章关联起来，以关键词的耦合建立起来的文献之间以至于作者之间又会隐含着一种什么样的关系？这两种关系之间又会有什么异同呢？本部分我们试图予以探讨。"共词分析"（Co-word Analysis）似乎可以为我们的假想找到理论上与方法上的依据，"共词分析"被认为是由 20 世纪 70 年代末法国计量学家 Callon 提出的[①]。其原理是，统计文献中共同出现的主题词，计算这些主题词在同一篇文献中出现的次数，从而建立主题词之间的共词网络，通过主题词的聚类以及关联效应研究文献之间的依存关系。这实际上是从内容层面探析文献之间的内容关系，因此，共词分析被认为是内容分析法的一种。共词分析中的主题词一般都是叙词表中的叙词，但最具有分析意义的应该是论文的关键词，它是论文作者对论文内容进行高度概括与精确凝练而形成的。共词分析的这种对论文关键词的分析似乎为我们提出的作者关键词耦合分析提供了理论支持以及具体操作上的某种可行性。本部分研究有 2 个主要目的：①在 1991—2000 年与 2001—2010 年这 2 个时间段，科学计量学呈现一种什么样的知识结构以及科学计量学在这 20 年间是如何演进的？②AKCA 是否是一种有效的耦合分析方法？它与另一种耦合分析方法 ABCA 在揭示学科领域的知识结构等方面有哪些异同点？

一　方法与相关研究

在本部分的研究中，我们有两个假设：①ABCA 是一种可信的、有效的研究学科领域知识结构的研究方法；②科学计量学领域的高活力作者的文献基本可以显示科学计量学的研究状况。为说明我们的研究，我们引入 AKCA，将它运用于科学计量学领域，并将其结果与 ABCA 的结果进行对比分析。科学计量学领域是我们所熟悉的一个研究领域，该领域的期刊

① Callon，M.，Courtial，J. P.，Turner W. A.. From translations to problematic networks：An introduction to co‑word analysis［J］. *Social Science Information Surles Les Sciences Sociales*，1983，22（2）：191‑235.

Scientometrics 以及学者也是我们了解的，这益于我们对研究结果的解释，也方便了我们对该领域的学者及其团队进行评价研究，更重要的是我们可以更好地比较分析 ABCA 与 AKCA 这两种研究方法。再者，以 ABCA 与 AKCA 进行科学计量学学科领域探讨的研究还很少。

（一）数据采集与数据清洗

本部分的数据源为科学引文索引（Web of Science），从科学引文索引网络数据库分别检索并下载 *Scientometrics* 所刊载的 1991—2010 年间以及 2001—2010 年间的数据，精炼结果仅保留 Article 与 Proceedings，分别得到科学计量学在 1991—2000 年间的 790 篇以及在 2001—2000 年间的 1255 篇论文题录数据，数据包含题名（TI）、作者（AU）、摘要（AB）、关键词（ID）、参考文献（CR）等信息，并将这两年的数据分别导入软件程序中。剔除参考文献中的数字对象标识符（Digital Object Identifier，DOI）数据项。我们发现有的引文有 DOI，而有的则没有，即使是同样一篇引文，在某源文献的引文列表中有 DOI，而在另一篇中却没有。因此，我们对含有 DOI 的参考文献的 DOI 数据项抽取出来以消除其对耦合频次计算的影响。将经过采集、清洗完毕的数据分作两个数据集，即 1991—2000 年的数据集与 2001—2010 年的数据集，以便于我们运用 AKCA 与 ABCA 研究科学计量学的知识结构及其在这 20 年间的演进状况。我们开发了耦合系统软件来处理该数据集，并引导该软件运行生成便于进一步进行因子分析的数据结构形式。

（二）耦合分析

在经典的作者共被引分析（Author Co-citation Analysis，ACA）中，选择多少位作者并没有严格的限制①。同 ACA 一样，作者耦合分析也没有约定俗成的做法，而且，由于这方面的研究较少，其分歧甚至比作者共被引分歧更大。我们认为，在进行作者耦合分析时，对结果影响最大的就是作者耦合频次的计算以及选择所要研究的科学领域的代表性作者。

Glänzel 与 Czerwon 认为文献之间不断地发生耦合就会形成一个研究领域的核心文献集②。当把这些文献上升到作者的层面，核心文献集就形成

---

① McCain，K. W.．Mapping authors in intellectual space：A technical overview［J］．*Journal of the American Society for Information Science*，1990，41：433 – 443.

② Glänzel，W.，Czerwon，H. J.．A new methodological approach to bibliographic coupling and its application to the national，regional，and institutional level［J］．*Scientometrics*，1996，37：195 – 221.

核心作者集。这成为我们对于核心作者选择的主要依据。具体选择思路是：首先，统计数据集中高发文作者，提取发文大于两篇的作者；接着，计算这些高产作者之间的耦合频次，计算每位作者的平均耦合频次（计算方法：作者与其他作者的耦合频次总和除以高产作者数目减去1）；根据平均耦合频次对作者进行排名，抽取排名前100的作者，作为代表作者进行耦合矩阵的构建。至于选择多少位作者作为代表作者，也没有约定俗成的做法①。White 与 McCain 在进行作者共被引分析时选择了120位作者，当时由于数据库功能的限制，他们是直接从 DIALOG 中检索获得作者的共被引数据②。Zhao 等人效仿 White，同时也是为了与 White 的研究结果进行比较，也选择了120位代表作者进行作者共被引分析和作者文献耦合分析，他们的数据量是4422篇论文。在 Zhao 的一系列相关研究中，都是沿用120位作者的做法，而其数据样本量一般也都是比我们的大，如，Scopus 收录的情报学领域的3824篇论文③；Web of Science 收录的"XML"领域的2475篇论文④；我们的数据样本量仅有2045篇论文，因此我们选取100位作者作为代表作者。据统计，2个时间段、2种不同方法筛选出4组不同的作者集（都由100位作者组成），所发表的论文数量之和占我们数据样本量的比例如下：ABCA 1991—2000年为46%、AKCA 1991—2000年为44%、ABCA 2001—2010年为35%、AKCA 2001—2010年为36%。这几个数值都远远高于 Zhao 等人统计的25%的比例值⑤。因此，我们选取的作者比 Zhao 等人的更有代表性，100位作者完全可以反映出科学计量学在这2个时间段的研究状况。

①　McCain, K. W.. Mapping authors in intellectual space: A technical overview [J]. *Journal of the American Society for Information Science*, 1990, 41: 433 – 443.

②　White, H. D., McCain, K. W.. Visualizing a discipline: An author cocitation analysis of information science, 1972 – 1995 [J]. *Journal of the American Society for Information Science*, 1998, 49: 327 – 355.

③　Zhao, D. Z., Strotmann, A.. Comparing all – author and first – author co – citation analyses of Information Science [J]. *Journal of Informetrics*, 2008, 2 (3): 229 – 239.

④　Zhao, D. Z., Strotmann, A.. Information science during the first decade of the Web: An enriched author co – citation analysis [J]. *Journal of the American Society for Information Science and Technology*, 2008, 59 (6): 916 – 937.

⑤　Zhao, D. Z.. Evolution of Research Activities and Intellectual Influences in Information Science 1996 – 2005: Introducing Author Bibliographic – Coupling Analysis [J]. *Journal of the American Society for Information Science and Technology*, 2008, 59 (13): 2070 – 2086.

（三）因子分析

早在 1981 年 White 等人将因子分析应用于作者共被引分析（ACA）以探测研究领域的结构特性以及作者在这种结构特性中的地位与关系①。在 2008 年，Zhao 等人将因子分析应用于作者文献耦合分析（ABCA）进行实证分析，并取得了良好的效果和有意义的结论。本部分作者继续进行因子分析运用于作者文献耦合分析（ABCA）的研究，并首次尝试将因子分析应用于作者关键词耦合分析（AKCA）。

分别构造出 100 位作者的作者文献耦合矩阵和作者关键词耦合矩阵，得到 4 个不同的矩阵。矩阵的对角线值为作者的平均耦合频次减去 1（消除自耦合）。矩阵导入 SPSS 进行因子分析，因子萃取选择主成分分析（principal component analysis，PCA）。因子数量的确定是通过检查方差的总解释度、公共因子、相关残差②。因子分析模型采取直接斜交转轴法。因子分析方法主要提供了两种旋转法：垂直旋转法、直接斜交转轴法。在共被引分析中，这两种方法都曾被应用过，甚至发生在同一作者身上。McCain、White 与 Griffith 曾讨论直接斜交转轴法在测度因子之间的相互作用方面的优势，他们的数据显示直接斜交转轴法产生的因子之间的相关性是比较高的，2 个因子之间的相关系数最大值可以在 0.39—0.65 的区间范围③④；但在随后的研究中 McCain、White 又转而应用垂直旋转法进行情报科学领域的作者共被引分析，也同样得出了有价值的结论，却并未解释做出这种转变的原因⑤。Zhao 与 Strotmann 在 2008 年针对这种混沌现象进行过系统的实证探讨，发现直接斜交转轴法可以提供一个学科的更为清晰、详尽的信息，而垂直旋转法在显示学科的主要专业领域

① White, H. D., & Griffith, B. C.. Author cocitation：A literature measure of intellectual structure. ［J］. *Journal of the American Society for Information Science*，1981，32：163 – 171.

② Hair, J. F., Anderson, R. E., Tatham, R. L., Black, W. C.. *Multivariate Date Analysis* (5th ed.) ［M］. Upper Saddle River, NJ：Prentice Hall，1998.

③ McCain, K. W.. Mapping authors in intellectual space：A technical overview ［J］. *Journal of the American Society for Information Science*，1990，41：433 – 443.

④ White, H. D., & Griffith, B. C.. Authors as markers of intellectual space：Cocitation in studies of science, technology and society ［J］. *Journal of Documentation*，1982，38：255 – 272.

⑤ White, H. D., McCain, K. W.. Visualizing a discipline：An author cocitation analysis of information science, 1972 – 1995 ［J］. *Journal of the American Society for Information Science*，1998，49：327 – 355.

（major specialties）方面有优势；直接斜交转轴法可以体现载荷作者对于其因子的特有贡献（unique contribution）以及因子之间的相关关系，垂直旋转法容易体现载荷作者所擅长的一般性研究领域（general research areas）[①]。基于前人的研究结论，我们选择直接斜交转轴法。而且从理论上讲，一个学科尤其是一个二级学科的各个研究主题（因子）之间不可能是孤立的，是存在一定相关关系的，直接斜交转轴法可以更好地反映现实状况。

（四）可视化

很早就有学者选择因子分析结果中载荷值超过某一自行设定的阈值的载荷作者进行分析[②③]。早期的学者在因子结构可视化方面一般选择表格形式或者多维尺度图谱（MDS maps）[④⑤]，这种可视化展示形式虽然展示的信息量够大，但是占用的空间也很大，且不够形象直观。Zhao 等人在借鉴前人的基础上，引入了一种新的可视化方法，以更加浓缩的社会网络图谱形式呈现各因子及其高载荷作者[⑥]。该网络图谱的绘制是通过 Pajek 执行 Kamada-Kawai 图谱分布算法（Kamada-Kawai graph layout algorithm）实现的，这是一种以发明者名字命名的可视化算法[⑦]。在本部分的研究中，我们借鉴 Zhao 等人的可视化展示形式，但区别于 Zhao 的是，我们所

① Zhao，D. Z.，Strotmann，A.. Information science during the first decade of the Web：An enriched author co – citation analysis ［J］. *Journal of the American Society for Information Science and Technology*，2008，59（6）：916 – 937.

② Eom，S. B.，Farris，R. S.. The contributions of organizational science to the development of decision support systems research subspecialties ［J］. *Journal of the American Society for Information Science*，1996，47：941 – 952.

③ White，H. D.，Griffith，B. C.. Author cocitation：A literature measure of intellectual structure ［J］. *Journal of the American Society for Information Science*，1981，32：163 – 171.

④ McCain，K. W.. Mapping authors in intellectual space：A technical overview ［J］. *Journal of the American Society for Information Science*，1990，41：433 – 443.

⑤ White，H. D.，McCain，K. W.. Visualizing a discipline：An author cocitation analysis of information science，1972 – 1995 ［J］. *Journal of the American Society for Information Science*，1998，49：327 – 355.

⑥ Zhao，D. Z.，Strotmann，A.. Can citation analysis of web publications better detect research fronts？［J］. *Journal of the American Society for Information Science and Technology*，2007，58（9）：1285 – 1302.

⑦ Batagelj，V.，Mrvar，A.. Pajek：Program for analysis and visualization of large networks. ［2011 – 11 – 02］. http：//vlado. fmf. uni – lj. si/pub/networks/pajek/doc/pajekman. pdf.

绘制的图谱是通过执行 UCINET 中集成的 NETDRAW 软件实现的。该图谱依然可以较小的空间呈现尽可能多的信息，且展示效果直观明了。

在我们的图谱中，作者以方形节点表示，因子以圆形节点表示。方形节点与圆形节点之间连接，表示作者在该因子上承载一定的荷值，载荷值越大，连线就会越粗；连线的颜色也表明载荷值的大小，浅色的连线表示载荷值较小，深色的连线表示载荷值较大。需要说明的是，只有作者在因子上的载荷值大于 0.3 才会被选入图谱并与因子建立连接。

图谱中节点的大小也表示不同的含义，是通过计算载荷数值而得出的结果。作者节点（方形）的大小与作者所承载在因子上的载荷值成正比；因子节点（圆形）的大小与连接在该因子上的载荷数值大于 0.3 的作者的载荷值之和成正比。图谱中节点的颜色表示它们之间互相连接的次数，即网络中节点的点度（degree）。网络节点之间距离的远近可以近似地表示它们之间的亲密程度。如果 2 个因子之间距离较近，则这 2 个研究主题之间就很可能有较强的相关性。

二　作者排名

无论是作者文献耦合还是作者关键词耦合，作者能够与其他作者建立较高的耦合关系表示该作者具有较高的研究活力。根据作者跟其他作者的平均耦合频次对作者进行排名，排名结果如表 6—5、表 6—6、表 6—7、表 6—8 所示（仅列出前 10 名）。

表 6—5　　　　　1991—2000 年 ABCA 作者耦合频次与排名　　　　单位：次

排序	作者	耦合总频次	平均耦合频次	最大耦合频次
1	Zitt，M	187	1.8888889	18
2	Leydesdorff，L	184	1.8585859	26
3	Gupta，BM	182	1.8383838	10
4	Glanzel，W	179	1.8080808	20
5	Vinkler，P	148	1.4949495	12
6	Moed，HF	144	1.4545455	12
7	Wouters，P	128	1.2929293	26
8	Braun，T	113	1.1414141	20
9	MIQUEL，JF	90	0.9090909	8
10	Egghe，L	82	0.8282828	15

表 6—6　　　　　1991—2000 年 AKCA 作者耦合频次与排名　　　单位：次

排序	作者	耦合总频次	平均耦合频次	最大耦合频次
1	Braun，T	275	2.777777778	11
2	Glanzel，W	220	2.222222222	7
3	Egghe，L	206	2.080808081	10
4	Arvanitis，R	167	1.686868687	7
5	PETERS，HPF	164	1.656565657	5
6	Katz，JS	159	1.606060606	5
7	Lewison，G	155	1.565656566	7
8	SANCHO，R	154	1.555555556	9
9	Helander，E	154	1.555555556	10
10	Krull，W	154	1.555555556	10

表 6—7　　　　　2001—2010 年 ABCA 作者耦合频次与排名　　　单位：次

排序	作者	耦合总频次	平均耦合频次	最大耦合频次
1	Glanzel，W	788	7.959596	36
2	Guan，JC	536	5.4141414	27
3	Leydesdorff，L	463	4.6767677	26
4	Meyer，M	449	4.5353535	30
5	Egghe，L	405	4.0909091	42
6	Bar-Ilan，J	320	3.2323232	22
7	Thelwall，M	260	2.6262626	43
8	Schubert，A	242	2.4444444	26
9	Zhou，P	241	2.4343434	31
10	Costas，R	237	2.3939394	23

表 6—8　　　　　2001—2010 年 AKCA 作者耦合频次与排名　　　单位：次

排序	作者	耦合总频次	平均耦合频次	最大耦合频次
1	Glanzel，W	704	7.111111111	23
2	Leydesdorff，L	543	5.484848485	20
3	Egghe，L	525	5.303030303	20

排序	作者	耦合总频次	平均耦合频次	最大耦合频次
4	Schubert, A	491	4.95959596	15
5	Kostoff, RN	477	4.818181818	13
6	Guan, JC	465	4.696969697	23
7	Meyer, M	429	4.333333333	17
8	Sooryamoorthy, R	411	4.151515152	17
9	Kim, MJ	386	3.898989899	12
10	Wong, PK	356	3.595959596	12

对排名结果进行相关分析，可以建立 4 对相关分析，如表 6—9 所示。对 1991—2000 年的 136 位作者分别进行 ABCA 和 AKCA 分析，并各自选取 100 位代表作者，在这 100 位代表作者中有 79 位相同作者，对这 79 位作者在 AKCA 与 ABCA 中的排名进行相关分析；同理，可以从 2001—2010 年的 203 位作者中提取 68 位相同作者进行相关分析。分别得到相关系数 0.396、0.398。另外，还可以分别对两个时间段的所有作者的耦合排名进行相关分析，得到相关系数 0.407、0.520。结果显示，作者文献耦合与作者关键词耦合之间并不是没有关系，而是呈现一种弱正相关性，而且随着我们样本数据量的增大，这种相关性在变强。

表 6—9   ABCA 与 AKCA 作者平均耦合排名相关分析

	1991—2000 年 ABCA 共有作者	2001—2010 年 ABCA 共有作者	1991—2000 年 ABCA 所有作者	2001—2010 年 ABCA 所有作者
1991—2000 年 AKCA 共有作者	0.396			
2001—2010 年 AKCA 共有作者		0.398		
1991—2000 年 AKCA 所有作者			0.407	
2001—2010 年 AKCA 所有作者				0.520

在作者文献耦合与作者关键词耦合的 100 位代表作者中有很高的重合率（1991—2000 年 79% 的重合，2001—2010 年 69% 的重合），即在作者文献耦合中的高耦合频次作者依然是作者关键词耦合的高耦合频次作者，这进一步论证了 ABCA 与 AKCA 存在的相关性。至于 1991—2000 年与 2001—2010 年科学计量学耦合情况比较，虽然 69% ＜ 79%，却不足以说明这种相关性在减弱，因为 1991—2000 年段我们是从 136 位作者中选取 100 位代表作者，而 2001—2010 年段我们是从 203 位作者中选取 100 位代表作者。事实上，ABCA 与 AKCA 的这种相关性在 2001—2010 年段略有变强，在分析过程中我们如 1991—2000 年段一样，同样仅仅选定前 136 位作者作为分析基础，结果显示有 80 位共有作者，即 80% 的重合率，略大于 79%。

三　因子模型拟合分析

由软件运行所得到的不同的时间段的作者文献耦合矩阵、作者关键词耦合矩阵分别如表 6—10、表 6—11、表 6—12、表 6—13 所示。

表 6—10　　　　　　　　1991—2000 年 ABCA 矩阵（部分）

AUTHOR	Braun, T	Egghe, L	Glanzel, W	Gupta, BM	Vinkler, P	Lewison, G	Leydesdorff, L	Moed, HF	Rousseau, R	Zitt, M	Courtial, JP	Garg, KC	Nagpaul, PS	Nederhof, AJ	Bonitz, M	Bordons, M
Braun, T	20	1	20	4	4	2	0	3	0	5	0	5	2	1	5	2
Egghe, L	1	15	3	5	3	0	0	2	6	4	0	1	0	1	1	0
Glanzel, W	20	3	20	4	5	3	2	9	1	18	0	6	2	1	4	3
Gupta, BM	4	5	4	10	5	1	6	2	1	5	0	4	0	0	0	0
Vinkler, P	4	3	5	5	12	2	9	12	3	2	0	5	0	3	2	0
Lewison, G	2	0	3	1	2	3	0	3	0	2	0	0	0	1	1	2
Leydesdorff, L	0	0	2	6	9	0	26	6	6	7	4	0	0	4	1	0
Moed, HF	3	2	9	2	12	3	6	12	1	5	0	4	0	4	2	2
Rousseau, R	0	6	1	1	3	0	6	1	6	2	0	0	0	1	0	0

续表

AUTHOR	Braun, T	Egghe, L	Glanzel, W	Gupta, BM	Vinkler, P	Lewison, G	Leydesdorff, L	Moed, HF	Rousseau, R	Zitt, M	Courtial, JP	Garg, KC	Nagpaul, PS	Nederhof, AJ	Bonitz, M	Bordons, M
Zitt, M	5	4	18	5	2	2	7	5	2	18	0	1	3	5	3	4
Courtial, JP	0	0	0	0	0	0	4	0	0	0	4	0	0	1	0	0
Garg, KC	5	1	6	1	5	0	0	4	0	1	0	10	0	1	3	0
Nagpaul, PS	2	0	2	2	0	0	0	0	0	3	0	0	3	0	0	1
Nederhof, AJ	1	1	1	0	3	0	4	4	1	5	1	1	0	5	1	1
Bonitz, M	5	1	4	0	2	1	1	2	0	3	0	3	0	1	5	0
Bordons, M	2	0	3	3	0	2	0	2	0	4	0	0	1	1	0	4

表 6—11　　　　　　　　1991—2000 年 AKCA 矩阵 （部分）

AUTHOR	Braun, T	Egghe, L	Glanzel, W	Gupta, BM	Vinkler, P	Lewison, G	Leydesdorff, L	Moed, HF	Rousseau, R	Zitt, M	Garg, KC	Nederhof, AJ	Bonitz, M	Bordons, M	Eto, H
Braun, T	12	7	7	4	7	5	2	1	1	4	5	4	4	2	6
Egghe, L	7	11	5	1	4	4	2	2	1	4	10	2	1	1	4
Glanzel, W	7	5	8	4	4	5	7	5	2	5	6	2	2	2	3
Gupta, BM	4	1	4	5	4	1	3	1	0	1	0	0	3	1	2
Vinkler, P	7	4	4	4	8	2	1	5	3	1	3	2	2	1	0
Lewison, G	5	4	5	2	2	8	2	2	4	3	5	1	2	2	
Leydesdorff, L	2	2	7	3	1	2	8	2	2	3	2	1	1	1	2
Moed, HF	1	2	5	1	5	4	2	7	1	3	1	1	0	2	2
Rousseau, R	1	1	2	0	3	2	2	1	4	2	2	2	0	0	0
Zitt, M	4	4	5	1	1	4	3	3	2	6	3	3	1	0	1
Garg, KC	5	10	6	0	3	3	2	1	2	3	11	1	0	0	0

续表

AUTHOR	Braun, T	Egghe, L	Glanzel, W	Gupta, BM	Vinkler, P	Lewison, G	Leydesdorff, L	Moed, HF	Rousseau, R	Zitt, M	Garg, KC	Nederhof, AJ	Bonitz, M	Bordons, M	Eto, H
Nederhof, AJ	4	2	2	0	2	5	1	1	2	3	1	6	1	1	1
Bonitz, M	4	1	2	3	2	1	1	0	0	1	0	1	5	1	1
Bordons, M	2	1	2	1	1	2	1	2	0	0	0	1	1	4	2
Eto, H	6	4	3	2	0	2	2	2	0	1	0	1	1	2	7

表 6—12　　　　　　　　2001—2010 年 ABCA 矩阵 （部分）

AUTHOR	Glanzel, W	Egghe, L	Yu, G	Leydesdorff, L	Braun, T	Burrell, QL	Bornmann, L	Schubert, A	Bar-Ilan, J	Guan, JC	Meyer, M	Abramo, G	Liang, LM	Small, H	Vinkler, P
Glanzel, W	37	36	4	14	15	33	4	26	19	27	23	5	13	4	23
Egghe, L	36	43	4	1	6	42	2	16	22	8	0	1	11	2	10
Yu, G	4	4	12	11	4	1	0	3	2	10	11	0	1	0	0
Leydesdorff, L	14	1	11	27	6	0	1	6	3	17	26	1	3	8	2
Braun, T	15	6	4	6	16	4	2	4	6	9	7	2	6	0	2
Burrell, QL	33	42	1	0	4	43	1	4	15	7	0	0	3	1	8
Bornmann, L	4	2	0	1	2	1	12	0	3	2	0	0	3	1	2
Schubert, A	26	16	3	6	4	4	0	27	9	3	2	0	4	1	6
Bar-Ilan, J	19	22	2	3	6	15	3	9	23	3	0	0	5	1	6
Guan, JC	27	8	10	17	9	7	2	3	3	28	24	7	6	4	12
Meyer, M	23	0	11	26	7	0	0	2	0	24	31	4	2	1	2
Abramo, G	5	1	0	1	2	0	0	0	0	7	4	12	4	2	0
Liang, LM	13	11	1	3	6	3	3	4	5	6	2	4	14	1	2
Small, H	4	2	0	8	0	1	1	1	1	4	1	2	1	14	2
Vinkler, P	23	10	0	2	2	8	2	6	6	12	2	0	2	2	24

表 6—13　　　　　　　2001—2010 年 AKCA 矩阵（部分）

AUTHOR	Glanzel, W	Egghe, L	Yu, G	Leydesdorff, L	Braun, T	Burrell, QL	Bornmann, L	Lewison, G	Schubert, A	Bar-Ilan, J	Guan, JC	Meyer, M	Abramo, G	Liang, LM	Small, H
Glanzel, W	24	20	10	20	10	9	10	6	15	9	23	15	8	9	5
Egghe, L	20	21	5	11	9	4	10	7	15	16	12	7	9	10	5
Yu, G	10	5	11	8	4	4	6	6	8	5	8	8	5	5	1
Leydesdorff, L	20	11	8	21	10	1	7	5	13	5	13	17	6	6	3
Braun, T	10	9	4	10	12	2	11	5	6	5	7	10	4	5	2
Burrell, QL	9	4	4	1	2	10	0	1	1	1	3	1	1	1	1
Bornmann, L	10	10	6	7	11	0	12	8	8	6	5	2	3	3	3
Lewison, G	6	7	6	5	5	1	8	9	5	7	4	3	4	4	2
Schubert, A	15	15	8	13	6	1	8	5	16	6	12	7	6	6	4
Bar-Ilan, J	9	16	5	5	5	1	6	7	6	17	6	2	8	7	2
Guan, JC	23	12	8	13	7	3	5	4	12	6	24	8	4	1	5
Meyer, M	15	7	8	17	10	1	2	3	7	2	8	18	7	5	2
Abramo, G	8	9	5	6	4	1	3	4	6	8	4	7	10	7	2
Liang, LM	9	10	5	6	6	1	3	4	6	7	1	5	7	11	2
Small, H	5	5	1	3	2	1	3	2	4	2	5	2	2	2	7

　　将我们构建的 ABCA 与 AKCA 的作者耦合矩阵进行相似矩阵的转化，导入 SPSS 进行因子分析。因子模型的拟合结果如表6—14 所示。从整体结果上看，耦合分析模型拟合优度非常理想，例如，1991—2000 年 ABCA 中，16 个因子可以解释 93.76% 的总方差；只有 47 个数值的观察值和预测值的相关差异大于 0.05，几乎 100% 的残差都是小于 0.05 的；公因子的变动的数值最小为 0.76，最大为 0.99，小于 0.7 的公因子为 0（或 0%），小于 0.8 的公因子为 1（或 1%），小于 0.9 的公因子也只有 18（或 18%）。由此看来，科学计量学领域的文献耦合因子分析结果要比 Zhao D. 与 Strotmann A. 计算的情报科学领域的结果好很多，他们计算

1996—2005 年间情报科学的结果是萃取了 11 个因子解释了 68% 的总方差，非冗余残差比例很高[①]。这可能是因为相对于科学计量学这一微观领域，情报科学表现得更为宏观，包含了众多二级或者三级学科，选取的代表作者也是多个学科领域的学者，因此很难去充分解释其总方差。

表 6—14　　　　　　　　　　　因子模型拟合结果

耦合分析	因子数	总方差解释度（%）	｜非冗余残差｜>0.05（%）	公因子	
				变动范围	<0.7 <0.8 <0.9
1991—2000 年 ABCA	16	93.76	47（0%）	0.76—0.99　0（0%）	1（1%）　18（18%）
1991—2000 年 AKCA	8	97.17	15（0%）	0.86—0.998　0（0%）	0（0%）　2（2%）
2001—2010 年 ABCA	11	93.86	71（1%）	0.76—0.995　0（0%）	2（2%）　15（15%）
2001—2010 年 AKCA	10	94.55	37（0%）	0.81—0.99　0（0%）	0（0%）　8（8%）

　　两个时间段都显示，作者关键词耦合比作者文献耦合拟合结果更为理想，这表示作者关键词耦合的结果比作者文献耦合的结果更易于解释。1991—2000 年 AKCA 分析结果显示，作者耦合分析仅用 8 个因子就可以解释高达 97.17% 的总方差，比 ABCA 的 16 个因子的 93.76% 好很多，最小公因子数值为 0.86 远远大于 0.76，98% 的公因子数值都是大于 0.9 的，该数值也远远大于 ABCA 的 88%。2001—2010 年时间段的数据仍然显示 AKCA 好于 ABCA，AKCA 的 10 个因子可以解释 94.55% 的总方差，几乎 100% 的残差绝对值都是小于 0.05；ABCA 则是 11 个因子解释 93.86% 的总方差，99% 的残差绝对值小于 0.05；AKCA 的公因子最小值 0.81 大于 ABCA 的 0.76；ABCA 有 2 个小于 0.8 的公因子，小于 0.9 的公因子数达 15 个，而 AKCA 没有小于 0.8 的公因子，小于 0.9 的公因子也仅有 8 个。

---

① Zhao, D. Z. , Strotmann, A. . Evolution of research activities and intellectual influences in Information Science 1996 - 2005: Introducing Author bibliographic coupling analysis ［J］. *Journal of the American Society for Information Science and Technology*, 2008, 59（13）: 2070 - 2086.

四 科学计量学（1991—2000）

将根据科学计量学 1991—2000 年间的数据构建的作者文献耦合矩阵与作者关键词耦合矩阵分别进行因子分析，以主成分方法萃取因子，并进行直接斜交旋转，然后可视化其结构矩阵。

（一）科学计量学（1991—2000）知识结构

文献耦合在揭示学科领域知识结构方面已经受到越来越多的学者的认同，并得到实证分析。因此，我们以作者文献耦合分析方法来呈现科学计量学的知识结构。经过因子分析，我们探测到科学计量学（1991—2000）共 16 个因子，如表 6—15、表 6—16 所示。载荷数表示研究主题（因子）在学科内的活跃度，载荷数是因子上载荷大于 0.3 的代表作者数目，其计算方法不仅计算首要载荷作者数，同时计算次要载荷作者数，我们认为次要作者也可以表示研究主题的活跃性，忽略次要载荷作者数的做法不太合理①②③④⑤⑥⑦。各因子上最高载荷表示它所代表的各因子（研究主题）在学科内的显著度。因子标签的标注是一项比较困难的工作，为此我们充分考虑耦合的原理，即耦合的发生是作者共同引用了一篇文献或者一个关键

---

① Zhao, D. Z. . Towards all – author co – citation analysis ［J］. *Information Processing & Management*, 2006, 42: 1578 – 1591.

② Zhao, D. Z. . Dispelling the myths behind straight citation counts. Information Realities: Shaping the digital future for all. Paper presented at the American Society for Information Science and Technology 2006 Annual Meeting, Austin, Texas.

③ Zhao, D. Z. . Mapping library and information science: Does field delineation matter? Paper presented at the American Society for Information Science and Technology 2009 Annual Meeting, Vancouver, British Columbia, Canada.

④ Zhao, D. Z. , Logan, E. . Citation analysis using scientific publications on theWeb as data source: A case study in the XML research area ［J］. *Scientometrics*, 2002, 54 (3): 449 – 472.

⑤ Zhao, D. Z. , Strotmann, A. Can citation analysis of web publications better detect research fronts? ［J］ *Journal of the American Society for Information Science and Technology*, 2007, 58 (9): 1285 – 1302.

⑥ Zhao, D. Z. , Strotmann, A. . Information science during the first decade of the Web: An enriched author co – citation ［J］. *Joural of the American Society for Information Science and Technology*, 2008, 59 (6).

⑦ Zhao, D. Z. , Strotmann, A. . Intellectual structure of stem cell research: Acomprehensive author co – citation analysis of a highly collaborative and multidisciplinary field ［J］. *Scientometrics*, 2011, 87: 115 – 131.

词。我们检查各因子中高载荷作者以及高耦合强度作者的共同研究主题，其中 ABCA 主要检查源数据集中高耦合强度作者的耦合文献以及它们的题名；AKCA 主要检查源数据集中高耦合强度作者的耦合关键词。我们发现各因子中高载荷作者跟高耦合强度作者往往保持一致，而且各因子中与最高载荷作者发生最高耦合强度的作者往往也是因子中第二、第三高载荷作者，如 ABCA 引文分析的 Luukkonen，T（1）与 Wouters，P（3）；学科领域计量的 Jain，A（1）与 Karki，MMS（2）；专利分析的 Tijssen，RJW（1）与 Meyer，M（3）；AKCA 科学计量指标的 SANCHO，R（1）与 WHITNEY，G（2）；期刊计量指标的 PICHAPPAN，P（1）与 Egghe，L（2）；医学计量的 Breimer，LH（1）与 Zhang，HQ（2）等。这使得我们的因子的标注工作变得相对容易了很多，我们只需要检查这些高载荷与高耦合强度作者的共同研究主题，即可确定因子标签。因子的确定主要是根据模式矩阵，因为模式矩阵中的作者体现了作者对因子的独特贡献，如果模式矩阵的载荷作者过少，无法进行标注时再借助结构矩阵。通过以上方法就可以确定 16 个因子的标签，其中有 3 个因子无论是在模式矩阵还是结构矩阵中都无法找到高载荷作者，因此无法准确地确定其因子标签，我们以"未查明"来表示。

表 6—15　　　　　　　ABCA 因子及其载荷（1991—2000）

因子	载荷数	最高载荷	因子	载荷数	最高载荷
国际合作	23	0.97	科学知识图谱	8	0.83
科学合作	16	0.75	专利分析	7	0.94
期刊影响因子	14	0.84	文献计量应用研究	6	0.94
科学创新	13	0.85	文献计量基础规律研究	4	1.04
引文分析	12	0.70	期刊评价	1	0.31
共词分析	12	0.88	未查明	3	0.42
学科领域计量	10	0.92	未查明	1	0.31
期刊引证	9	0.68	未查明	0	0.00

表 6—16　　　科学计量学 1991—2000 年研究主题代表作者分布

研究主题	代表作者
国际合作	
科学合作	
期刊影响因子	van Raan，AFJ Christensen，FH
科学创新	
引文分析	
共词分析	
学科领域计量	
期刊引证	
科学知识图谱	
专利分析	
文献计量应用研究	
文献计量基础规律研究	
期刊评价	PICHAPPAN，P

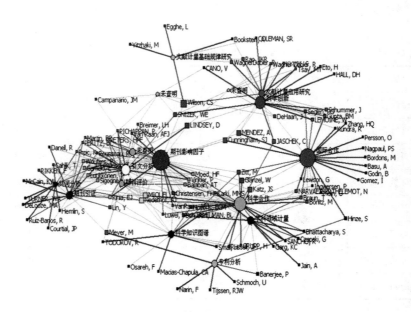

图 6—4　ABCA 结果（科学计量学 1991—2000）

结构矩阵中的作者载荷体现了作者之间以及因子之间的相关性，也就是说这些载荷不仅承载了作者与因子之间的相关性，也包含了各因子之间的相互作用①。因此，我们认为结构矩阵可以更充分地体现学科领域的结构特性，因子分析结果的 16 个因子的结构矩阵可视化结果如图 6—4 所示。如果在图谱中央纵向画一条虚线，则科学计量学（1991—2000）研究泾渭分明地被分为两个研究区域，左侧的区域明显表现为科学计量学的基础理论研究，右侧的区域则表现为科学计量学的实践应用研究。基础理论研究是科学计量学基本的、传统的问题、方法以及规律的研究，主要包含：期刊影响因子、引文分析、期刊引证、期刊评价、共词分析、文献计量基础规律研究等。实践应用研究是科学计量学以及科学学的实践问题、方法与规律的应用等，主要包含：国际合作、科学合作、科学创新、文献计量应用研究、学科领域计量、专利分析等。图谱显示，科学知识图谱由引文分析衍生而来，似乎正在成为连接基础理论与实践应用研究的一个领域。在科学计量学的这个时间段，科学知识图谱还是一个规模较小的研究主题，在下文的研究中，我们发现，科学计量学在 2001—2010 年中该领域研究已经发展为一个主流研究主题，而且其与引文分析研究变得更加紧密相关。

与我们的研究有一定相关性的是 Chen C. 等人于 *JASIST* 上发表的"Mapping Scientometrics（1981—2001）"，他们同样是以《科学计量学》期刊收录的论文为数据来源研究科学计量学学科领域的某些结构特点，选取的研究角度是文献共被引分析（document co-citation analysis），以区别于众多学者采取的作者共被引分析（author co-citation analysis）②。在研究中，他们以 1981—2001 年间《科学计量学》收录的所有文献中出现 5 次以上的 403 篇引文为数据样本，构建文献的共被引矩阵，对矩阵进行因子分析解释科学计量学的学科结构。与我们的结果相对比，他们探寻到 25 个因子解释了 91.184% 的总方差，不过 Chen 等人仅仅解释了最大的 3 个因子，规模最大的研究主题为"引文分析"（Citations in Science Studies），

---

① Hair, J. F., Anderson, R. E., Tatham, R. L., Black, W. C.. *Multivariate Data Analysis* (5th ed.) [M]. Upper Saddle River, NJ: Prentice Hall, 1998.

② Chen, C., McCain, K., White, H., Lin, X.. Mapping Scientometrics (1981—2001) [J]. *Journal of the American Society for Information Science and Technology*, 2002 (2): 25 – 34.

是我们结果中排名第五的研究主题；规模第二的研究主题"国际科学行为"（World and national science performance）与我们排名第一的因子相对应；第三的研究主题是"研究产出评价"（Evaluation research outputs）在我们的研究结果中并未出现。由此看来，在相当规模的研究主题上作者文献耦合分析与文献共被引分析的探寻结果基本是一致的。

（二）ABCA 与 AKCA 对比分析

1. 主题探测

科学计量学（1991—2000）进行文献关键词耦合分析所探测到的因子及载荷如表 6—17 所示。AKCA 的因子分析结构矩阵的可视化结果如图 6—5 所示。比较表 6—15、图 6—4 与表 6—17、图 6—5，我们可以发现：

（1）ABCA 可以探寻到比 AKCA 更多的研究主题。针对科学计量学 1991—2000 年的数据，ABCA 探寻出了 16 个研究主题，而 AKCA 仅仅探寻到 8 个研究主题。究其原因，我们认为是由以下原因造成的：①耦合的基础数据项（引文、关键词等）数量不同。ABCA 在计算耦合频次时比 AKCA 依赖更多的数据项。统计 136 位作者的引文数量，它们的引文数量总和为 5576，平均每位作者的引文数量为 41；而统计 136 位作者的关键词数量，其数值远远小于引文数量，关键词数量总和为 935，平均每位作者的关键词为 6.88。统计科学计量学 2001—2010 年间的数据，依然是这种现象，203 位作者的引文数量总和与关键词数量总和分别为 16737、2982；平均每位作者的引文数量与关键词分别为 82.45、14.69。不可否认的是，数据项越多发生耦合的可能性就越大，也更易产生大的变数。②耦合发生的学科差异。ABCA 所依赖的引文数据不仅包含本学科的文献，还依赖其他众多学科的文献，而 AKCA 依赖的关键词一般都是反映文章实质内容的本学科领域范围内的分类主题词。③年代追溯性的差异。文献耦合关系一旦确立，这两篇文献的耦合频次便不会随时间发生变化，这一点不仅适用于 ABCA，也同样适用于 AKCA。但是作者文献耦合发生的追溯性更强，可以跨越数个年代。也就是说，虽然文献耦合发生在文献出版的时间，但致使耦合发生是可以追溯于数个年代之前的文献。AKCA 在这些方面表现得则弱很多。因此，我们认为，以上 3 点原因使得 ABCA 增加了耦合发生的多变性和不稳定性，当文献耦合上升到作者耦合时就会增加作者耦合的多变，致使作者呈现多样性，因而降低了因子对总方差的解释度，使得 ABCA 的模型拟合不及 AKCA 理想，要充分解释其总方差就比 AKCA 需要更多的因子。

（2）在研究热点主题发现上，ABCA 与 AKCA 的探测结果基本是一致的。以科学计量学（1991—2000）为例，ABCA 探测到的第一与第二的研究主题是"国际合作"与"科学合作"，这与 AKCA 中探测到的排名第二与第三的研究区域"科学合作与分布"与"科研合作"基本是对应的，虽然在合作方式上有所差异，实质上都是关于合作的研究主题。ABCA 中排名第三的"期刊影响因子"与 AKCA 中排名第一的"科学计量指标"与第四的"期刊计量指标"有对应关系。期刊影响因子应属于期刊计量指标的研究范畴，而二者又是科学计量指标的一个方面，因此，三者之间具有一定的隶属关系。由此看来，针对科学计量学 1991—2000 年间的数据，ABCA 探测到的前 3 位的研究主题与 AKCA 探测到的前 4 位的研究主题基本是一致的，这也进一步说明 ABCA 与 AKCA 存在着一定的相关性，在 ABCA 中建立高耦合关系的作者在 AKCA 中也极易建立高的耦合关系。

（3）AKCA 同样具有一定的预测性。AKCA 的这种特性我们会在下文结合科学计量学（2001—2010）的数据加以说明。

表 6—17　　　　　　　　AKCA 因子及其载荷（1991—2000）

因子	载荷数	最高载荷	因子	载荷数	最高载荷
科学计量指标	33	0.92	区域计量	14	0.94
科学合作与分布	29	0.85	科学与技术	11	0.92
科研合作	20	0.93	医学计量	6	1.02
期刊计量指标	19	0.99	未查明	4	0.38

2. 耦合矩阵余弦相似度比较

前文中，我们已经比较了 ABCA 与 AKCA 中作者的排名存在着弱相关性，论证了 ABCA 与 AKCA 具有一定的相关性。这种相关性我们还可以通过比较 ABCA 与 AKCA 中的两个耦合矩阵的余弦相似度得到进一步的论证。将我们构建的科学计量学（1991—2000）的 100×100 耦合原始矩阵导入 SPSS，计算得出 ABCA 与 AKCA 的余弦相似度为 0.398。筛选出二者共同拥有的 79 位作者重新构建 79×79 矩阵，计算得出二者的余弦相似度为 0.504。以同样方法计算科学计量学（2001—2010）的耦合矩阵，得出

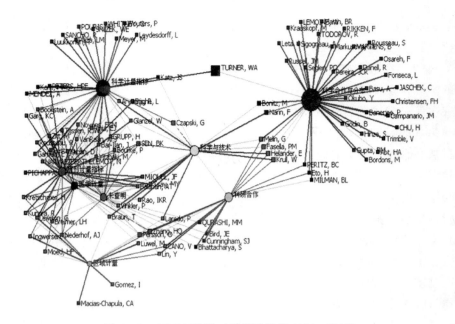

图6—5 AKCA 结果（科学计量学 1991—2000）

ABCA 与 AKCA 的余弦相似度为 0.526，二者共同拥有的 68 位作者构建的 68×68 耦合矩阵的余弦相似度为 0.704。

从这 4 个数值看，ABCA 与 AKCA 具有一定的相似度，实际上更具有统计意义的是 ABCA 与 AKCA 过程中共有作者耦合矩阵的相似度。由于作者耦合方式（文献、关键词）的不同必然导致不同的作者被选入代表作者，从而进入我们的耦合矩阵。因此，只有两种耦合矩阵中共有作者的耦合频次在多大程度相似才能更好地说明两种耦合矩阵以及 ABCA 与 AKCA 这两种耦合方式的相似度。结果表明，两个时间段的共有代表作者矩阵的余弦相似度分别为 0.504、0.704，这说明 ABCA 与 AKCA 这两种不同耦合方式下产生的不同结果具有很大的相似性，也同时表明这种相似性在科学计量学（2001—2010）中比在科学计量学（1991—2000）中体现得更为明显。而且，我们的结论也与前文中的研究结论保持高度一致，前文中根据作者跟其他作者的平均耦合频次对作者进行排名，然后对排名结果进行相关分析，无论是 AKCA 与 ABCA 的共有作者还是所有作者都表明科学计量学第 2 个时间段中的 ABCA 与 AKCA 的相关性比第 1 个时间段更强。

五　科学计量学（2001—2010）

采用上文中同样的方法将科学计量学（2001—2010）作者文献耦合矩阵与作者关键词耦合矩阵分别进行因子分析，然后可视化其结构矩阵。

（一）科学计量学（2001—2010）知识结构

经过因子分析，我们探测到科学计量学（2001—2010）共 11 个因子，因子载荷及其代表作者如表 6—18、表 6—19 所示。检查高载荷与高耦合强度作者的共同研究主题，确定因子标签。该阶段二者依然保持高度的一致，如 H 指数的 Ye，FY（1）与 Liu，YX（2）；学科交互融合的 Porter，AL（1）与 Rafols，I（2）；区域合作的 Boshoff，N（1）与 Soorya-moorthy，R（2）；科学与技术的 Van Looy，B（1）与 Verbeek，A（2）；期刊影响因子的 Campanario，JM（1）与 Sombatsompop，N（2）；科研生产力的 Lariviere，V（1）与 Archambault，E（3）等。该阶段科学计量学最活跃的研究主题是"H 指数"。"网络计量"为检查结构矩阵的作者载荷确定的因子标签。

表 6—18　　　　ABCA 因子及其载荷（2001—2010）

因子	载荷数	最高载荷	因子	载荷数	最高载荷
H 指数	24	0.99	科研生产力	10	0.95
科学与技术	22	0.93	学科交互融合	4	0.45
学科合作	21	0.79	科学知识图谱	2	0.35
期刊影响因子	16	0.81	社会网络分析	1	0.33
区域合作	12	0.86	网络计量	0	0.00
引文分析与可视化	12	0.73			

表 6—19　　　科学计量学 2001—2010 年研究主题代表作者分布

研究主题	代表作者
H 指数	
科学与技术	
学科合作	

研究主题	代表作者
期刊影响因子	
区域合作	
引文分析与可视化	
科研生产力	
学科交互融合	Kostoff, RN
科学知识图谱	
社会网络分析	
网络计量	Holmberg, K

　　因子分析结果的 11 个因子的结构矩阵可视化结果如图 6—6 所示。同样在图谱的中央纵向画一条虚线，科学计量学（2001—2010）的研究较为明显地分为四个研究领域：①科学与技术指标。包含"期刊影响因子"、"H 指数" 2 个研究因子。②科学合作研究。包含"区域合作"、"学科合作"、"科研生产力" 3 个研究因子。③科学与技术交融研究。包含"科学与技术"、"学科交互融合" 2 个研究因子。④引文分析与可视化研究。包含"科学知识图谱"、"社会网络分析"、"引文分析与可视化" 3 个研究因子。我们可以发现，研究领域①与研究领域②交织在一起，没有明显的界限。实际上，主题①与主题②分别属于科学计量学 1991—2000 年间所论述的基础理论、实践问题研究的范畴，这说明该时期科学计量学的发展不再像前 10 年所表现出的理论问题与实践问题相分离，而是更加注重二者之间的融合，从而呈现一种良性的发展态势。在科学计量学 1991—2000 年间，科学知识图谱源自引文分析，且并未形成一定规模。在 2001—2010 年间，科学知识图谱与可视化研究俨然已经成为科学计量学一个独立的研究热点领域，更重要的是，该领域各个研究主题之间的联系更加紧密，相互作用与影响在扩大。"网络计量"就是由该领域衍生出来的一个较新的研究主题，检查该因子下的作者及其共同研究主题发现，该主题主要集中在"网络链接分析"的研究，我们认为网络链接分析属于网络计量的研究内容。

　　经过比较可以看出，科学计量学经过一段时间的学科发展，科学计量学（2001—2010）的结构比科学计量学（1991—2000）的结构更加清晰明朗，而且各个研究主题之间不再孤立，而是更加融合贯通。

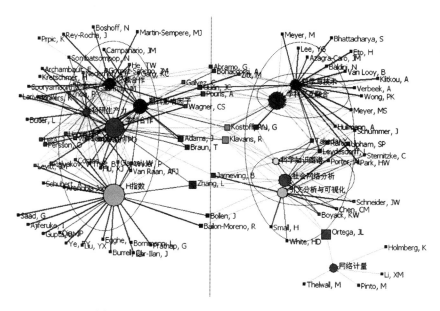

图 6—6　ABCA 结果（科学计量学 2001—2010）

（二）ABCA 与 AKCA 综合对比

科学计量学（2001—2010）进行文献关键词耦合分析所探测到的因子及其载荷如表 6—20 所示。AKCA 的因子分析结构矩阵的可视化结果如图 6—7 所示。

表 6—20　　　　　　　　　AKCA 因子及其载荷（2001—2010）

因子	载荷数	最高载荷	因子	载荷数	最高载荷
影响因子	31	0.79	科学指标与模型	11	1.01
科学与技术	29	0.86	科学交流模式	9	0.66
期刊指标	14	0.77	引文分析	9	0.97
网络计量与影响因子	13	0.98	未查明	1	0.37
科学指标与生产力	13	1.03	未查明	1	0.40

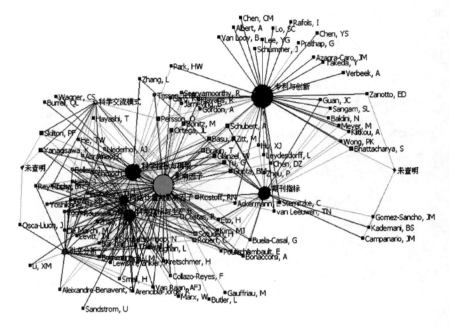

图 6—7　AKCA 结果（科学计量学 2001—2010）

　　前文中我们阐明了 ABCA 可以比 AKCA 探测到更多的研究主题，并对其原因进行过详细分析。在该阶段，此论断可以得到进一步的论证，AB-CA 探测到 11 个因子，AKCA 则探测到 10 个因子。在研究主题发现上，该阶段的研究结果与前文中论述过的研究结论也保持一致。比较表 6—20、图 6—7 与表 6—18、图 6—6，可以看到，在研究热点主题发现上 AKCA 的研究热点主题依次是："影响因子"、"科学与技术"、"期刊指标"，ABCA 的研究热点主题依次是："H 指数"、"科学与技术"、"学科合作"、"期刊影响因子"。除了"学科合作"外，其他研究主题基本是一致的。

　　Kuusi，O. 与 Meyer，M. 研究发现文献耦合分析很适合用于预测，例如运用于预测技术突破①。另外一些学者也论证了耦合分析可以显示微弱的信号来进行研究前沿的探测，这是由于耦合分析并不像共被引分析选取

---

　　① Kuusi，O.，Meyer，M.. Anticipating technological breakthroughs：Using bibliographic coupling to explore the nanotubes paradigm ［J］. *Scientometrics*，2007，70：759 - 777.

过去的高被引文献而往往是最近发表不久的有影响的文献作为分析基础[①②]。而 Strotmann，A. 与 Zhao，D. 等人则坚持将作者共被引分析（ACA）与作者文献耦合（ABCA）分析结合起来预测学科发展，他们认为 ACA 未探测到而 ABCA 探测到的研究主题很有可能成为学科未来发展的趋势[③]。比较表6—15、图6—4，表6—17、图6—5，表6—18、图6—6，我们认为，AKCA 也同样对研究领域的发展有一定的预测性，而且这种预测性并不会比 ABCA 弱。我们的研究过程是，分别以 ABCA 方法揭示科学计量学（1991—2000）与科学计量学（2001—2010）的知识结构及其演进过程，并以该领域的数据为样本展示 ABCA 与 AKCA 这两种分析方法的异同。在研究过程中我们发现，与科学计量学（2001—2010）的知识结构（见表6—18、图6—6）更为接近的是 AKCA 揭示的科学计量学（1991—2000）的知识结构（见表6—17、图6—5）。在 AKCA 结果（科学计量学 1991—2000）中探测到的研究主题在 ABCA 结果（科学计量学 2001—2010）中基本都可以找到相同或者相关的研究主题。例如，AKCA 中的"科学计量指标"、"期刊计量指标"与 ABCA 中"H 指数"、"期刊影响因子"相对应；"科学与技术"与 ABCA 中"科学与技术"一致；"科研合作"、"科学合作与分布"对应于 ABCA 中的"学科合作"、"区域合作"；"区域计量"对应于 ABCA 中"区域合作"；只有"医学计量"未找到与之相对应的主题。因此可以认为，科学计量学（2001—2010）的知识结构在科学计量学（1991—2000）的 AKCA 中早已有所体现，换言之，科学计量学（1991—2000）经过作者关键词耦合分析可以在某种程度上预示科学计量学（2001—2010）的某些结构特性。因此，AKCA 是有一定预测性的，它可以预测学科在下一阶段的发展趋势。

另外，我们认为，ABCA 与 AKCA 结合起来会是一种探寻学科知识结

①　Glänzel，W.，Czerwon，H. J.. A new methodological approach to bibliographic coupling and its application to the national，regional，and institutional level ［J］. *Scientometrics*，1996，37：195 – 221.

②　Bassecoulard，E.，Lelu，A.，Zitt，M.. Mapping nanosciences by citation flows：A preliminary analysis ［J］. *Scientometrics*，2007，70：859 – 880.

③　Zhao，D. Z.，Strotmann，A.. Evolution of research activities and intellectual influences in Information Science 1996 – 2005：Introducing author bibliographic coupling analysis ［J］. *Journal of the American Society for Information Science and Technology*，2008，59（13）：2070 – 2086.

构及其发展的研究方法。在研究过程中，我们发现在 ABCA 结果（科学计量学 1991—2000）与 AKCA 结果（科学计量学 1991—2000）中都出现的研究领域在科学计量学（2001—2010）中都有出现，而仅仅在 ABCA 结果（科学计量学 1991—2000）或者 AKCA 结果（科学计量学 1991—2000）中出现的研究领域在科学计量学（2001—2010）中出现的可能性较小。科学合作研究与科学技术指标这两大研究领域在第 1 时间段的 AB-CA 结果（见表 6—15、图 6—4）与 AKCA 结果（见表 6—17、图 6—5）中都有出现，在第 2 个时间段成为了科学计量学的 2 个主流研究领域；而仅仅在 ABCA 结果中出现的"科学创新"、"共词分析"、"学科领域计量"、"专利分析"、"文献计量应用研究"、"文献基础规律研究"以及在 AKCA 中出现的"医学计量"都未在科学计量学（2001—2010）的主题探测中发现。而仅仅在 ABCA 中出现的"引文分析"与"科学知识图谱"相互作用形成了科学计量学 2001—2010 时间段的主流研究领域，仅仅 AKCA 中出现的"科学与技术"也逐渐演变为科学计量学 2001—2010 时间段的另一主流研究领域，这并不影响我们的结论。

毫无疑问，在 2001—2010 年间，"科学与技术"已经成为科学计量学的一个重要的研究领域，因为它不仅在 ABCA 结果中出现，且出现在 AKCA 的分析结果中。该领域的重要性在 AKCA 结果（科学计量学 1991—2000）中就已经有所体现，在 AKCA 结果中它位于图谱的中央，成为联系科学分布研究与科学计量指标、期刊计量指标的一个关键节点因子（见图 6—5）。我们分析，该因子的重要性主要跟"International Conference on Science and Technology Indicators"（科学与技术指标国际会议）的密集召开有很大关系。在 1991—2000 年间，《科学计量学》收录了 2 届该会议的论文（第 4、第 5 届），而在 2001—2010 年间《科学计量学》连续收录了 5 届该会议的论文（第 6、第 7、第 8、第 9、第 10 届）。这一方面说明国际会议在推动学科发展甚至仅仅是学科某一方向的发展的重要作用；也从另一方面论证了我们的因子探析结果与实际情况基本吻合，我们的研究结论是可信的。

六 关键作者引文认同分析

引文认同（Citation Identities）被定义为，作者耦合分析中由于引用共同的研究主题而建立了耦合关系网络，作者在该关系网中的相对主题位置决定了的一种身份识别①。从图 6—4、图 6—5、图 6—6、图 6—7 中提取 4 张图谱中共同拥有的 15 位作者，建立他们在 2001—2010 年间的引文认同表，如表 6—21 所示。这 15 位作者可谓是为科学计量学的发展作出突出贡献的关键学者。他们不仅在 20 年间持续保持高的科研生产力，而且其研究成果无论是在文献耦合还是关键词耦合上都可与其他作者建立较高的耦合关系，保持了较高的研究活力。在该部分，我们首先以 ABCA 作为标准的结果探测这 15 位作者在 20 年间的研究变迁；其次，根据 2001—2010 年间的科学计量学数据比较 ABCA 与 AKCA 在作者引文认同发现上的异同点。

（一）作者引文认同迁移

比较表 5—21 中 ABCA（1991—2000）与 ABCA（2001—2010）首要引文认同，可以发现这 15 位作者在这 20 年间的研究变化。可以看出，除了在第 1 时间段未探明的 Campanario，JM 与 Leta，J 外，其他 13 位作者在这 2 个时间段的主要研究兴趣都或多或少地发生了转移。Braun，T、Glanzel，W、Gupta，BM、Zitt，M 由 "国际合作" 研究转向了 "H 指数"、"期刊影响因子" 的研究；由其他研究领域转向 "科学与技术" 的是 Bhattacharya，S、Eto，H、Leydesdorff，L、Meyer，M；没有发生兴趣转移或者转移到相似以及相关研究领域的学者是 Leta，J、Nederhof，AJ、Persson，O、Vinkler，P。

比较 ABCA（2001—2010）与 AKCA（2001—2010）作者首要引文认同与次要引文认同，就可以发现这 15 位作者的研究特点。研究狭窄的学者一般是仅仅占有一个因子载荷的作者，即仅仅含有首要引文认同；研究广泛的学者则不仅含有首要引文认同，还含有一个或者多个次要引文认同。这 15 位研究较为狭窄的作者是：Bhattacharya，S、Campanario，JM、Egghe，L、Meyer，M、Persson，O、Vinkler，P；研究较为广泛的作者是：Braun，T、Eto，H、Garg，KC、Glanzel，W、Gupta，BM、Leta，J、Leydesdorff，L、Nederhof，AJ、Zitt，M。

（二）作者引文认同探析

上文我们已经探讨了 ABCA 与 AKCA 这两种分析方法在主题探测发现

---

① White，H. D.. Authors as citers over time ［J］. *Journal of the American Society for Information Science and Technology*，2001，52：87 – 108.

方面有许多相似的地方，该部分我们将从作者引文认同的角度比较 ABCA 与 AKCA。表 6—21 显示，在 ABCA 与 AKCA 究竟谁能发现更多的引文认同方面，二者并没有多大的不同。

理论上讲，一个作者的引文认同是由某一段时间内该作者的研究兴趣决定的，因此作者的引文认同在某段时间内并不会发生经常性的变化。如果方法正确的话，无论是 ABCA 还是 AKCA 对作者引文认同的发现应该基本趋于一致。表 6—21 的数据就较好地体现了这一方面的内容。在 2001—2010 年间，ABCA 与 AKCA 对作者引文认同探测发现结果完全一致的是：Bhattacharya, S、Leydesdorff, L、Meyer, M、Zitt, M；存在相关关系或者隶属关系的是 Braun, T、Campanario, JM、Egghe, L、Eto, H、Glanzel, W、Gupta, BM、Nederhof, AJ、Vinkler, P，"H 指数"、"影响因子"、"期刊影响因子"、"期刊指标"、"科学指标与模型"都是存在较多交叉、重合、从属关系的研究主题，而科学技术指标研究则是"科学与技术"研究主题重要的一个方面；首要引文认同不同，而次要引文认同基本一致的是 Garg, KC；存在不一致的只有 Leta, J。ABCA 的探测结果表明，无论是首要引文认同还是次要引文认同都显示该作者的研究兴趣在合作研究，而 AKCA 的结果表明他的兴趣在影响因子研究。

因此，除了 Persson, O 因载荷过小 AKCA 无法探明其引文认同以及 Leta, J 外，其他 13 位作者基本趋于一致，这表明 ABCA 与 AKCA 这两种分析方法存在着高度相关性，在 ABCA 中探明作者引文身份，AKCA 同样可以探明。而对于出现的存在些许出入和不一致的个别作者，是否就表明我们的结果不准确？我们认为结果恰恰相反，这进一步表明我们研究结论的可信性。在我们耦合分析与研究过程中，ABCA 与 AKCA 作为两种不同的分析方法，由于耦合频次的差异必然导致不同的代表作者被选入，新作者的选入便会催生新的研究主题或者研究主题的变更。在 ABCA 中探明的作者引文认同就会随着他所在的最感兴趣的研究主题的丧失而转移至 AKCA 所探明的相关的研究主题中去；还有可能是他在 ABCA 中的次要引文认同，却因为在 AKCA 中某些研究主题的丧失而成为该作者的首要引文认同；如果 ABCA 中的首要引文认同与次要引文认同都丧失，那么他在 AKCA 中就很有可能找不到他的引文认同，如 Persson, O。

表6—21 科学计量学关键作者引文认同

作者	ABCA（1991—2000）首要引文认同	ABCA（2001—2010）		AKCA（2001—2010）	
		首要引文认同	次要引文认同	首要引文认同	次要引文认同
Bhattacharya，S	学科领域计量	科学与技术	—	科学与技术	—
Braun，T	国际合作	H指数		科学与技术	影响因子
Campanario，JM	—	期刊影响因子	—	期刊指标	
Egghe，L	文献计量基础规律研究	H指数	—	影响因子	—
Eto，H	科学创新	科学与技术		期刊指标	影响因子
Garg，KC	学科领域计量	区域合作	期刊影响因子、学科合作	科学与技术	影响因子
Glanzel，W	国际合作	H指数	学科合作	科学指标与模型	—
Gupta，BM	国际合作	H指数		期刊指标	影响因子
Leta，J	—	学科合作	区域合作	影响因子	
Leydesdorff，L	引文分析	科学与技术	学科合作	科学与技术	
Meyer，M	专利分析	科学与技术	—	科学与技术	—
Nederhof，AJ	科学合作	科研生产力		科学交流模式	影响因子
Persson，O	国际合作	学科合作			
Vinkler，P	期刊影响因子	H指数		影响因子	
Zitt，M	国际合作	期刊影响因子	科学与技术	影响因子	—

七 结论

本部分作者利用作者开发的计量软件程序在引入作者关键词耦合分析的基础上，结合作者文献耦合分析揭示了科学计量学1991—2010年间的研究状况。我们以10年为限，将这20年分为两个时间段，分别揭示这两个时间段的知识结构及其演进，并以这20年间的数据为样本分析比较ABCA与AKCA这两种分析方法的异同。

在研究中我们发现，在1991—2000年间，科学计量学的研究可以划分为基础理论研究与实践应用研究，而这两个研究领域以及研究主题之间的相互作用较弱。科学计量学发展至2001—2010年间，其知识结构变得更加清晰明朗，而且其研究主题之间变得亲密，相互作用力明显加强。该阶段有 4 个较为明显的研究区域：科学与技术指标、科学合作研究、科学与技术交融研究、引文分析与可视化研究。

对于 ABCA 与 AKCA 这两种分析方法，我们从作者排名相关分析、研究主题探测、余弦相似度计算、研究主题变迁、作者引文认同等角度，以实证的方式，论证了 ABCA 与 AKCA 存在的高度相关性。例如，对作者的平均耦合频次排名进行相关分析发现 ABCA 与 AKCA 是相关的，这种相关性会随着样本的增大有变强的趋势；在研究热点主题探测上，ABCA 与 AKCA 的结果基本是一致的；计算 ABCA 与 AKCA 构建的耦合矩阵的余弦相似度，尤其是提取二者共有作者构造新的耦合矩阵并进行余弦相似度的计算，表明这两种矩阵具有很强的相关性；两个时间段、两种分析方法的研究主题迁移状况表明，AKCA 与 ABCA 一样具有一定的学科发展的预测性；在探测作者的引文认同上，ABCA 与 AKCA 同样表现出探测结果的高度一致。

我们在论证了 ABCA 与 AKCA 存在着众多的相同或者相似之处的同时，也发现二者之间有些许的不同。我们在因子分析时，对二者进行相同的参数设置，并完全采取相同的分析过程，结果却显示 AKCA 比 ABCA 具有更为理想的因子分析模型拟合结果。在研究主题探测方面，ABCA 可以探寻到比 AKCA 更多的研究主题，我们将其原因归纳为三点：耦合的数据基础的数量不同；耦合发生的学科差异；年代追溯性的差异。

我们认为，ABCA 与 AKCA 二者不可以完全互为取代。虽然 ABCA 的实证文献较少，但这种方法很早便被提出，其基本原理和思想也深受广大学者的认同；而本部分的研究也显示，AKCA 似乎能比 ABCA 显示更多的信号来反映学科的技术突破以及研究前沿的发展。因此，ABCA 与 AKCA 结合起来会是一种探寻学科知识结构及其发展的研究方法。例如，对于同样的数据，如果运用 ABCA 与 AKCA 都可以探测到的学科主题领域，该主题领域作为本学科的重要研究主题的可能性就变得很大（例如，科学计量学第 2 个时间段 ABCA 与 AKCA 中的"科学与技术"）。在作者的引文认同的识别方面，也可以将 ABCA 与 AKCA 结合起来使用。虽然 ABCA 与 AKCA 的结果很多都趋于一致，但 AKCA 可以更加巩固、明确 ABCA 的识别结果，在 ABCA 无法探明作者第二、第三引文认同时，AKCA 也可以辅助其结果的探测。

第七章
结论与展望

第一节 本书的结论

本书是在知识经济广泛兴起的社会背景以及知识计量相关研究日渐增多的学术背景之下，将知识计量作为一个学科来构建知识计量学学科，探讨该学科的基本理论、相关方法、具体应用，并进行了知识计量的实践探索。通过本书的研究，我们主要得到以下几点结论：

第一，知识计量学的学科地位。知识计量学作为一门学科最早是由国内的学者提出的，其学科地位还没有得到进一步的确定。虽然知识计量的相关研究已有很多，但是还没有正规的学科教育，相关的学术会议也不多，因此知识计量学学科尚处于萌芽状态。而且，不同于文献计量学、信息计量学、网络计量学、科学计量学等计量学科，知识计量学因为并不是首先从国外提出的，这为知识计量学学科能否受到国内外学者们的广泛认同增添了很多不确定性因素，也注定了知识计量学的发展之路跟"三计学"会有很多的不同。

第二，国内外知识计量相关研究。国内外对知识计量的研究特点有相同之处，也存在着一定的差异。对知识计量研究最多的两个国家是美国和中国，而只有中国将知识计量作为一个学科——知识计量学来对待。国内外都表现出对知识可视化研究的青睐，国外的知识可视化存在着行为学派与技术学派。行为学派主要从事知识可视化理论研究，知识可视化应该如何去执行将更为合理，以及与其他学科之间的关系等；技术学派侧重于从技术、实证的角度研究知识的可视化，他们研究知识可视化的原理、方法，知识可视化模型、算法的构建与实现，知识可视化软件的开发以及软件技术的改进。国内外知识计量共同表现出的发展趋势是知识域可视化。另外，对知识计量研究较多的学科是计算机学科、工程学科、图书情报学科，其中计算机学科是连接、整合其他学科的关键学科。

第三，知识计量学与"五计学"的关系。借助波普尔的"三个世界"理论探析知识计量学与"五计学"的关系。可以根据波普尔的"三个世界"的理论将知识计量学分为狭义知识计量学与广义知识计量学。狭义知识计量学仅仅包含对"世界2"与"世界3"的知识计量；广义知识计量学除了对"世界2"、"世界3"的直接知识计量外，还包含"世界1"的间接知识计量学，即为文献计量学的内容。狭义信息计量学与知识计量学应该是一种交叉重合关系。广义信息计量学的研究对象与研究内容远远比知识计量学（无论是狭义知识计量学还是广义知识计量学）要宽泛得多。网络计量学本质上依然是对文献的计量，只不过已经不是传统意义上的图书等印刷型文献，而是电子型文献，是广义文献论上的文献计量学。根据波普尔的"三个世界"的理论推断的知识计量学与文献计量学的关系同样适用于知识计量学与网络计量学的关系。科学计量学也是对"世界1"、"世界2"、"世界3"三个世界同时进行研究的计量学学科，结合科学计量学的研究对象、研究方法、实践应用，科学计量学是"五计学"中最为亲密的学科。广义上的知识计量学应该包含科学计量学；狭义上的知识计量学与科学计量学在很大程度上应该是交叉重合的。经济计量学主要研究的是知识计量学中隐性知识计量学部分，它与隐性知识计量学关系极为密切。

第四，知识计量学科体系。知识计量学将整个人类的知识体系以及知识活动作为其研究对象。从层次结构与内容结构两个方面解析知识计量学的学科体系。从层次结构方面，把知识计量学划分为广义知识计量学与狭义知识计量学、宏观知识计量学与微观知识计量学、显性知识计量学与隐性知识计量学；从内容结构方面，知识计量学可以划分为理论知识计量学、知识计量技术方法学、应用知识计量学。其中理论知识计量学又分为知识计量学基础理论、知识计量学应用理论两大方面；而知识计量技术方法学又分为知识计量技术、知识计量方法两个方面。

第五，知识计量学方法体系。从时间维、学科体系维、方法维三维立体式构建了知识计量学的方法论体系结构。将知识计量学方法分为三类：思维方法、一般方法、特征方法。灵感、归纳与演绎、分析与综合、抽象与具体、类比、假说与想象；哲学方法、数学方法、控制论方法、信息论方法、系统论方法统一为知识计量学的一般方法。重点构建并介绍了知识计量学特征研究方法，将其特征研究方法细分为知识单元计量方法、知识经济价值测度方法、知识创新计量方法、知识可视化方法。引文分析法与内容分析法是知识单元计量方法中最为重要的两种方法，这两种方法在知识计量学中有新的内容并获得新的发展；人力资本测算与知识资本测算方法则构成了知识经济价值测度的重要方法；专利分析方法是专利创新计量方法；从功能模块、知识类型、可视化形式、受众模块四个模块入手构建了知识可视化计量方法的研究框架结构。

第六，知识计量学的应用。知识计量学在很多领域都可以看到广泛的应用。知识计量学可以促进知识发现，有利于知识的抽取发现与关联发现。知识计量学有利于知识创新活动，它可以避免知识研究的重复，保证知识创新的有效性。在知识管理领域中，知识计量可以有效促进知识共享水平、增加知识服务的知识含量。知识计量学在人才评价、机构评价、区域评价等科学评价活动中有广泛的应用价值。知识计量有利于期刊管理、科技预测等科技管理活动。

第七，知识域可视化。知识域可视化是知识计量学中异军突起的一个研究领域，是知识计量学未来的一个重要发展趋势。它既可以成为知识计量学的一种特征研究方法，又可以说是知识计量学的具体实践应用。在知识域可视化方面，有四个重要的实现方法和途径：共被引方法、耦合方法、共词方法、合作方法。

这些方法又可以细分为：文献共被引、作者共被引、期刊共被引、文献耦合、作者耦合、期刊耦合、作者合作、结构合作、区域合作、国家合作等。知识域可视化的数据来源我们也归纳为直接从数据源处采集数据和从数据源处下载数据两种方式。

第八，知识计量实践。本书作者开发了知识计量工具，并以此工具尝试进行知识计量的实证研究。该工具是基于耦合原理实现的，其主要的应用也是耦合的统计分析研究。耦合体现了一种重要的知识关联现象，对耦合进行分析有利于知识关联的发现，并创造新的知识。我们批判了Leydesdorff开发的耦合算法在计算效率、计算结果、合著问题等方法的缺陷。建议使用"最小值加权算法"来实现耦合频次的统计。科学研究中的耦合不仅仅是文献耦合，还存在着关键词耦合与期刊耦合等耦合方式，这些耦合方式都是科学而合理的。以科学计量学领域为例分析作者文献耦合（ABCA）与作者关键词耦合（AKCA）发现，在研究热点主题探测上，ABCA与AKCA的结果基本是一致的；这两种矩阵具有很强的相关性；

AKCA 与 ABCA 一样具有一定的学科发展的预测性；在探测作者的引文认同上，ABCA 与 AKCA 同样表现出探测结果的高度一致；AKCA 比 ABCA 更适合因子分析，模型拟合结果较为理想。AKCA 似乎能比 ABCA 显示更多的信号来反映学科的技术突破以及研究前沿的发展。综合起来，ABCA 与 AKCA 二者不可以完全互为取代。ABCA 与 AKCA 结合起来会是一种探寻学科知识结构及其发展的研究方法。AKCA 可以更加巩固、明确 ABCA 的识别结果，在 ABCA 无法探明作者第二、第三引文认同时，AKCA 也可以辅助其结果的探测。

第二节　研究展望

对于知识计量学这样一个全新的学科，如何建立一个科学合理的学科体系结构是一件烦琐而困难的事情，尤其是在国内外文献很少的情况之下。本书尝试性地做了一些努力，并力图广泛地参考其他同类学科的构建理论与方法。但由于作者时间、精力以及本身水平方面的不足，难免存在不足和遗漏之处。笔者认为，知识计量学的学科构建及其应用研究还需要在以下几个方面做出深入研究：

第一，进一步完善知识计量学的学科体系。系统地构建知识计量学的学科体系的文献还很少，因此还没有出现统一的、广受认可的知识计量学学科体系。本书参考了其他学科，尤其是"三计学"的构建学科体系的理论与方法的理念，并加上自己的一些理解。这对一门新的学科的形成有一定的促进作用。但是，我们认为，应该还有很多其他的构建理念。从不同的角度构建知识计量学的学科体系，并综合比较构建结果的优劣，更有利于形成科学合理的知识计量学学科体系。

第二，充实知识计量学研究方法，尤其是形成知识计量学特征研究方法。知识计量学要想被国内外的学术界当作一门学科来认可，必须形成区别于其他计量学学科的特征研究方法。在特征研究方法方面，我们的研究还远远不够。虽然本书试图提出知识域可视化方法，但是知识域可视化很容易被归类为知识可视化的研究分支，要想使之成为知识计量学的特征研究方法还需要作出很多深入而有价值的研究。

第三，实证研究的不足。笔者提出很多知识计量学方法，包括在知识域可视化方面也提出了很多的实现方法以及可选择的途径，但由于篇幅和时间的限制不能一一以实证去论证之，使得这些方法的提出缺少足够的说服力。在文章的知识计量学应用部分，也大多是提出了理论方面的探讨，没有用足够的实例去辅助说明。

第四，将耦合分析视为知识计量的研究范畴，其合理性还需要进一步地考证。虽然，耦合分析的实证研究还很少，耦合分析也是一种重要的知识发现方法，但由于耦合的概念提出较早，将耦合分析视作是"三计学"的方法已成为很多学者惯有的认识模式。另外，在文中，我们仅仅对 AB-CA 与 AKCA 作了一些对比研究，还存在着 AJCA（Author Journal-coupling Analysis，作者期刊耦合分析），将这三种方法进行系统全面的对比分析将会更有意义。而且我们只是选取科学计量学这一我们熟悉的研究领域作为例证，如果选取更多的不同学科的研究领域来比较分析，可能会获得更多有价值的结论，也很可能会得出不一样的结果。

参考文献

中文参考文献

1. 埃格赫、鲁索：《情报计量学引论》，田苍林、葛赵青译，科学技术出版社 1992 年版。

2. 埃利泽·盖斯勒：《科学技术测度体系》，周萍等译，科学技术文献出版社 2003 年版。

3. 爱因斯坦、英费尔德：《物理学的进化》，周肇成译，上海科学技术出版社 1962 年版。

4. 包昌火、赵刚、李艳、黄英：《竞争情报的崛起——为纪念中国竞争情报专业组织成立 10 周年而作》，《情报学报》2005 年第 1 期。

5. 保尔·霍肯：《未来的经济》，方韧译，科学技术文献出版社 1986 年版。

6. 贝弗里希：《科学研究的艺术》，陈捷译，科学出版社 1979 年版。

7. 波普尔：《科学发现的逻辑》，《自然科学哲学问题丛刊》1981 年第 1 期。

8. 布鲁克斯：《论文献计量学、科学计量学和信息计量学的起源及其相互关系》，《情报科学》1993 年第 3 期。

9. 蔡明月：《资讯计量学与网路计量学》，《新世纪图书馆》2003 年第 2 期。

10. 陈燕等：《专利信息采集与分析》，清华大学出版社 2006 年版。

11. 陈玉光：《面向中文数据库的学科知识计量及可视化系统研究与实现》，大连理工大学硕士学位论文，2010 年。

12. 陈志新：《试论知识的测量》，《情报杂志》1999 年第 1 期。

13. 丹尼尔·里夫、斯蒂文·赖斯、弗雷德里克·菲克：《内容分析法》，嵇美云译，清华大学出版社 2010 年版。

14. 丁敬达：《学术社区知识交流模式研究》，武汉大学博士学位论文，

2011 年。

15. 高政利、梁工谦：《价值性差异、知识域结构与知识计量研究——基于知识的一般性经济原理》，《科学学研究》2009 年第 6 期。

16. 贡金涛、贾玉文、李森森：《1998—2007 年中国大陆竞争情报研究现状的计量分析》，《现代情报》2009 年第 12 期。

17. 何新贵：《知识处理与专家系统》，国防工业出版社 1990 年版。

18. 贺巷超：《论文献单元》，《图书馆学刊》1994 年第 1 期。

19. 侯典磊、刘慧、吴松涛：《基于知识计量的涉密信息资源影响评价研究》，《情报杂志》2010 年第 4 期。

20. 侯海燕、陈超美、刘则渊、王贤文、陈悦：《知识计量学的交叉学科属性研究》，《科学学研究》2010 年第 3 期。

21. 侯海燕：《基于知识图谱的科学计量学进展研究》，大连理工大学博士学位论文，2006 年。

22. 胡昌平、乔欢：《信息服务与用户》，武汉大学出版社 2001 年版。

23. 江泽民、李瑞环：《同政协科技界座谈共商加快发展我国科学事业大计》，《秦皇岛日报》1998 年 3 月 5 日。

24. 焦应奇：《知识域概念和专业知识板块的划分与设计》，《美术观察》2001 年第 9 期。

25. 经济合作与发展组织（OECD）：《以知识为基础的经济》，机械工业出版社 1997 年版。

26. 柯平：《知识管理学》，科学出版社 2007 年版。

27. 克莱因：《古今数学》，张理京、张锦炎译，上海科学技术出版社1979 年版。

28. 克劳斯：《从哲学看控制论》，梁志学译，中国社会科学出版社 1980 年版。

29. 拉法格：《回忆马克思恩格斯》，马集译，人民出版社 1959 年版。

30. 李鑫：《中国知识管理领域的知识计量研究》，大连理工大学硕士学位论文，2008 年。

31. 联合国等编：《国民经济核算体系 SNA：1993》，国家统计局国民经济核算司译，中国统计出版社 1995 年版。

32. 梁永霞：《引文分析学的知识计量研究》，大连理工大学博士学位论文，2008 年。

33. 廖胜姣：《基于 TDA 的情报学研究前沿知识图谱的绘制及分析》，《情报理论与实践》2009 年第 11 期。

34. 列宁：《哲学笔记》，人民出版社 1974 年版。

35. 刘军：《社会网络分析导论》，社会科学文献出版社 2004 年版。

36. 刘廷元：《情报计量学的几个基本问题研究》，《情报科学》1994 年第 1 期。

37. 刘则渊、刘凤朝：《关于知识计量学研究的方法论思考》，《科学学与科学技术管理》2002 年第 8 期。

38. 刘则渊、冷云生：《关于创建知识计量学的初步构想》，《科研评价与大学评价（国际会议论文）》，红旗出版社 2001 年版。

39. 刘植惠：《情报学基础理论初探》，《情报学报》1986 年第 3 期。

40. 刘植惠：《知识基本探索》，《情报理论与实践》1998 年第 1 期—第 6 期。

41. 刘助柏、梁辰：《知识创新学》，机械工业出版社 2002 年版。

42. 娄策群：《信息管理学基础》，科学出版社 2005 年版。

43. 罗式胜：《文献计量学引论》，书目文献出版社 1987 年版。

44. 马费成、宋恩梅：《我国情报学研究分析：以 ACA 为方法》，《情报学报》2006 年第 3 期。

45. 马费成：《在数字环境下实现知识的组织和提供》，《郑州大学学报》（哲学社会科学版）2005 年第 1 期。

46. 马费成：《知识组织系统的演进与评价》，《知识工程》1989 年第 10 期。

47. 马瑞敏：《基于作者学术关系的科学交流研究》，武汉大学博士学位论文，2009 年。

48. 迈克尔·波兰尼：《个人知识：迈向后批判哲学》，许泽民译，贵州人民出版社 2000 年版。

49. 孟广均等：《信息资源管理导论》，科学出版社 1998 年版。

50. 庞景安：《科学计量研究方法论》，科学技术文献出版社 1999 年版。

51. 钱学森、许国云、王寿云：《组织管理技术——系统工程》，《文汇报》1978 年 9 月 27 日。

52. 钱学森：《工程控制论》，科学出版社 1980 年。

53. 秦天宝、章长江：《现代管理信息系统》，人民交通出版社 2010 年版。

54. 邱均平、段宇锋：《论知识管理与竞争情报》，《图书情报工作》2000年第 4 期。

55. 邱均平、杨思洛、王明芝：《改革开放 30 年来我国情报学研究的回顾与展望（二）》，《图书情报研究》2009 年第 2 期。

56. 邱均平、赵为华：《期刊同被引的实证计量研究》，《情报科学》2008年第 10 期。

57. 邱均平：《文献计量学》，科学技术文献出版社 1988 年版。

58. 邱均平：《我国文献计量学的进展与发展方向》，《情报学报》1994 年第 6 期。

59. 邱均平：《信息计量学》，武汉大学出版社 2007 年版。

60. 邱均平等：《知识管理学》，科学技术文献出版社 2006 年版。

61. 邱均平等：《中国研究生教育评价报告（2010—2011）》，科学出版社2010 年。

62. 沙勇忠、牛春华：《当代情报学进展及学术前沿探寻——近十年国外情报学研究论文内容分析》，《情报学报》2005 年第 6 期。

63. 闪四清：《管理信息系统教程》，清华大学出版社 2003 年版。

64. 施岳定等：《网络课程中的知识点的表示与关联技术研究》，《浙江大学学报》（工学版）2003 年第 5 期。

65. 唐俊、詹佳佳：《基于信息可视化的国内竞争情报领域前沿演进分析》，《图书情报工作》2010 年第 16 期。

66. 田大芳：《国内竞争情报领域高被引期刊论文的定量分析》，《现代情报》2009 年第 7 期。

67. 王方华等：《知识管理论》，山西经济出版社 1999 年版。

68. 王宏鑫：《信息计量学研究》，中国民族摄影艺术出版社 2002 年版。

69. 王通讯：《论知识结构》，北京出版社 1986 年版。

70. 王万宗：《知识测量指标问题》，《知识工程》1991 年第 1 期。

71. 王续琨、侯剑华：《知识计量学的学科定位和研究框架》，《大连理工大学学报》（社会科学版）2008 年第 3 期。

72. 王知津：《知识组织的研究范围及其发展策略》，《中国图书馆学报》1998 年第 4 期。

73. 王子舟、王碧滢：《知识的基本组分：文献单元和知识单元》，《中国图书馆学报》2003 年第 1 期。

74. 威廉·配第：《政治算术》，陈冬野译，商务印书馆 1978 年版。

75. 维纳：《维纳著作选》，钟韧译，上海译文出版社 1978 年版。

76. 文庭孝：《知识单元研究述评》，《中国图书馆学报》2011 年第 5 期。

77. 文庭孝：《知识计量单元的比较与评价研究》，《情报理论与实践》2007 年第 6 期。

78. 文庭孝：《知识计量与知识评价研究》，《情报学报》2007 年第 5 期。

79. 吴山：《国际竞争情报研究的知识图谱——基于 CiteSpace 的知识计量分析》，《现代情报》2010 年第 10 期。

80. 肖明、李国俊：《国内竞争情报可视化研究：以引文耦合和关键词分析为方法》，《情报理论与实践》2011 年第 1 期。

81. 徐荣生：《知识单元初论》，《图书馆杂志》2001 年第 7 期。

82. 徐如镜：《开发知识资源发展知识产业服务知识经济》，《现代图书情报技术》2002 年第 1 期。

83. 许纯祯：《西方经济学》，高等教育出版社 1999 年版。

84. 严怡民：《现代情报学理论》，武汉大学出版社 1996 年版。

85. 杨文欣：《探询中外情报学前沿研究领域——2000—2004 年中外情报学项目研究》，《图书情报工作》2007 年第 3 期。

86. 杨莹：《国内外机器人领域的知识计量》，大连理工大学硕士学位论文，2009 年。

87. 叶鹰：《图书情报学前沿研究领域选评》，《中国图书馆学报》2008 年第 4 期。

88. 余以胜、张洋：《知识的计量与评价研究》，《图书情报工作》2008 年第 11 期。

89. 岳洪江、刘思峰：《管理科学期刊同被引网络结构分析》，《情报学报》2008 年第 3 期。

90. 张素芳、张令宽：《1994—2005 年我国企业竞争情报研究》，《情报科学》2006 年第 8 期。

91. 张洋：《网络计量学理论与实证研究》，武汉大学博士学位论文，2006 年。

92. 赵党志：《期刊共被引分析——研究学科及其期刊结构与特点的一种方法》，《中国科技期刊研究》1993 年第 2 期。

93. 赵红州、蒋国华：《知识单元与指数规律》，《科学学与科学技术管理》1984 年第 9 期。

94. 赵红州等：《论知识单元的智荷及其表示方法》，《知识工程》1991 年
    第 3 期。

95. 赵红州等：《知识单元的静智荷及其在荷空间的表示问题》，《科学学
    与科学技术管理》1990 年第 1 期。

96. 赵蓉英、李静：《知识计量学基本理论初探》，《评价与管理》2008 年
    第 3 期。

97. 赵蓉英：《知识网络及其应用研究》，武汉大学博士学位论文，
    2006 年。

98. 郑俊生：《图书馆学科前沿研究分析》，《情报资料工作》2010 年第
    1 期。

99. 周宁、张李义：《信息资源可视化模型方法》，科学出版社 2008 年版。

100. 侯剑华、都佳妮：《泛知识计量学科协同演进初探》，《情报科学》
     2015 年第 7 期。

101. 文庭孝、刘璇：《论知识计量研究的维度》，《图书情报知识》2013
     年第 3 期。

102. 高继平、丁堃、潘云涛、袁军鹏：《知识元研究述评》，《情报理论与
     实践》2015 年第 7 期。

103. 刘东亮等：《基于知识单元挖掘的网络文库信息存储下类型研究》，
     《情报学报》2020 年第 6 期。

104. 刘琳：《高校学术交流中的知识共享和创新研究》，《南京理工大学学
     报》2018 年第 11 期。

外文参考文献

105. Ahlgren, P., Jarneving, B., Rousseau, R.. Requirements for a cocitation similarity measure, with special reference to Pearson's correlation coefficient [J]. *Journal of the American Society for Information Science and Technology*, 2003, 54: 550 – 560.

106. Allendoerfer, K., Aluker, S., Panjwani, G. et al. *Adapting the cognitive walkthrough method to assess the usability of a knowledge domain visualization* [C] // IEEE Symposium on Information Visualization (InfoVis 05), Minneapolis, OCT23 – 25, 2005. Los Alamitos: IEEE Computer

Soc. , 2005: 195 – 202.

107. Anegon, F. D. , Contreras, E. J. , Corrochano, M. D. . Research fronts in library and information science in Spain (1985 – 1994) [J] . *Sciento-metrics*, 1998, 42 (2): 229 – 242.

108. Astrom F. Changes in the LIS research front: Time – sliced cocitation ana-lyses of LIS journal articles, 1990 – 2004 [J] . *Journal of Information*, 2010, 5 (5): 400 – 522.

109. Bassecoulard, E. , Lelu, A. , Zitt, M. . Mapping nanosciences by cita-tion flows: A preliminary analysis [J] . *Scientometrics*, 2007, 70: 859 – 880.

110. Belkin, N. J. , Oddy, R. N. , Brooks, H. M. (1982) . ASK for Infor-mation Retrieval: Part II. Results of a Design Study [J] . *Journal of Documentation*, 38 , 145 – 164.

112. Berekson, B. R. . *Content analysis in communication research* [M] . New York: Free Press, 1952.

110. Bernius S . The impact of open access on the management of scientific knowl-edge [J] . *Online Information Review*, 2010, 34 (4): 583 – 602.

113. Bertot JC, McClure CR, Ryan J. *Statistics and Performance Measures for Public Library Networked Services* [M] . John Carlo Berton Charles R: Mcclure Joe Ryan, 2001.

114. Bertschi, S. , Bubenhofer, N. . *Linguistic learning*: *A new conceptual fo-cus in knowledge visualization* [C] //9th International Conference on Information Visualisation, London, JUL 06 – 08, 2005. Los Alamitos: IEE.

115. Bicchieri, M. . The Degradation of Cellulose with Ferric and Cupric Ions in a Low – acid Medium [J] . *Restaurator*, 1996, 17 (3): 165 – 183.

116. Björneborn, L. . *Small – world link structures across an academic Web space*: *A library and information science approach* [D] . Copenhagen: Doctoral dissertation, Royal School of Library and Information Science, 2004.

117. Bookes, B. C. . Towards Informetrics [J] . *Journal of Documentation*, 1984, 40 (2): 200 – 210.

118. Brookes, B. C. . *Biblio – , sciento – , infor – metrics? What are we talking*

about? In L. Egghe & R. Rousseau (Eds.), Informetrics 89/90: Selection of papers submitted for the Second International Conference on Bibliometrics, Scientometrics and Informetrics. London, Ontario, Canada, July 5 – 7, 1989 (pp. 31 – 43). Amsterdam: Elsevier.

119. Burkhard, R. A.. *Learning from architects: The difference between knowledge visualization and information visualization* [C] // 8th International Conference on Information Visualisation, London, JUL 14 – 16, 2004. Los Alamitos: IEEE Computer Soc. , 2004: 519 – 524.

120. Callon M. , Laville F. Co – word Analysis as a tool for Describing the Network for Interactions Between Basic and Technological Research: The Case of Polymer Chemistry [J] . *Scientometrics*, 1991, 22 (1): 155 – 205.

121. Callon, M. , Courtial, J. P. , Turner W. A.. From translations to problematic networks: An introduction to co – word analysis [J] . *Social Science Information Surles Les Sciences Sociales*, 1983, 22 (2): 191 – 235.

122. Chen C. M.. Visualizing semantic spaces and author co – citation networks in digital libraries [J] . *Information Processing & Management*, 1999, 35 (3): 401 – 420.

123. Chen, C.. Cite Space II: Detecting and visualizing emerging trends and transient patterns in scientific literature [J] . *Journal of the American Society and Technology*, 2006, 57 (3): 277 – 359.

124. Chen, C.. *Searching for intellectual turning point: progress knowledge domain visualization. Pro.* Natl. Acad. Sci. USA, 2004, 101: 5303 – 5310.

125. Chen, C. , Cribbin, T. , Macredie, R.. Visualizing and tracking the growth of competing paradigms: Two case studies [J] . *Journal of the American Society for Information Science and Techonology*, 2002, 58 (8): 676 – 678.

126. Chen, C. , McCain, K. , White, H. , Lin, X.. Mapping Scientometrics (1981 – 2001) [J] . *Journal of the American Society for Information Science and Technology*, 2002 (2): 25 – 34.

127. Chen, C.. Visualizing scientific paradigm: An introduction [J] . *Journal of the American Society for Information Science and Techonology*, 2003,

54（5）：339 – 392.

128. Chen，C..*Mapping Scientific Frontiers：The Quest for Knowledge Visualization* ［M］.Verlag：Springer，2003.

129. Chen，C. M..*Domain visualization for digital libraries* ［C］//IEEE International Conference on Information Visualisation，London，Jul. 19 – 21，2000. Los Alamitos：Ieee Computer Soc.，2000：261 – 267.

130. Dublin，L.，Lotka，A..*The Money Value of Man* ［M］.New York：Ronald Press，1930.

131. Egghe，L.，Rousseau，R..Cocitation，bibliographic coupling，and acharacterization of lattice citation networks ［J］.*Scientometrics*，2002，55：349 – 361.

132. Egghe，L.，Rousseau，R..*Introduction to Informetrics：Quantitativemethods in Library，Documentation and Information Science* ［M］.Amsterdam：Elsevier，1990.

133. Eisner，R..*The Total Incomes System of Accounts* ［M］.Chicago：University of Chicago Press，1989.

134. Eom，S..All author cocitation analysis and first author cocitation analysis：A comparative empirical investigation ［J］.*Journal of Informetrics*，2008，2：53 – 64.

135. Eom，S. B.，Farris，R. S..The contributions of organizational science to the development of decision support systems research subspecialties ［J］.*Journal of the American Society for Information Science*，1996，47.

136. Glänzel，W.，Czerwon，H. J..A new methodological approach to bibliographic coupling and its application to the national，regional，and institutional level ［J］.*Scientometrics*，1996，37：195 – 221.

137. Graham，J. W.，Webb R. H..Stocks and depreciation of human capital：new evidence from a present – value perspective ［J］.*Review of Income and Wealth*，1979，25（2）：209 – 224.

138. Hair，J. F.，Anderson，R. E.，Tatham，R. L.，Black，W. C..*Multivariate Data Analysis* (5th ed.) ［M］.Upper Saddle River，NJ：Prentice Hall，1998.

139. Hanson，C. W..*Introduction to Science Infromation Work* ［M］.London：

Amadom Press, 1973.

140. Holsti, O. R.. *Content Analysis for the Social Science and Humanities* [M]. MA: Addison Wesley, 1969.

141. Hu, C. P., Hu, J. M., Gao, Y., Zhang, Y. K.. A journal co – citation analysis of library and information science in China [J]. *Scientometrics*, 2011 (11): 111 – 120.

142. Kaiser, F. G., Frick, J.. Development of an environmental knowledge measure: An application of the MRCML model [J]. *Diagostica*, 2002, 48 (4): 181 – 189.

143. Kerlinger, F. N.. *Foundation of Behavioral Research* [M]. New York: Holt, Rinebart & Winston, 1973.

144. Kessler, M. M.. Bibliographic coupling between scientific papers [J]. *American Documentation*, 1963, 14: 10 – 25.

145. Krippendorff, K.. *Content Analysis: An Introduction to Its Methodology* [M]. CA: Beverly Hills, 1980.

146. Kuhlthua, C. C.. Inside the search process: Information seeking from the user's perspective [J]. *Journal of the American Society for Information Science and Technology*, 1991, 42 (5): 361 – 371.

147. Kuusi, O., Meyer, M.. Anticipating technological breakthroughs: Using bibliographic coupling to explore the nanotubes paradigm [J]. *Scientometrics*, 2007, 70: 759 – 777.

148. Law J., Bauin S., Courtial J. P., et al. Policy and the Mapping of Scientific Changer: A co – word analysis of Research into Environmental Acidification [J]. *Scientometrics*, 1988, 14 (3 – 4): 251 – 264.

149. Lee, MR, Chen, TT. *From Knowledge Visualization Techniques to Trends in Ubiquitous Multimedia Computing* [C] // International Symposium on Ubiquitous Multimedia Computing (UMC – 08), Hobart, OCT 13 – 15, 2008. Los Alamitos: IEEE Computer Soc., 2008: 73 – 78.

150. Lennart, B., Peter, I.. Toward a basic framework for webometrics [J]. *Journal of the American Society for Information Science and Technology*, 2004, 55 (14): 1216 – 1227.

151. Lotkka A. J.. The frequency distribution of scientific productivity [J].

Journal Washington Academy, 1926, 16 (2): 317 – 324.

152. Marshakova, S. I.. System of document connections based on references [J]. *Nauch – Techn. Inform*, 1973, 2 (6): 3 – 8.

153. McCain, K. W.. Mapping authors in intellectual space: A technical overview [J]. *Journal of the American Society for Information Science*, 1990, 41: 433 – 443.

154. Morgan, J. K., Izard, C. E., King, K. A.. Construct Validity of the Emotion Matching Task: Preliminary Evidence for Convergent and Criterion Validity of a New Emotion Knowledge Measure for Young Children [J]. *Social Development*, 2010, 19 (1): 52 – 70.

155. Neevel, J. G.. Phytate: a potential conservation agent for the treatment of ink corrosion caused by irongall inks [J]. *Resturator*, 1995, 16 (3): 143 – 160.

156. Pamela E. S.. Schlarly communication as a socioecological system [J]. *Scientometrics*, 2001, 51 (3): 573 – 605.

157. Park, M., Lee H., Kwon S.. Costruction knowledge evaluation using expert index [J]. *Journal of Civil Engineer and Management*, 2010, 16 (3): 401 – 411.

158. Persson, O.. All author citations versus first author citations [J]. *Scientometrics*, 2001, 50 (2): 339 – 344.

159. Peters, K., Maruster, L., Jorna, R.. *Knowledge evaluation: A new aim for knowledge management enhance sustainable innovation* [C] // 8th European Conference on Knowledge Management, Barcelona, SEP 06 – 07, 2007.

160. Rife, D.. *Data Analysis and SPSS Programs for Basic Statistics* [M]. MA: Allyn & Bacon.

161. Riffe, D., Freitag, A.. A content analysis of analysis: 25years of Journalism Quarterly [J]. *Journalism & Mass Communication Quarterly*, 1997, 74: 873 – 882.

162. Rousseau, R., Zuccala, A.. A classification of author co – citations: Definitions and search strategies [J]. *Journal of the American Society for Information Science and Technology*, 2004, 55 (6): 513 – 629.

163. Santucci, L. . Cellulose viscometric oxidometry [J] . *Restaurator*, 2001, 22 (1): 51 – 65.

164. Schneider, J. W. , Larssen, B. , Ingwersen, P. . *Comparative study between first and all – author co – citation analysis based on citation indexes generated from XML data* [C] // In Proceedings of the eleventh international conference of the International Society for Scientometrics and Informetrics, 2007 : 696 – 707.

165. Simonton, D. K. . Computer content analysis of melodic structure: Classical composers and their compositions [J] . *Psychology of Music*, 1994, 22: 31 – 43.

166. Small, H. . Cocitation in the scientific literature: A new measure of the relationship between two documents [J] . *Journal of the American Society for Information Science*, 1973, 24: 265 – 269.

167. Small, H. . Visualizing science by citation mapping [J] . *Journal of the American Society for Information Science*, 1999, 50: 799 – 813.

168. Sniezynski, B. , Szymacha, R. , Michalski, R. S. . *Knowledge visualization using optimized general logic diagrams* [C] // International Conference on Intelligent Information Processing and Web Mining IIS, Gdansk, JUN 13 – 16, 2005. Berlin: Spring – verlag Berlin, 2005, 137 – 145.

169. Tague – Sutcliffe, J. . An introduction to informetrics [J] . *Information Processing & Management*, 1992, 28 (1): 1 – 3.

170. Taylor, R. S. . Question – negotion an information – seeking in library [J] . *Coll Res. Libr.* , 1968, 29 (1): 178 – 194.

171. Wan, G. . Visualizations for digital libraries [J] . *Information Technology and Libraries*, 2006, 25 (2): 88 – 94.

172. Weinberg, B. H. . Bibliographic coupling: A review [J] . *Information Storage and Retrieval*, 1974, 10 (5/6): 189 – 196.

173. White, H. D. , Griffith, B. C. . Author cocitation: A literature measure of intellectual structure [J] . *Journal of the American Society for Information Science*, 1981, 32: 163 – 171.

174. White, H. D. , Griffith, B. C. . Authors as markers of intellectual space: Cocitation in studies of science, technology and society [J] . *Journal of*

Documentation, 1982, 38: 255 – 272.

175. White, H. D., McCain, K. W.. Visualizing a discipline: An author coc-itation analysis of information science, 1972 – 1995 [J]. *Journal of the American Society for Information Science*, 1998, 49: 327 – 355.

176. White, H. D., Griffith, B. C.. Author cocitation: A literature measure of intellectual structure [J]. *Journal of the American Society for Information Science*, 1981, 32: 163 – 171.

177. White, H. D., McCain, K. W.. Visualizing a discipline: An author co-citation analysis of information science, 1972 – 1995 [J]. *Journal of the American Society for Information Science*, 1998, 49: 327 – 355.

178. White, H. D.. Author cocitation analysis and Pearson' s r [J]. *Journal of the American Society for Information Science and Technology*, 2003, 54: 1250 – 1259.

179. White, H. D.. Authors as citers over time [J]. *Journal of the American Society for Information Science and Technology*, 2001, 52: 87 – 108.

180. Wittwer, J.. Essay on a continuous knowledge evaluation system [J]. *Bulletin De Psychologies*, 1970, 23 (6): 458 – 473.

181. Zhang, YJ, He, XY, Xie, JC, et al. *Study on the knowledge visualiza-tion and creation supported kmap platform* [C] // 1st International Work-shop on Knowledge Discovery and Data Mining, Adelaide, JAN. 23 – 24, 2008.

182. Zhao, D. Z., Evolution of Research Activities and Intellectual Influences in Information Science 1996 – 2005: Introducing Author Bibliographic – Coupling Analysis [J]. *Journal of the American Society for Information Science and Technology*, 2008, 59 (13): 2070 – 2086.

183. Zhao, D. Z., Logan, E.. Citation analysis using scientific publications on theWeb as data source: A case study in the XML research area [J]. *Scientometrics*, 2002, 54 (3): 449 – 472.

184. Zhao, D. Z., Strotmann, A.. Can citation analysis of web publications better detect research fronts? [J]. *Journal of the American Society for Information Science and Technology*, 2007, 58 (9): 1285 – 1302.

185. Zhao, D. Z., Strotmann, A.. Comparing all – author and first – author

co – citation analyses of Information Science [J] . *Journal of Informetrics*, 2008, 2 (3): 229 – 239.

186. Zhao, D. Z., Strotmann, A.. Information science during the first decade of the Web: An enriched author co – citation analysis [J] . *Journal of the American Society for Information Science and Technology*, 2008, 59 (6) .

187. Zhao, D. Z., Strotmann, A.. Intellectual structure of stem cell research: Acomprehensive author co – citation analysis of a highly collaborative and multidisciplinary field [J] . *Scientometrics*, 2011, 87: 115 – 131.

188. Zhao, D. Z., *Dispelling the myths behind straight citation counts. Information Realities*: *Shaping the digital future for all.* Paper presented at the American Society for Information Science and Technology 2006 Annual Meeting, Austin, Texas.

189. Zhao, D. Z., *Mapping library and information science*: *Does field delineation matter? Paper* presented at the American Society for Information Science and Technology 2009 Annual Meeting, Vancouver, British Columbia, Canada.

190. Zhao, D. Z., Towards all – author co – citation analysis [J] . *Information Processing & Management*, 2006, 42: 1578 – 1591.

191. Zou, X., Accelerated aging of papers of pure cellulose: mechanism of cellulose degradation and paper embrittlement [J] . *Cellulose*, 1994, 43 (3): 393 – 402.

192. Zou. X., Prediction of paper permanence by accelerated aging I. Kinetic analysis of the aging process [J] . *Cellulose*, 1996, 3 (1): 243 – 267.

网络参考文献

193. http: //vlado. fmf. uni – lj. si/pub/networks/pajek/ doc/pajekman. pdf

194. http: //www. netacademy. com

195. http: //baike. baidu. com/view/140757. htm

196. http: //baike. baidu. com/view/1935453. htm

197. http: //hi. baidu. com/% CE% A2% D0% A6% D5% FD/blog/item/ 20f 737955c39dd4dd0135e22. html

198. http：//ce. sysu. edu. cn/hope/Education/ShowArticle. asp

199. http：//wenku. baidu. com/view/82d78b0f 7cd184254b3535c7. html

200. http：//www. stats. gov. cn/tjdt/gmjjhs/